www.tredition.de

Autorenporträt

1952 in einem oberösterreichischen Dorf geboren, entwickelte ich schnell tief empfundene Gefühle für Zusammenhänge der Natur. In jungen Kindesjahren interessierte mich bereits Spiritualität, die ich zunächst durch Bilder ausdrückte, die mich sehr berührten und nicht mehr losließen. Dennoch lernte ich später einen `bodenständigen´, kaufmännischen Beruf und arbeitete lange in der Privatwirtschaft. Dafür strebte ich einer normalen Berufslaufbahn entgegen, obwohl diese mich nicht erfüllte. Später heiratete ich und bekam zwei Kinder. Mein Leben hatte damals also eine ganz `normale´ Laufbahn, aber das sollte sich ändern.

In der Zwischenzeit lebte ich in Wien und begann mit Mal- und Zeichenkursen. Dann begann die Zeit meiner Reisen. Zuerst nur zaghaft, dann suchte ich Antworten auch in sehr fremden Kulturen. Dabei lernte ich Mythen und Weltbilder aus fernen Ländern kennen. Mein alter Beruf war mir inzwischen wie eine zu enge Haut geworden, aus der ich ausbrechen musste, und ich veränderte meine Ziele.

Während meiner langen Indienreise besuchte ich den Bahai-Sakralbau in Delhi und war sehr begeistert. Der Gründer, ein Perser, hat diesen eigenen Zweig einer monotheistischen Religion gegründet, die auf Toleranz gründet. Auch der Philosoph Khalil Gibran[G], der sich offensichtlich in seiner Weltanschauung sehr vom Sufismus beeinflussen ließ, hat mich sehr beeindruckt. Ich begann zu schreiben und besuchte viele Kurse und Lehrgänge, um nicht allein mir, sondern generell Menschen bei seelischen und körperlichen Leiden zu helfen. Mein Lernen begann damals, und ich lerne noch immer.

Sollenau, im Jahr 2009

Vom Schönen, Weisen und Guten
Nähren sich die Flügel unserer Seele.

Plato

Schamanismus und Gott schließen einander nicht aus, im Gegenteil, wenn man sich spirituell beschäftigt, kann man Gott nicht leugnen, denn er steht dahinter. Wie kann man einen `großen Geist´ leugnen, wenn man an kleine Geister, an Gottheiten und an Krafttiere glaubt.
Nur gemäß den meisten schamanischen Glaubensrichtungen kann man den `großen´ allmächtigen Gott nicht oder zumindest nicht direkt erreichen, eben nur über Vermittler.
Das glaube ich.

Eva Lene Knoll

<u>Semantik</u>
Um den Lesefluss zu gewährleisten und trotzdem auf Hintergrundinformationen hinzuweisen, wurden Querverweise im Text durch kleine Marker kenntlich gemacht:
(Q) – Quellenangabe
(G) - Glossar

Die Namen der Personen habe ich zum Schutz geändert, aber die Handlungen gehen mit meinen Visionen konform.

Eva Lene Knoll

Das ewige Lied der Schöpfung

Geschichten und Gedanken zu Visionen und Reisen in andere Welten

www.tredition.de

© 2009 Autorin: Eva Lene Knoll
Verlag: tredition GmbH
www.tredition.de
Printed in Germany

ISBN: 978-3-86850-339-5

Bibliografische Information der Deutschen Nationalbibliothek
Die Deutsche Nationalbibliothek verzeichnet diese Publikation in der Deutschen Nationalbibliografie; detaillierte bibliografische Daten sind im Internet über http://dnb.d-nb.de abrufbar.

Inhaltsverzeichnis

Prolog

Wer neben der allgemeingültigen Ordnung der materiellen Welt auch den Zugang zu einer geistig-spirituellen Ebene finden möchte, erhält in meinem Buch verschiedene Informationen und Anregungen zum Nachdenken. Auf meiner Suche nach dem `wahren´ Lebenssinn habe ich viele Erfahrungen, teils durch meine Beschäftigung mit verschiedensten spirituellen Lehren, teils durch meine weltweiten Reisen festgehalten und bin dabei immer wieder zu Erkenntnissen gekommen, die mich wirklich überrascht haben. Auf meinem langen Weg habe ich nach körperlicher und seelischer Heilung gesucht und stützte mich auf Informationen über Zen(G), Schamanismus(G) und andere `alte´ Lehren, sowie auch auf neue Erkenntnisse in den Naturwissenschaften und habe sie in diesem Buch durch meine eigenen Erfahrungen ergänzt.

In meinem Leben bin ich Stufe für Stufe die `Leiter der Erkenntnisse´ hinaufgestiegen und bin dabei an den Gabelungen des Lebens oft abgezweigt und in `Sackgassen´ gelaufen. Viele Lehren haben sich als Irrtum erwiesen, als regelrechte Fehlinformationen sogar, die mich zeitmäßig aufgehalten haben.

Ich wünsche mir, dass sich die Menschheit auf das `wahre Sein´, unsere Essenz des Lebens, besinnt und erkennt, dass wir ein Spiegelbild des Universums sind. So wie im Großen, so sind wir im Kleinen, die Menschen, der Mikrokosmos und das Universum, der Makrokosmos, und im Vergleich zu Atomen und Bakterien sind wir wiederum der Makrokosmos.

Die Zeit, wie wir sie uns vorstellen, gibt es nicht. Darum gibt es auch keinen Anfang und kein Ende, und das Positive und das Negative bilden zusammen eine Einheit. Ohne das Negative existiert das Positive nicht und umgekehrt. Das Positive ist nur offenbar geworden, während das Negative zurück geblieben ist.

Dadurch erfolgte die Trennung von der Einheit, und das Bestreben in der Natur ist es, in diese Einheit zurückzukehren.

Diese Welt bietet uns große Lernerfahrungen. Das ist notwendig zur Bewusstwerdung, und diese größtmöglichste Entwicklung unseres Bewusstseins ist wahrscheinlich unsere `wahre´ Aufgabe. Ich bin, dank meiner kritischen Erziehung, immer eine Zweiflerin gewesen und habe alles – soweit es ging - überprüft.

Zunächst widme ich mich dem physikalischen Paradigma, das mich wiederum anregte, die `weichen´ Wissenschaften des Geistes mit den `harten´ Naturwissenschaften zu vergleichen. Im ganzen Universum geht es darum, dass alles schwingt, jede Materie, sowohl in ihrer komprimierten, als auch in ihrer dekomprimierten Form. Eigentlich ist das gar nicht neu. Neu ist vielmehr, dass ich diese Tatsache jetzt vom spirituellen und vom physikalischen Standpunkt her betrachten kann. Erstaunlicherweise war bereits meine kaufmännische Ausbildung darauf ausgerichtet, auch die Hochschulreife zu bekommen. Daher hatte ich neben Warenkunde und dem normalen kaufmännischen Rechnen auch Berührung mit höherer Mathematik, mit Physik, Chemie und habe freiwillig in Warenkunde und Technologie mit `sehr gut´ maturiert. In Mathematik habe ich ebenfalls mit sehr gut abgeschlossen. Die Matura ist so etwas Ähnliches wie das Abitur. Auch in meiner Familie sind Techniker und Ingenieure und ein promovierter Doktor in Informatik. Ich selbst habe jahrelang in einer Patentanwaltskanzlei für chemische und technische Belange gearbeitet und war für die gesamte medizinisch-pharmazeutische Literatureingabe zuständig. Schon seit meinem frühen Erwachsenenalter befasste ich mich mit den Lehren Einsteins[G]. Meine Verwandtschaft ist kein Garant für meine Fähigkeiten, aber für meine Fragen immer offen.

Viele heilerische Tätigkeiten beruhen auf der Kenntnis über den Einsatz von bestimmten Schwingungen, sei es das Heilen mit Hilfe von Licht und Farben oder durch den Einsatz von

Vibrationstechniken bei der Körperarbeit, manuell oder mit technischen Hilfen, wie dem Magnetismus oder dem Elektromagnetismus. Magnetfelder werden ausgenutzt, um Lebensmittel, Wasser und sich selbst zu beleben. Es gibt Magnetfelder, um Wasserrohre zu entkalken, aber es gibt ebenso Magnetfelder, die in der Medizin angewendet werden. Zum Beleben habe ich zum Beispiel eine Platte von einem japanischen Hersteller, die das Wasser so belebt, dass es keine schädlichen Stoffe mehr enthält. Man sieht dann wirklich, wie es perlt. Denselben Effekt kann ich auch mit Piktogrammen(G) und Metahologrammen(G) erreichen und durch aufgeladene Steine. Ich kann die Belebung aber auch mittels Reiki(G) machen, denn ich bin ja Reikimeister und Reikilehrer. Durch Reiki werden Lebensmittel und Wasser durch Schwingungen beeinflusst, wie auch durch Pranaheilen(G), Klangschalen und vieles andere. Das ist alles irgendwie esoterisch und mystisch, und darum streiten auch die Physiker um deren Wirksamkeit. Genauso aber stritten sie ja auch jahrelang um die Schädlichkeit der Mikrowellenherde und Handys. Jetzt müssen sie es auch langsam zugeben, dass die Schädlichkeit eine Tatsache ist, auch wenn man nicht genau erklären kann, wieso. Es kann auch sein, dass sie es nicht erklären wollen, aber das klingt nach Verschwörungstheorie. Mittlerweile wird bereits während mancher technischen Ausbildung über Gefahren elektromagnetischer Strahlen gelehrt. Das heißt im Klartext: Magnetfelder sind nicht immer gut, man muss sich genau auskennen, welche für wen gut sind und welche schlecht. Elektrosmog, der durch Computer, Handys und sogar durch die Fortbewegung in U-Bahnen, S-Bahnen und Flugzeugen Auswirkungen auf den Körper hat, ist auf jeden Fall schädlich, aber wir können dem in unserer modernen Zeit nicht ausweichen. Ich selbst sitze ja jetzt auch am PC. Die negativen Auswirkungen sind Erfahrungswerte, und wieder einmal ist es so, dass hier die Naturwissenschaft der Mystik hinterherhinkt. Interessant ist jedoch auch, wie alarmiert die Klimaforscher sind, weil die sogenannte Schumannfrequenz, die auf 8 Hz lag, ständig steigt. Man weiß, wie sehr sich das auf die Erde und auf uns auswirkt, man weiß aber nicht wie und nicht warum. Die Schumannfrequenz wurde nach dem Forscher Schuhmann benannt. Er hat diese zufällig gefunden, als er die Frequenzen der Erdmagnetfelder maß und dabei bemerkte, dass das natürliche Magnetfeld der Erde (wahrscheinlich durchschnittlich) 8 Hz beträgt. Daher ist der Mensch auch auf diese Schwingung eingestellt, und die Änderung in letzter Vergangenheit ist wahrscheinlich schuld an einigen Krankheiten und Beschwerden.

Ein Beispiel für das Beleben durch Schwingungen, zum Beispiel durch Magnetfelder ist die natürliche Wasseraufbereitung. Dafür gibt es technische Methoden, wie zum Beispiel die Erzeugung einer bestimmten Drehrichtung beim Durchfluss durch die Wasserleitung. Es kommt dann zu einem Wirbelzopf, der wie das gedrehte Horn einer Antilope aussieht.

Japanische Erfinder stellten magnetische Platten her, auf die sie Wasserbehälter stellten, und so negative Informationen des Wassers neutralisierten.

Denselben Effekt kann man auch durch Anwendung von Hologrammen und einiger Heilsteine erzielen, die schon überall im Handel sind - oder durch Anwendung von Reiki. Ich lege dabei meine Handflächen kurz über Getränke und Speisen und ändere dabei die Schwingungen. Wie man das macht, lernt man in Wochenendkursen, aber man lernt nicht, warum es so ist. Das ist noch zu irrational. Macht man aber anschließend einen kinesiologischen Muskeltest[G] bezüglich der Verträglichkeit und Vitalität der Speisen und Getränke fällt er immer positiv aus.
Es gibt auch negative Auswirkungen der Magnetfelder, besonders der Elektromagnetfelder. Schon längst hat man vermutet, dass sich zum Beispiel Handymasten auf die Menschen negativ auswirken, was man ja inzwischen bestätigen muss. Genauso verhält es sich mit der Schädlichkeit von nahe liegenden Stromkabeln im Schlafzimmer. Diese negativen Störfelder werden bekanntlich als `Elektrosmog´ bezeichnet.

Weiterhin macht man sich Gedanken über Mikrowellen, Ultraschall und bestimmte Magnetresonanzfelder(G), wie sie in der Medizin zur Diagnostik angewendet werden. Trotzdem sind diese Diagnosemethoden wesentlich besser als Röntgen(G).

Alle Störfelder beeinflussen das Gehirn. Diese wirken in verschiedenen Frequenzbereichen. Es erzeugt sogenannte Alpha-Wellen(G), Beta-Wellen(G), Delta-Wellen(G) und Gamma-Wellen(G).

Alphawellen werden dann vom Gehirn erzeugt, wenn man sich in einem Bewusstseinszustand befindet, der einer Entspannung entspricht, die so groß ist, dass man den Zustand zwischen Schlaf und Tagesbewusstsein einreihen kann. Trotzdem ist man dabei voll bewusst.

Manche Menschen haben die Augen beim Meditieren geschlossen, Buddha tat es mit halb offenen Augen, so, wie Zenmeister es noch immer handhaben. Aber man muss sich auch konzentrieren beziehungsweise man muss loslassen können. So mancher Firmenmanager nimmt an Kursen teil, wo er lernt, wie die Stärkung der Alphawellen am besten zu erreichen ist, meistens ist neurolinguistisches Programmieren dabei und natürlich schamanische Techniken unter anderen Begriffen wie `finde Dich selbst´ oder `Selbsterfahrungstraining´. Viele nutzen besondere akustische Hilfsmittel wie Walgesänge oder andere Geräusche – eben Schwingungen. Damit kommt man leichter in den Alphazustand (Alphawellen).

Im normalen Wachzustand erzeugt unser Gehirn Betawellen. Wenn das Gehirn Gamma- und Deltawellen aussendet, befinden wir uns im Schlafzustand.

Die Dinge, die ich hier beschreibe, mögen vielleicht nicht wie ein fortlaufender Roman klingen, denn schließlich sind sie tatsächlich einzelne Traumvisionen oder schamanische Reisen, wie in dem Fall mit dem Elfen, die ich später in einem Traumtagebuch oder

Tagebuch aufgeschrieben habe. Ich kann daher sehr selten eine ganze Lebensgeschichte mitverfolgen, da ich die Konzentration nicht länger als zwei Stunden halten kann, und das ist schon sehr sehr lang.

Ich schreibe dieses Buch in der ersten Person, weil die Geschichte den Prozess meines eigenen geistigen Wachstums beinhaltet und auf wahre Begebenheiten beruht. Dabei schildere ich auch viele Erlebnisse aus meinen Visionen und realen Erfahrungen in dieser Welt. Ich kam auch zu dem Schluss, dass das einzige Licht Wissen ist, Wissen aus Liebe, und das Leben besteht aus Lektionen; und die sind nicht immer leicht.

Wissen, anders ausgedrückt Bewusstwerdung, ist in Wirklichkeit das einzige Lebensziel. Alles andere sind nur egoistische Triebe, auch die sogenannte Selbstverwirklichung ist nur für unser Ego wichtig, für unser Leben auf der Erde von mir aus. Mit dem spirituellen Ziel, nämlich wieder mit Gott eins zu sein, hat alles andere nichts zu tun. Nur Wissen und Liebe oder Wissen aus Liebe oder Liebe aus Wissen sind wichtig! Geht man aus dem Ego wieder heraus, dient die Selbstverwirklichungsphase auch nur der Erkenntnis, dass alles nur um Bewusstwerdung geht. Aber zuerst mal ist es schon wichtig, ein starkes Ego aufzubauen, sonst kann man kein Selbst entwickeln. Dann ist es wieder loszulassen, um in der Liebe aufzugehen – alles ist ein ständiger Prozess.

Das Leben besteht nur aus Streben nach Wissen?

Wenn jetzt jemand den Eindruck bekommt, dass wir Menschen jetzt als einziges Lebensziel das Streben nach Wissen hätten, dem muss ich sagen, dass das nicht ganz richtig ist; denn alles, wirklich alles, was wir denken, reden und tun, wird sich in Form von Wissen in uns vergraben, zumindest in das Unterbewusstsein. Das genügt. Zahlreiche Anthropologen[G] sagen, dass der Mensch sowieso so angelegt ist, dass er neugierig ist und alles wissen will. Diese Tatsache hat ihn schließlich dazu geführt, sich so hoch zu entwickeln. Viele Forscher, die sich mit dem Leben nach dem Tod beschäftigten wie Elisabeth Kübler-Ross, Raymond Moody oder Thorwald Detlefsen, haben bei ihren Klienten, die entweder in Hypnosezuständen oder aus Erfahrung mit eigenen Nahtoderlebnissen davon berichtet, dass Menschen kurz nach dem Tod immer auf ihr Leben zurückblicken und es bewerten, ohne dass auch nur ein einziges Detail aus ihrem Leben ausgelassen wurde. Das heißt, aus dem Unterbewusstsein wird jede Erinnerung geholt. Wenn man - so wie ich - an die Wiedergeburt glaubt, fragt man sich oft, warum man alles vom Vorleben vergessen hat. Das ist tatsächlich so, aber die Erinnerungen sind nur vom Tagesbewusstsein verschwunden, im Unterbewusstsein schlummern die Erinnerungen weiter und können zum Beispiel durch Hypnose wieder ans Tageslicht gebracht werden. Also, kein Wissen geht je verloren.

In diesem Leben oder besser gesagt, in unserem normalen Bewusstseinszustand haben wir allerdings nichts davon, aufgrund dessen, dass wir uns nicht erinnern können, außer einem bestimmten irrationalen Gefühl, das einen manchmal überkommt, wenn man Gegenden oder Menschen sieht, die man im vorigen Leben oder im Jenseits gesehen hat. Nach dem Tod, im Jenseits, ist alles Wissen wieder da, und man kann – von der Last des physischen Körpers befreit (vielleicht auch von der Last eines dementen(G) Gehirns) sich wieder an alles erinnern; das Unterbewusstsein geht in das Bewusstsein über. Das erkannte ich auch durch meine eigenen Erfahrungen aus meinen Astralreisen(G) (die ich allerdings nicht provoziert habe) - und nicht nur, weil ich diese auch mit anderen, die Ähnliches erlebt haben, teile. In den Mysterienschulen(G) wird auch gelehrt, warum das so ist und was für einen Sinn das hat und wie es dann noch weitergeht. Nur so viel: Wir sind hier in unserem Körper irgendwie `behindert´, indem wir das Unterbewusstsein noch nicht zum Bewusstsein gemacht haben, und an dem sollten wir arbeiten, denn gerade deshalb sind wir mit dem Göttlichen noch nicht vereint und brauchen daher den Lernprozess des Lebens.

Das ganze Leben ist eine Ansammlung von Erfahrungen und ein Lernen, und dies wandelt sich schließlich in Wissen und später vielleicht in Weisheit. Weisheit ist noch mehr als Wissen, es ist umgesetztes Wissen, ein Wissen, das zur Lebenseinstellung geworden ist. Man braucht sich jetzt nicht gezwungen fühlen, alles zu lernen, denn irgendwie weiß der Mensch unbewusst, welche Lernprozesse er in diesem Leben machen will und welche er nicht (mehr) braucht, und das schlägt sich in seiner Lebenszielsetzung nieder. Das ist auch das Gesetz vom Karma[G], das Gesetz von Ursache und Wirkung. Unbewusst fühlt sich also ein Mensch dazu hingezogen, einen heilerischen Beruf zu erlernen oder den Beruf eines Forschers oder eines Handwerkers oder, eine soziale Aufgabe zu übernehmen, zum Beispiel einen Lehrberuf auszuüben oder einfach nur eine gute Mutter zu sein, oder ein guter Vater. Das sind nur einige Beispiele.

Man wird sich jetzt fragen, warum es so viele Menschen gibt, die auf der Suche nach ihren Lebensaufgaben oder ihrem Lebensthema sind. Das kann viele Gründe haben. Zum Beispiel können die Erinnerungen aus zahlreichen Vorleben tief verschüttet sein, oder ein Mensch will in seinem jetzigen Leben unbewusst zu viel auf einmal erledigen. Es kann auch sein, dass er von der Erziehung her auf andere Themen gelenkt wurde, und so seine eigenen Wünsche vergraben hat. Dann sucht ein Mensch oft erst im späteren Alter, sogar oft erst nach Beginn seiner zweiten Lebenshälfte, nach seinen wirklichen Aufgaben und Interessen. Oft hat es ja auch rein materielle Gründe, warum ein Mensch zuerst einen anderen Beruf und Lebensweg wählt. Hat er sein Ziel gefunden, ändert sich seine Beziehung zum Leben und zu seiner Arbeit vollständig. Plötzlich wird ihm 'Alles' Freude machen: sein Leben und seine Arbeit.

Das soll also nur eine Aufforderung sein, sein Leben zu leben, seinen eigenen Weg zu gehen und nicht etwa den seiner Eltern oder Lehrer.

Dieses Buch ist für alle gedacht, die daran interessiert sind, ihr Wissen über den Zusammenhang von Spiritualität mit den Gesetzen der Natur zu vertiefen. Ich habe durch meine verschiedensten Studien eine sehr offene Meinung bekommen und wende mich daher an die Menschen, die bestrebt sind, weiter zu lernen und zu forschen.

Zwar mache ich in diesem Buch keine wissenschaftlichen Abhandlungen, dennoch behandle ich alle mir bekannten aktuellen naturwissenschaftlichen Erkenntnisse, die mir in Bezug auf Spiritualität wichtig erscheinen. Diese Texte mögen für manche `trocken und grau´ erscheinen, aber für diejenigen, die Wahrheit und Wissen suchen, ist es unerlässlich, sich auch mit `harten´ Wissenschaften auseinanderzusetzen, schon um den Zusammenhang mit dem Spirituellen zu verstehen. Gewisse englische Ausdrücke kann ich dabei nicht vermeiden, da sich die englische Sprache auch in den Wissenschaften etabliert hat.
Wer die Tiefgründigkeit des Inhaltes versteht, und das kann jeder sein, der wirklich interessiert nach `wahrem´ Wissen sucht, kommt zu neuen Ansichten, und schließlich sieht er die Welt mit anderen Augen. Er wird erkennen, dass Lernen Freude macht und das Leben ein `ewiger´ Weg ist, der zur vollkommenen Bewusstseinserweiterung führen soll. Er wird zufrieden werden und empfindet Glück am `reinen Sein´.

Ich kann nicht umhin, über relativ neue physikalische Paradigmen zu schreiben, aber auch über Theorien, die bereits allgemein bekannt sind. Bei meinen Erzählungen erkläre ich daher im Zusammenhang immer naturwissenschaftliche Aspekte. Denn wenn sich Erkenntnisse der Mystik schlussendlich nicht mit physikalischen Gesetzen decken, sind sie falsch. Man muss auch bedenken, dass die Mystiker den Wissenschaften immer einen Schritt voraus sind. Erst durch Eingaben und Ideen der großen Denker kommt man überhaupt auf den Gedanken, diese Theorien auch in den empirischen Wissenschaften nachzuvollziehen und damit zu beweisen.

Aufgrund einiger sensationeller Gedankenwege unserer modernen Wissenschaftler berichte ich zum Vergleich auch über so manche Visionen, die mit vielen anderen Mystikern übereinstimmen. Dabei gehe ich weit in die Vergangenheit und in die mögliche Zukunft.

Schließlich schildere ich noch einige praktische Beispiele anhand vieler Meditationsreisen[G] und kreativer Arbeiten am `Selbst´, an der Seele, die zu einem Auflösen der alten, nicht mehr brauchbaren Muster führen und schließlich zu einem neuen, höheren Bewusstsein. Die Seele beginnt, die Welt mit anderen Augen zu sehen!

In diesem Buch schreibe ich in den ersten Kapiteln über meine Visionssuchen, bei denen ich rein mental einem spirituellen Mentor[G] begegnete und erläutere meine Gedanken dazu. Ab dem Kapitel `Agartha´ (Asgard[G]) beschreibe ich aufeinanderfolgende Traumvisionen, die mir fast zusammenhängend eine mögliche Entwicklung der Menschheitsgeschichte zeigten, – von der tiefen Vergangenheit bis zur möglichen Zukunft. Ich erzähle auch über einige Traumreisen und Visionen während der letzten Jahre und welche Erkenntnisse ich daraus zog.

Ab dem Kapitel `Kreative Arbeit – Spiegel der Seele´ beschreibe ich Methoden zur Selbsterfahrung und Techniken, wie ich überhaupt zu solchen Visionen kam. Dabei erzähle ich auch über meine Erkenntnisse während dieser Zeit und was ich sonst noch zu diesem Themenkreis erfahren konnte.

Sollenau, im Jahr 2009

Meine Suche

Zwischen den Jahren 2006 und 2007 machte ich einige Visionssuchen. Ich werde in späteren Kapiteln noch genauer erklären, wie ich dazu komme. Zuerst greife ich auf Erlebnisse zurück, die ich vor vielen Jahren hatte. Im Jahr 1990 hatte ich in Lanzarote einen kolumbianischen Freund namens José. Er lehrte mich nicht nur, welche Früchte man in der Wüste essen kann und welche nicht, sondern zeigte mir auch besondere Wege, um Einklang mit der Natur zu finden.

So fuhren wir damals stundenlang mit einem geliehenen Renault durch Wüstenlandschaften und Landstraßen, umgeben von Lavasteinen. Wir kletterten auf Klippen der Steilhänge an den Küsten, wo die Gischt bis ganz hinaufspritzte. Von oben sahen wir das türkisfarbene Meer und konnten dort stundenlang Zeit verbringen. Er lehrte mich zum ersten Mal, so etwas wie `schamanische Reisen´ zu machen. Durch seine indianischen Vorfahren hatte er wahrscheinlich einen ganz natürlichen Zugang zur Spiritualität.

Jetzt, nach so vielen Jahren, erinnere ich mich oft daran. Erst seit ein paar Jahren mache ich wieder regelmäßig schamanische Reisen und Visionssuchen in der Natur, und in diesen letzten Jahren (2006 bis 2009) hatte ich hintereinander einige Begegnungen mit einem Lichtwesen aus der `anderen Welt´, das sich mir als Elf vorstellte. Dieses Naturwesen war ungefähr so gestaltet, wie man es aus Sagen und Legenden kennt. Ein Elf oder Elb, manchmal auch Alb genannt, ist die männliche Form von Elfe(G) oder Elbe. Das Wort `Alb´ kommt aus dem Lateinischen und heißt `weiß´ oder `hell´. Derselbe Wortteil kommt auch im Wort `Albträume´ vor, oft liest man auch `Alpträume´. Auf diese Träume gehe ich noch in einem späteren Kapitel genauer ein.

Er war ein guter Mentor für mich. Dabei ging ich in die Natur und an einen `realen´ Ort der Kraft, einen Kraftort[(G)].

Bild: Mein Kraftort, - fotografiert von Eva Lene Knoll, Österreich, Sollenau, Privatbesitz.

Ein Kraftort ist ein Ort, an dem man sich besonders wohl fühlt. Jedermann kann dort eine besondere Energie spüren, wenn man für das offen ist. Offenheit wiederum ist ein einfacher Willensvorgang. Ein Kraftort ist meistens ein Platz in der Natur, wie eine Waldlichtung oder eine Meeresbucht, es kann aber auch ein Steinkreis, ein Tempel oder eine Kirche sein. Unsere Vorfahren haben immer gespürt, wo so ein Platz ist, und dementsprechend haben sie ihre Heiligtümer dorthin gebaut. Kraftorte werden auch im Buch `Die Prophezeiungen von Celestine. Ein Abenteuer´[(Q)] beschrieben.

Aufgrund dieser ersten Visionssuche begegnete mir dann ein Mentor, der mich über die Natur des Universums lehrte, mehr noch, als ich bis dahin in Schulen gelernt hatte. Dabei begleitete er mich durch fantastische Landschaften und zeigte mir bildhaft die Mysterien der Natur.

Dort entspannte ich mich und führte mit Absicht Visionen herbei, um bei einem `Verbündeten´ (Lehrer, Heiler, Krafttier) Rat und Hilfe zu holen. Gemäß den Lehren der alten Völker hat jeder Mensch `verbündete´ Wesen, oft ohne es zu wissen. Auf den Ausdruck `Verbündeter´ hat man sich in den meisten schamanischen Kreisen einfachheitshalber geeinigt, zumindest seit den Büchern von Carlos Castaneda. Verbündete sind `Geisthelfer´ und sind den Menschen freundlich gesinnt und helfen uns gerne. Dazu zählen sogenannte Krafttiere, also Wesen in Tiergestalt, aber auch Wesen in Menschengestalt oder Naturgeister, die als Lehrer und Heiler wirken. Man kann einem Verbündeten begegnen, indem man eine mentale Reise in die `untere Welt´ macht oder in die `obere Welt´, aber darauf komme ich erst in einem späteren Kapitel genauer zurück. Er zeigt sich oft auch selbst im Geist oder in einem Traum. Dann sieht man ihn oft nur und muss ihn erst fragen, ob es auch der eigene Verbündete ist.

Ein Krafttier[G], auch Geisttier oder Tiergeist genannt, kann jedoch in jeder Form auftreten, wie übrigens alle Verbündeten. Die Gestalten können in so vielen Variationen auftreten, dass es fast nicht zu beschreiben ist, also als Tier, aber auch als Mischwesen, ein Tier mit einem anderen Tier, wie ein Hirsch mit den Hörnern eines Steinbocks, ein Wesen zwischen Mensch und Tier wie eine Meerjungfrau oder als Vogelmensch, als fliegender Fisch, als fliegendes Pferd, Bär, Hase, Wolf, Katze, Tiger, Löwe, Hund, Elefant, einfach alle Formen, die man sich vorstellen kann. Aber auch in Form eines Engels kann man ein Kafttier sehen. Oder es kann eine Fee sein, wie aus den Märchen, eine Elfe, ein Kobold, eine alte Frau, eine junge Frau, ein alter Mann, ein Jüngling, ein Kind, ein Einhorn, ein Löwe mit einem Stierkörper oder ein

Centaur. Es kann auch ein anderer Archetyp[G] sein, wie ein Engel oder ein alter Meister oder ein Heiliger. Dann ist es eben überhaupt kein Tier. Es kann sogar einfach nur ein Licht sein, das spricht oder Gefühle vermittelt oder Gedanken überträgt.

Es kommt oft vor, dass man einem fremden Krafttier oder Verbündeten begegnet. Man glaubt nur, es sei der eigene Verbündete, darum ist es wichtig, immer zu fragen. Zwar hilft ein fremdes Krafttier auch, ja, es könnte sogar von einem Freund geschickt worden sein, doch wenn man auf einer späteren mentalen Reise eine Frage an genau dieses Krafttier stellen möchte, findet man es nicht wieder oder es kommt nicht zu einem und das ist dann nicht so schön.

Bei meinen Reisen und Recherchen suche ich Antworten nach den Fragen der Schöpfung. Manche Hirnforscher glauben, dass es ein sogenanntes `Gottes-Gen´ gäbe, das uns veranlasst, nach Antworten auf die Entstehung der Welt zu suchen, und das für unser spirituelles Denken zuständig ist.

Wo geht unser Bewusstsein hin nach dem physischen Tod, den wir alle, Menschen und Tiere, erfahren? Gibt es eine unsterbliche Seele oder einen Geist? Gibt es eine Wiedergeburt? Gehen wir vielleicht in ein Paralleluniversum? Es gibt viele Fragen und viele Antworten.

Es war ein Traum, der mich veranlasste, überhaupt diese Gedanken wieder aufzunehmen und über das Geschehen im All nachzudenken. Er lud mich ein, über den Ursprung allen Seins nachzudenken. Ich träumte einen Himmel voller Zahlen.

Damals wusste ich nicht, was ich mit diesem Traum anfangen sollte, aber ich spürte genau, dass es für mich wieder eine Aufforderung war, nach verborgenem Wissen zu suchen. Ich dachte mir, es hätte irgendetwas mit Codes und wiederkehrende Muster zu tun und sollte damit recht behalten; das wusste ich allerdings erst später. Der nächste Schritt für mich war, dass ich wieder in Buchhandlungen und Bibliotheken stöberte und nach Antworten forschte.

Ich habe unter anderem etwas in der Literatur gefunden und ergänze mein Weltbild um ein relativ neues physikalisches Paradigma. Es geht darum, dass alles schwingt, jede Materie, sowohl in ihrer komprimierten, als auch in ihrer unkomprimierten Form. Eigentlich ist das gar nicht so neu. Neu ist vielmehr, dass man diese Tatsache nicht nur vom spirituellen, sondern auch vom physikalischen Standpunkt her betrachtet.

Das Anliegen, um überhaupt eine Visionssuche zu machen, war, möglichst viele Informationen zu bekommen. Ich wollte Antworten auf meine immer wiederkehrenden Fragen von einem wissenden Verbündeten, von einem kompetenten Lehrer. So begebe ich mich zu Beginn jeder schamanischen Reise oder Visionssuche zuerst an einem `Ort der Kraft´, um einen Mentor in der `unteren Welt´ oder in der `Anderswelt´(G) zu treffen. Diese `Anderswelt´ ist eine andere Ebene des Bewusstseins. Bei diesen ersten Reisen sollte es, wie schon erwähnt, ein Elf sein, der mir weiter half. Dieser Kraftort ist in diesem Fall ein realer Platz in der Natur. Das muss nicht immer so sein, denn man kann sich auch einen Kraftort nur rein geistig vorstellen und von zu Hause aus im Sessel oder im Bett so eine Visionssuche machen.

Bei den folgenden Visionssuchen begebe ich mich an `meinen Ort der Kraft´, an den Ort, der mich fröhlich macht oder an dem ich entspannen kann, um einen Verbündeten (Mentor) zu treffen.

Von diesem Kraftort aus, ob er nun real ist oder rein mental geschaffen, gehe ich aus und suche in der Umgebung eine Höhle. Sobald ich eine gefunden habe, gehe ich mutig durch den Eingang – es passiert mir ja nichts – und betrachte zuerst die Umgebung. Dann suche ich einen Abstieg, den finde ich auch meistens sofort. Es ist meist ein steiniger oder erdiger Hohlweg, manchmal sogar eine bequeme Treppe, und ich gehe soweit hinunter, bis ich zu einer Lichtung oder in einen Raum gelange. Dort treffe ich immer den Verbündeten, in den folgenden Visionssuchen meinen Mentor, den Elfen. Wir begrüßen einander zuerst, bevor ich ihn um Rat oder um Hilfe bitte. Wir kommunizieren miteinander, und manchmal nimmt er mich mit und macht mit mir noch eine weitere Reise in eine andere Welt oder in eine andere Gegend. Dort lehrt er mich über die Dinge, nach denen ich ihn frage.

Anschließend bringt er mich zurück, und ich gehe denselben Weg aus der Höhle heraus und zurück zu meinem Kraftort und in meine reale Welt. Es ist wichtig, denselben Weg wieder zurückzugehen und zum Ausgangspunkt zurückzukehren, obwohl nicht wirklich etwas Schlimmes passieren kann, wenn man einen anderen Weg wählen würde (es gibt sowieso immer Ausnahmen). Es könnte nur zu einer leichten und vorübergehenden Desorientierung führen. Dass der Verbündete mitgeht, bis zu dem Punkt, wo er aufgetaucht ist, ist eine Form der Höflichkeit, so wie das respektvolle Begrüßen und Verabschieden. In einem späteren Kapitel gehe ich noch sehr genau darauf ein, wie diese mentalen Reisen vor sich gehen.

In den ersten zwei Kapiteln erzähle ich meine Erlebnisse mit meinem geistigen Mentor, dem Elfen, der sich bei mir mit dem Namen `Elwin´ vorstellte. Ich wünsche Ihnen viel Spaß beim Mitdurchleben meiner Erfahrungen. Ich glaube nicht, dass Sie zufällig an meine Geschichten geraten sind, denn:

„Ich glaube nicht an Zufall.
Die Menschen, die in der Welt
vorwärts kommen,
sind die Menschen, die
aufstehen und nach den von ihnen
benötigten Zufällen
Ausschau halten.“

George Bernard Shaw

Meine erste Begegnung mit `Elwin´

Das folgende Erlebnis ist aus einer tatsächlichen schamanischen Reise und nicht aus einem Traum heraus entstanden. Dennoch erfolgte sie rein geistig, wenn auch in einem Zustand, der nicht mit dem hellwachen Tagesbewusstsein übereinstimmt. Es war aber auch kein Schlaf, sondern diese Visionssuche erfolgte im sogenannten `Alpha´-Zustand. Wichtig war wohl auch die Umgebung, in der ich die Erfahrung machen durfte. Im Vorfeld der Beschreibung ist wissenswert, dass ein klassischer Fall von Schamanieren einfach so passieren kann und es kann durchaus vorkommen, dass man diesen erlebt, selbst wenn man gar nichts vom Schamanismus versteht. Reisen, bei denen man durch Höhleneingänge oder in Erdlöcher geht, auch wenn man sie nur im Traum macht, zeigen immer, dass es eine schamanische Reise wird; bei einem Traum wird es dann also eine schamanische Traumreise. Wenn das so ist, erinnere ich mich nicht nur besser an den Traum, ich kann auch mit einer schamanischen Traumreise mehr anfangen wie mit einem normalen Traumbild, wahrscheinlich, weil ich beide unterscheiden gelernt habe. Das ist allerdings reine Erfahrungssache. Dafür gibt es keine Regeln, das muss jeder für sich selbst herausarbeiten.

Als ob es der Vorbereitung auf meine schamanischen Reisen gedient hätte, hatte ich das Großstadtleben aufgegeben. Ich habe die Zeichen erkannt, als ich die Chance sah, endlich loszulassen und ein neues Leben zu beginnen. So lebte ich wieder auf dem Land, wo ich mich wirklich wohlfühle, und wo ich den Vorteil habe, schnell in einen nahe gelegenen Wald zu kommen. Das Wetter war warm und mild, und ich ging durch die bereits erwachte Natur, die der Frühling in all seiner Pracht jedes Jahr erneut bietet. Ich ging vorbei an rosa und weiß blühenden Sträuchern und alles duftete nach Gras und Wald. Ich hörte das

Laub rascheln, das der Wind und einige Tiere verursachten, und ich hörte den Gesang der Vögel.

Am nahe gelegenen Bach ließ ich mich auf eine Bank nieder, lauschte dem Plätschern des Wassers und blickte in die Weite der naheliegenden Felder und Äcker. Es tat wohl, und ich genoss den Augenblick, hing meinen Gedanken nach und ging auf eine `schamanische Reise´.

Wie bei allen schamanischen Reisen oder Visionssuchen suchte ich dann von meinem Kraftplatz aus, in diesem Fall war es die Bank am Bachufer, die Umgebung ab. Ich stand also rein mental von der Bank auf und suchte in den naheliegenden Hügeln eine Höhle. Eine Höhle könnte sich auch in einem großen Baum befinden, und ich könnte den Baumstamm hinabsteigen bis zu den Wurzeln und nach unterirdischen Gängen suchen. Von dort könnte ich noch weiter absteigen. Bei dieser Reise aber fand ich schließlich einen Hügel mit einer alten Holztür.

Also ging ich rein mental durch die Holztür, die ich nur schwer öffnen konnte, und kletterte dann den steinigen Weg hinab, bis ich zu einer Lichtung kam, die aussah wie ein kleiner felsiger Raum mit Steinsäulen und einigen Luftschächten, durch die das Sonnenlicht hereinfiel. Dort trat hinter einer Säule eine helle Gestalt hervor. Das Wesen war männlich, aber klein und zart. Es war ein `Verbündeter´, ein den Menschen wohlgesonnener Geisthelfer. Der junge Mann hatte helle, fast durchscheinende Haut und im Kontrast dazu, lange schwarze Haare, die, mit einem weißen Streifen durchzogen, nach hinten gekämmt waren.

So konnte ich zu meinem Erstaunen lange, spitze Ohren sehen, wie bei einem Kobold. Er hatte ein harmonisches, schönes Gesicht, und ein weißes, wallendes Gewand umhüllte seinen Körper. Darunter trug er enge Hosen und er trug spitze Schuhe aus einem Material, das ich nicht kannte. Es war kein Leder. Er war geschmückt mit Bändern und Kristallen und edlen Metallen.

„Ich bin Elwin", sagte er freundlich.
„Sei gegrüßt!", antwortete ich.

Ich dachte, es könne mich nichts überraschen, aber als das Wesen dann tatsächlich vor mir stand, war ich doch überwältigt. Da die Begegnung `nur´ rein mental war, war ich nicht ausgesprochen bestürzt darüber, was natürlich ganz anders wäre, würde sich ein Wesen in der realen Welt tatsächlich vor mir manifestieren.

Während Elwin in einer gewissen Entfernung stehenblieb, um mich nicht zu erschrecken, blieb ich sowieso regungslos stehen. Es ist meine Art bei solchen Begegnungen, vorerst zu warten, was kommt. Es gibt auch nicht gut gesonnene Wesen, da bleibe ich lieber defensiv. Erst wenn ich weiß, mit wem ich es zu tun habe, trete ich eventuell auf das Wesen näher zu. Auf nicht so gut gesonnene Wesen lasse ich mich nicht ein, das heißt, ich verabschiede sie schnell, zwar respektvoll, aber schnell. Sie gehen dann. Sie können mich auch nicht anlügen, denn die Kommunikation läuft über Gedankenströme, bei denen man nicht lügen kann.

Mit einer leichten Verbeugung antwortete er:
„Ich begrüße dich und freue mich, dass du mich siehst. –
Normalerweise könnt ihr uns schon lange nicht mehr sehen, denn ich gehöre zum Elfenvolk."

Dann machte er eine Gedankenpause, wahrscheinlich, um mich nicht zu überfordern, erklärte aber weiter, nachdem er sah, dass ich ihm neugierig zuhörte:

„Wir sind vom Bewusstsein der Menschen schon Jahrhunderte lang verschwunden und leben parallel in unserer gemeinsamen Welt, ..."

Er schien jetzt eine etwas traurige Stimme zu bekommen, während er weiter sprach.

„... aber auf einer Ebene, auf der ihr uns nicht mehr sehen könnt. Es ist zu viel passiert bei den Menschen, und wir müssen uns schützen."

Nach diesem überraschenden Anblick, der sich mir bot, fasste ich mich langsam, aber meinen Blick konnte ich von dieser Gestalt nicht wenden, so fasziniert war ich.

„Warum?", fragte ich rein rhetorisch, denn im Grunde kannte ich die Antwort bereits.

„Seit langer Zeit beuten die Menschen die Natur rücksichtslos aus, obwohl wir alle von ihr leben. - Wir alle!

Und nicht nur das, ihr achtet nicht einmal auf die Abfälle, die ihr zurücklasst, ihr bringt das Gleichgewicht der Natur ins Wanken und zerstört sie langsam und damit euch selbst."

Nach einer Atempause:

„Du weißt das. Du suchst nach Antworten, wie viele von euch. Dafür werdet ihr noch angegriffen, ob euren angeblichen Pessimismus und eurer Besserwisserei. Euer Denken und eure Rücksicht werden euch nicht gelohnt, nein, ihr werdet noch verfolgt und ausgelacht."

Und es stimmte was er sagte. Ich erfahre es ja immer wieder neu. Wenn ich mich so umhöre und es wage, meinen Mund diesbezüglich aufzumachen, werde ich ausgelacht, mit der Antwort, dass das alles nur Einbildung von mir sei. Atomkraft mache ja nichts, Handymasten seien ungefährlich, Satelliten machen angeblich auch nichts Schlimmes, Elektrosmog hätte keine Auswirkungen, Mikrowellen seien nicht schädlich, und es ist in den Nachrichten zu erfahren, dass Müll nicht richtig entsorgt wird, es ist mit eigenen Augen zu sehen, dass Kühlschränke auf Grünflächen abgestellt werden, alte Fernseher, Batterien einfach weggeworfen werden und gedankenlos neue gekauft werden. Ich wurde aufgrund meines Andersdenkens regelrecht angegriffen und auch, weil ich ja `grün´ denke. Aber nicht nur ich werde ausgelacht, sondern auch viele meiner Freundinnen und Freunde, die so denken, und Arnold Mindell berichtet in seinem Buch `Den Pfad des Herzens gehen´ auch darüber. Ich bin zwar für den

Fortschritt, aber die Menschheit muss auch die Verantwortung für die Zukunft tragen!

Auch der Elf hat das wohl alles beobachtet. Ich antwortete nicht, sondern ließ ihn weiter sprechen:

„Du weißt das ebenfalls. Die, die sich mit Bewusstsein unserer Weltansicht den Naturwesen öffnen, können uns sehen. Deshalb siehst du mich und einige andere Menschen sehen uns Elfen manchmal auch. Seit wir uns von eurer Welt getrennt haben, seht ihr uns immer weniger und seltener. Vor Hunderten Jahren sind wir vor eurem Blickfeld ganz verschwunden, so wie einst Avalon[G] verschwunden ist – in den Nebeln des Vergessens! Und so wie Camelot[G] euren Blicken entschwand!"
Er betrachtete mich eingehend und suchte in meinem Gesichtsausdruck nach einer Reaktion von mir.

„Ja, ich verstehe das", antwortete ich, denn ich wusste: Nachdem die Menschen auch in den Gebieten, in denen schon immer Feen ansässig gewesen waren, brutale Kriege führten oder die Gebiete einfach für sich einnahmen, indem sie den Boden ausbeuteten, oder Land verbauten, wurden die Naturwesen von den Menschen immer enttäuschter. So lange Zeit wollten sie den Menschen immer wieder helfen, aber die Menschen dachten, sie wüssten alles besser. Damit Feenreiche wie Avalon und einige Inseln in der Nähe Irlands und Schottlands nicht eingenommen wurden, ließen die Mischwesen, zum Beispiel Einhörner (Tier mit Tier) oder Meerjungfrauen (Tier mit Mensch) und Naturwesen, wie Elfen und Feen den grünlichen Nebel des Vergessens über diese Inseln kommen. Dieser Nebel bewirkt auch eine Dimensionsverschiebung in Zeit und Raum, sodass die Gegenden aus der Menschenwelt verschwinden. Camelot war die `Goldene Stadt aus der Artus[G]-Sage´, die von Menschen und Feen bewohnt war und die vor der Zerstörung beschützt werden musste, indem sie einfach durch die magischen Kräfte der Naturwesen in eine andere Dimension versetzt wurde.

Er erzählte weiter:
„Auf deiner Suche nach Antworten kann ich dir helfen. Aber in der Sprache von euch Menschen muss ich mich anpassen. Das fällt mir schwer, denn wir sind noch ein urtümliches Volk und wissen Bescheid vom Universum, ohne eine rationale Sprache suchen zu müssen. Dennoch will ich eine Erklärung versuchen:

Möglicherweise kann ich in euren Worten sagen, dass am Anfang das `Nichts´ war. Das ist gleichzeitig das `All-Eine´, also Materie beziehungsweise Energie in seiner nicht offenbaren Erscheinungsform. Andererseits gibt es ein Informationsfeld, das als Auslöser diente, das Universum in seiner offenbaren Gestalt entstehen zu lassen. `Nichts´ bestand möglicherweise aus einer einzigen Zahl, einem Code, einer einzigen Information oder einem Feld. Dieses Feld diente als Initiation(G) für die Materie, sich zu formen und zu bilden in das, was wir jetzt sind.“

„War das der Anfang? Der Ursprung des Kosmos?“, fragte ich aufgeregt und Elwin führte weiter aus:

„Die Trennung zwischen offenbarer und nicht offenbarer Welt wurde vollzogen, und es entwickelten sich bewusste Wesen. Ich sage Wesen, denn bevor ihr Menschen euch entwickelt habt, waren schon Pflanzen da und wir, das Elfenvolk und Tiere! Wir alle sind beseelt, auch die für euch scheinbar tote Welt der Steine. Auch sie leben! Jeder Kristall, jeder Stein, strahlt eine einzigartige Aura aus, so wie wir und ihr auch, wenn ihr euer Bewusstsein erweitert. Schau mich mal genau an!“

Er stellte sich humorvoll in Pose, und ich blickte lange auf seine Figur. Nach einiger Zeit sah ich ein Schillern in allen Farben des Regenbogens um seine Schultern. Diese Farben schillerten und schwangen wie die Flügel von Libellen. Nun wusste ich, warum Elfen oft mit Libellenflügeln dargestellt wurden. Es war ein prächtiger Anblick.
Wieder schien er meine Gedanken zu lesen und antwortete:

„Auch ihr Menschen seid so schön anzusehen, wenn eure Aura rein und heil ist."

Ich erinnerte mich, dass der russische Fotograf Kirlian durch ein spezielles Verfahren bei seiner Arbeit zufällig die nach ihm benannte Kirlianfotografie entdeckt hatte. Alles – Pflanzen, Steine, Menschen, Tiere – hat eine strahlende Aura, die durch sein Verfahren fotografierbar ist. Er hat dann Versuche gemacht, bei denen er feststellte, dass man an Pflanzen und Tieren, natürlich auch an Menschen anhand einer nicht vorhandenen oder verletzten Aura kommende Krankheiten schon vorher erkennen kann. Eine kranke oder verletzte Aura erkennt man an gebrochenen, dumpfen Farben oder Lücken im Farbfeld. Weiter hat er festgestellt, dass nach dem Tod eines Lebewesens die Aura[G] noch eine Weile im Körper bleibt, bis sie endgültig ins Universum verschwindet. Es ist nicht erwiesen, ob sie als ganze Aura weiterlebt oder ob sie sich in strahlende Teilchen auflöst. Aber der Strahlenkranz um ein gesundes Wesen ist leuchtend und wunderschön anzusehen. Ich persönlich meine, dass die angeblichen Aurafarben sich bei der Kirlianfotografie nur nach den Fotoplatten richten und nichts mit den wirklichen Farben der Aura zu tun haben, die nur Hellsichtige richtig sehen können. Was wir durch die Kirlianfotografie sehen, ist durch die Technik möglich, so wie beim Röntgen oder der Thermodiagnostik[G], und da jedes Wesen zumindest eine Wärmeausstrahlung hat und Feuchtigkeit emittiert, ist es für mich klar, dass diese Aura durch technische Mittel sichtbar gemacht werden kann, und dass diese Aura zwar etwas mit körperlicher und vielleicht mit seelischer Verfassung zu tun hat, aber nichts mit der Seele selbst und nichts mit dem Bewusstsein. Für mich ist die Aura sehr schön, wenn Seele und Körper im Einklang sind, aber als Diagnosemethode funktioniert sie nur bei Hellsichtigen – aus meiner Erfahrung heraus. Ich selbst bin nur teilweise hellsichtig, manchmal kann ich es, manchmal nicht. Wenn ich mich zu viel mit materiellen Dingen beschäftigen muss, wie mit Geld, hindern mich diese Sorgen um die Existenz sehr daran, mich in höhere Schwingungen zu versetzen.

Elwin schilderte weiter:
„Alle Wesen leben ihr Leben, sie entwickeln sich, indem sie Erfahrungen sammeln, sie lernen dazu, und eines Tages sterben sie."

„Gibt es auch ein so genanntes 'Gottes-Gen'? Ein Gen, das für unser spirituelles Denken zuständig ist, das uns nach Antworten suchen lässt?", fragte ich, denn mich ließen diese Gedanken darüber noch immer nicht los.

Und ich fragte aufgeregt weiter, bombardierte ihn förmlich mit Fragen, die ich in immer längeren Sätzen hervorstieß:
„Wo gehen wir hin, nachdem wir als Materie, als Pflanze, Tier oder Mensch ein Leben erfahren durften und wieder sterben? Wo geht unser Bewusstsein hin nach unserem Tod? Geht die sogenannte 'Seele' oder der Geist in ein nächstes Leben oder geht es in ein paralleles Universum, wo es als Matrix in der Unendlichkeit dieses Universums unsterblich ist und lediglich als Information dient, wie sich die Materie – um die Erfahrung des jeweiligen vorangegangenen Lebens reicher – noch effizienter bilden soll, um den Weltraum mit intelligenten Wesen zu füllen?"

Er antwortete schlicht und doch mit soviel Inhalt, den ich nicht wirklich erwartet hatte:
"In diesem Fall würde Information als Vorlage für einen anderen materiellen Körper dienen. Es entsteht dann eine Kopie eines vorher schon gelebten Wesens. Es kann dann 'hinzulernen', ohne die Erfahrungen vom vorigen Leben nochmals machen zu müssen. Das 'Erinnerungs-Gen' hat es vom Informationsfeld übernommen. Im Laufe des jeweiligen Lebens könnte das Wesen ein neues Informationsfeld bilden, das dann für ein späteres Lebewesen gedacht ist und ein entsprechendes 'Erinnerungs-Gen' bildet."

So könnte das Leben für Leben weiter gehen, und jedes Leben wäre an Erfahrung reicher. Der Geist würde nach dem körperlichen Tod in ein Paralleluniversum eintreten und dort als Matrix[(G)], als

Informationsquelle, verbleiben. Eine Matrix ist die Blaupause eines Bewusstseins. Dieses Paralleluniversum würde sich mit Informationen füllen, Leben für Leben und zum vielfachen Potenzial.

Ich sagte zu ihm:
„Es ist durchaus denkbar für mich, dass sich beim Tod eines Wesens das Bewusstsein oder der Geist vom physischen Körper löst und als Matrix oder Blaupause im Universum bestehen bleibt. Anders gesagt kann dann ein Mensch, der gerade gezeugt oder geboren wird, sich die Information dieser Matrix holen und mit den Mustern dieser Persönlichkeit leben?"

Der Elf wiegte den Kopf. Er sagte mir, dass er mir nicht alles erklären könne, aber soviel zu meiner Frage:
„Diese Matrix könnte auch den Anlass zu einer 'Wiedergeburt' eines Wesens geben, das mit den Mustern dieser vorher verstorbenen Persönlichkeit ausgestattet ist. So sind wir, die Materie, Gottes langer Finger. Am Anfang war das Wort (Logos), das eine Information oder Zahl ist, aus der die Materie zu einem bewussten Wesen werden konnte. Gott hat sich selbst erweitert, Leben für Leben. So entwickeln wir uns ebenfalls noch weiter, scheinbar endlos, bis wir zum perfekten Bewusstsein, zum 'Gottesbewusstsein' kommen oder es wiedererlangen. Dann sind wir 'All-Eins' oder wieder eins mit Gott. Trotzdem sind wir Individuen in Gott und Gott steht in und über uns gleichzeitig, also zeitlich distanzlos und räumlich distanzlos, aber nicht raumlos, in Bezug zu uns. Wir sind dann das 'Nirwana', das nicht nichts, sondern das 'Alles' ist, wir sind dann 'Eins'. Das geschieht nach 'ewiger' Zeit, die korrekterweise zeitlich distanzlos heißen müsste, und die Ewigkeit ist in der Zeit eine unendliche Schlaufe."
Der Elf sah mich erneut lange an und fragte mich dann:
„Sehe ich das richtig oder seid ihr Menschen über eure sogenannten 'wissenschaftlichen Gesetze' gestolpert, über eure eigenen 'naturwissenschaftlichen Erkenntnisse' oder 'philosophischen Thesen', so wie ihr es in eurer Sprache sagt?"

Er machte eine Pause, und während ich noch überlegte, sagte Elwin weiter:

„Es kann auch anders sein: Der Anfang wäre wie schon erwähnt. Materie und Energie wären neutralisiert und noch nicht in Erscheinung getreten, es gäbe 'nur' eine Information, eine Quelle, ein Feld, eine Zahl, einen Algorithmus, so wie ihr es in eurer Sprache sagt; es gäbe - was auch immer. Ein 'Logos' wäre dann ein 'Stein des Anstoßes', der Grund zur Geburt des Universums. Und der 'Logos' würde 'zum Fleisch' werden, so wie es in der Bibel steht - zur Materie!

Leben würde beginnen, Bewusstsein würde sich entwickeln, wüchse und schließlich käme der Tod.

Das Bewusstsein würde als Seele oder Geist in eine parallele Welt gehen und zufällig oder nicht zufällig wieder geboren werden, sobald ein Wesen es braucht. So wäre auch ein Wachstum der Persönlichkeit möglich."

Ich dachte das Gesagte sofort weiter:
„Es könnte so weiter gehen, bis alle unsere Planeten den Tod durch Zerstrahlung finden. Dann entstehen wieder nur kleinste Energieteilchen, und selbst die können sich neutralisieren, bis sie nicht mehr in Erscheinung treten. Aber sie sind da - zumindest als Informationsquelle! Alles ist wieder 'Eins', aber durch die kleinste Instabilität würde sich der Vorgang im Universum wiederholen."

Elwin las meine Gedanken und antwortete darauf:
„Ein Universum kann dann durch einen 'Urknall' entstehen oder wieder entstehen. Es kann aber auch sein, dass es gar keinen Urknall gibt. Materie und Energie bilden das Weltall mithilfe der Naturgesetze und es entwickelt sich. Es entsteht intelligentes Leben, bewusste Wesen, und diese leben ihre Zeitspanne bis zum Tod. Das Bewusstsein aber lebt als Seele weiter und geht in ein nächstes Leben."

Im Geiste sah ich ein Licht, das sich zu einer Spirale formte, immer größer wurde und sich immer mehr ausbreitete. Dann sah ich Planeten, Menschen, Tiere und Pflanzen. Sie wurden größer, vielfältiger, und schließlich sah ich, wie junges Leben langsam älter und reifer wurde, vergreiste und schließlich starb. Dann formte sich wieder neues Leben. Frische Pflanzen wuchsen, junge Tiere und Menschen wurden geboren, und die Jungen wuchsen wieder, wurden reif und wieder älter. Es war ein Kreislauf.

Immer wieder liefen diese Bilder in mir ab, als wenn sich ein Film vor mir abspulen würde. Aber ich sah mehr als nur den Körper, ich sah auch Feinstofflicheres, etwas, was man Seele nennen könnte oder Bewusstsein. Ich sah es förmlich, wie diese Seele mit dem Körper eines Wesens geboren wurde, mitwuchs, mitlernte, aber am Ende des körperlichen Todes nicht starb, sondern wie ein Atem mit der übrigen Luft, sich in etwas noch Feinstofflicheres auflöste. Die Seelen lösten sich aber nicht planlos oder vollkommen auf, sondern nach einem bestimmten Muster, das ich nicht erkennen konnte. Dann verschwanden sie aus meinem Blickfeld. Aber wenn ich sah, wie ein Kind geboren wurde, bemerkte ich auch, wie ein feinstofflicher Körper aus einer noch feinstofflicheren Ebene wieder auftauchte und sich mit dem jungen Körper vereinte.

Ich sagte zu ihm:
„Es gibt aber auch eine andere Möglichkeit, nämlich die, dass auch unsere Seele nach unserem physischen Tod stirbt. Nur für mich persönlich ist diese Erklärung nicht befriedigend, denn es gäbe keine Weiterentwicklung der Persönlichkeit."

Ich wusste, es wäre weder konform mit der Bibel noch mit den Erkenntnissen der menschlichen Naturvölker, die ja über keine Bibel verfügten, aber es war mein Gedankengang und ist ein Gedanke vieler Personen, der mich auch verunsicherte.

Ich erklärte Elwin meine Gedanken:

„Der Anfang wäre wieder Materie und/oder Energie und Information. Es entsteht ein Leben, und dieses Wesen ist beseelt von einem Geist. Es lebt eine gewisse Zeit und stirbt dann. Der Geist stirbt mit. Ein anderes Wesen wird geboren mit einer anderen Information, lebt seine Zeit und stirbt wieder und mit ihm das Bewusstsein. Ein Leben nach dem Tod würde es dann als 'Ego' oder 'Persönlichkeit' nicht geben, aber das Leben an sich im 'All-Eins' schon. Doch anders betrachtet ist es so oder so der Fall, dass letzten Endes auch das Ego, die Persönlichkeit, aufgelöst wird – in der Unendlichkeit! In für uns undenkliche Zeiten gehen wir wieder in die Quelle zurück. Dann sind wir wieder 'All-Eins' und nicht getrennt."

Er machte eine Gedankenpause und blickte mich dabei forschend an. Der Blick war nicht aufdringlich für mich, aber ich hatte das Gefühl, dass er mit den Augen in meine Seele blicken konnte. Dann sprach er:

„Ich weiß, dass dieser Glaubenssatz für dich nicht befriedigend ist, denn sonst würdest du mich gar nicht sehen. Aber jeder kann nur so weit offen sein, wie sich auch sein Bewusstsein geöffnet hat, darum sind alle Glaubenssätze möglich. Dir sage ich dazu mit den Worten des britischen Schriftstellers:

> `Wenn deine Grundsätze
> dich traurig machen,
> verlass dich drauf:
> Sie sind falsch.´

> Robert Louis Stevenson"

Der Elf hatte mir für diesen Tag genug zu denken gegeben. Wir verabschiedeten uns anschließend, nachdem er mir versprach, sich bei mir von Zeit zu Zeit zu zeigen.

Ich ging mit einer gewaltig gehobenen Stimmung aus der Höhle an meinen realen Ort und ins 'Hier und Jetzt'.

Ich dachte bereits auf dem Heimweg viel über das Gesagte nach, aber für mich blieben noch viele Fragen offen. Ich suchte in vielen Bibliotheken und Buchhandlungen nach entsprechender Lektüre, aber anscheinend hatte ich alles schon irgendwie gehört. Schließlich musste ich mich wieder anderen Dingen zuwenden. Nachdem ich meine Wissensbegierde eine Zeit lange zurückgestellt hatte, stieß ich doch wieder auf einige interessante Artikel, die meine Neugier abermals aufflammen ließ. So begab ich mich wieder auf die Suche nach dem Bauplan des Universums und fand das neue Paradigma des 'Global Scaling'[(G)]. Es gehört zu einer der Theorien der Mainstream Physik[(G)], die mich besonders fasziniert. 'Global Scaling' bedeutet logarithmische Skaleninvarianz[(G)], das ist der logarithmische, sich in alle Skalen wiederholende Aufbau der Materie. Es ist ein grundlegendes Prinzip des Kosmos und gilt sowohl für den Makro- als auch für den Mikrokosmos.

Nach vielem Lesen, zu Hause, in Bibliotheken und nach vielem Suchen in Buchhandlungen, brauchte ich wieder einen gewissen Rückzug in die Natur, um zu reflektieren.

Es war inzwischen Sommer geworden, und oft ging ich nur abends hinaus, wenn sich die Sonne schon tief am Horizont befand. Ich ging in den großen Garten an der Westseite meines Hauses und setzte mich auf die Holzbank, die zwischen sehr hohen Nadelbäumen platziert ist.

Während ich an meinen Elfenfreund dachte und eine Weile so dasaß, bemerkte ich, dass sich in mir schon eine Welle der Entspannung ausbreitete, die nötig war, um meinen Verbündeten zu treffen. Im Geiste – mit geschlossenen Augen - kam langsam ein schwaches Licht auf mich zu, das sich vergrößerte, und in seinem Schein trat der Elf hervor. Er stieg mit seinen schillernden Libellenflügeln vom Nachthimmel herab und landete vor dem Schilf am angelegten Teich im Norden des Gartens. Ich ging näher hin und begrüßte ihn. Wir setzten uns nieder; ich auf einen alten Baumstumpf und Elwin hockte sich auf ein Seerosenblatt. Zwar ist er von gleicher Größe, jedoch viel leichter, weil er ein Elementarwesen ist.

„Warum hast du mich gerufen?", fragte er, und ich antwortete ihm, dass ich wieder einige Informationen suchte, die er mir vielleicht besorgen könnte. Daher fragte ich ihn:
„Mich beschäftigt die Mainstream-Physik des 'Global Scaling', der Zusammenhang zwischen Mikro-(G) und Makrokosmos(G). Was weißt du darüber?"
Der Elf erklärte mir:
„Das uralte hermetische Gesetz besagt Folgendes:
,Wie im Großen, so im Kleinen, wie im Kleinen, so im Großen. Wie oben, so unten, wie unten, so oben!' "

Davon hatte ich schon gehört, also fragte ich nach Einzelheiten, die er mir bereitwillig anvertraute:
„Zuerst erzähle ich dir etwas über Schwingungen. Die Quantenphysik und die Chaostheorie besagen, dass die Materie im gesamten Universum gewissen Schwingungen unterliegt, so wie wir sie aus der Akustik kennen. Diese Schwingungen sind einerseits wie Musik im Weltenraum, andererseits wie Materie, die sich in ihrer Gestalt in einem gewissen Rhythmus sowohl im Großen wie im Kleinen immer wiederholt."

Verändert man Schwingungen, verändert man das Leben. Diese Tatsache wird auch in der Heilpraktik genutzt. Allein durch Schwingungen der Akustik, der Musik, ist Entspannung, und dadurch der erste Schritt zur Heilung möglich. Heilung durch Farben (Chromotherapie) ist ebenfalls sehr bekannt und natürlich auch manuelle Praktiken, wie bestimmte Massagen, Vibrationstechniken und Heilen durch Hände, wie Reiki oder 'Touch for Health'(G), um nur einiges zu nennen.

Doch wer verändert diese Schwingungen? Gott? Ein Mensch? Ein Elf? Es ist egal. Es kann sein: Mann, Frau, Mensch, Elfen, Verbündete, elektronische Geräte oder Katzen durch Schnurren.

Dies mag auf den ersten Blick ein Zuklappen des Buches hervorrufen wollen, doch wer eine Katze hat, reagiert auch auf das Schnurren, und sei es durch ein Aufmerken: Aha, es geht der Katze gut. Man erfreut sich automatisch am Schnurren.

Der Elf sprach bereits weiter:

„Auch Steine und Kristalle sowie Metahologramme und kosmische Symbole verändern sehr stark die Schwingungen. Wir arbeiten damit und auch mit Methoden, die ihr nicht oder vielmehr noch nicht kennt. Wenn man sich auskennt, kann man die Heilkraft der Steine ausnutzen.

Ganz bestimmt kann man auch allein durch den Geist Schwingungen verändern, wie ihr schon beim Schamanismus, beim neurolinguistischen Programmieren (NLP[G]), bei der Kinesiologie[G] und in der Psychotherapie[G], zum Beispiel in der Gestalttherapie[G] oder im Rollenspiel, durch Familienstellen, durch Prana healing[G], durch Reiki, durch Therapeutic Touch, durch Anwenden von Mudras[G], Mantras[G], Yantras[G], Piktogrammen, Metahologrammen und Gebeten[G] es macht!"

Elwin führte nicht alle Methoden an, aber auch ich kann nicht alle ergänzen, denn es gibt noch so viele, wie die Arbeit in Bruno Gröning-Kreisen, die eine Heilenergie abzapfen, und es gibt noch so viele, die ich gar nicht kenne und deshalb nicht empfehlen kann, die ich aber zumindest anführen müsste; und es gibt so viele, deren Namen ich noch nicht einmal erfahren habe.

Es gibt aber auch Bildungsnetzwerke, wie zum Beispiel das Internetportal www.schulklick.net. Dort werden Informationen auch zu Religion und Erfahrungen oder sogar Glaubenserlebnisse als Lehrmaterial angeboten.

Die Schwingungen sind überall im ganzen Kosmos, sowohl im Größten als auch im Kleinsten. Die Schwingungen verlaufen offenbar nach einem bestimmten Muster. Aber Muster sind auch im sichtbaren Kosmos überall vorhanden, und im Großen wie im

Kleinen sind sie alle selbstähnlich. Der Makrokosmos ist das Große, und im Mikrokosmos treten selbstähnliche Muster unter ähnlichen Bedingungen wie Schwingungen auf.

Diese kleinen filigranen Formen nennt man Fraktale[G]. Sie sind unendlich komplex, aber auch zu irregulär, um mit der herkömmlichen Geometrie gemessen werden zu können. Fraktale sind selbstähnlich. Das heißt, die Form eines Fraktals findet sich verkleinert in seinen Teilen wieder. Es sind Bruchstücke des Großen und in sich gefiedert wie Schneeflocken oder Farne.

Der Elf sprach:
„Dass ihr Menschen dies alles erst jetzt erkennen beziehungsweise sehen könnt, liegt daran, dass das menschliche Gehirn so beschaffen ist, dass ihr nur das seht, was ihr auch kennt."

Ich antwortete darauf:
„…Und wahrscheinlich müssen wir das nicht unbedingt selbst schon erfahren haben. Wenn einer unserer Vorfahren bestimmte Dinge schon sehen konnte, ist das 'Erinnerungs-Gen' dafür verantwortlich, dass wir das ebenfalls erkennen können. Wenn es einen Gott gibt, den noch kein Mensch gesehen hat, bis hin zurück zu unseren Ursprüngen, wir würden ihn gar nicht sehen."

„Genau so ist es", nickte Elwin.

Nachdem wir uns wieder verabschiedet hatten, ging ich wieder aus meinem Entspannungszustand heraus und ins `Hier und Jetzt´ zurück.

Das heißt, ich wache nicht auf, sondern lenke den Traum ganz bewusst. Diese Art des Träumens ist ein bewusstes, herausgefordertes Träumen, das auch Astralreise oder lucides[G] Träumen genannt wird; dazu gibt es bestimmte Techniken, auf die ich noch eingehen werde. Natürlich kann ich die Kontrolle verlieren – meist durch eine Störung – und plötzlich aufwachen oder traumlos weiterschlafen. Dann passiert im Wesentlichen nicht viel. Schläft man ein, also in die traumlose Phase des Tiefschlafs, kann man sich leider später nicht mehr daran erinnern. Beim Aufwachen ohne Verabschiedung kann man oft das Gefühl haben, noch nicht richtig da zu sein, oder man hat das Gefühl, dass jemand anderer da ist. Das stimmt ja meistens dann auch. Ich kenne genug Leute, die mit dem Hexenbrett spielten, Geister riefen, aber nicht korrekt verabschiedeten und sich dann wunderten, dass sie nachts schlechte Träume hatten, wach wurden, weil sie glaubten, nicht allein zu sein und dann ganz besonders im Dunkeln Angst hatten. Daher ist es auch wichtig, einen Hypnotisierten[G] in einer Hypnosetherapie[G] in das Hier und Jetzt zurückzuführen!

Die meisten, die das probieren, wissen überhaupt nichts über die Regeln, zum Beispiel wie man diese Wesen behandelt, oder wie sie erkennen, mit wem sie es überhaupt zu tun haben. Sie vergessen jede Höflichkeit, haben keinen Respekt und wundern sich dann, was herauskommt. Wer nicht genau weiß, wie das geht, sollte seine Finger davon lassen. Es ist noch einmal ein großer Unterschied, ob ich in diese Dimensionen gehe, wie beim schamanischen Reisen oder luciden Träumen, oder ob ich Wesen aus anderen Dimensionen rufe. Viele wissende Menschen sagen, dass man überhaupt niemanden rufen soll, aber da teilen sich die Meinungen.

Schwingungen und Fraktale

Eine weitere Begegnung mit dem Naturwesen

Schon kurze Zeit später suchte ich meinen neuen Mentor wieder auf. Ich war neugierig geworden und ging in den nahen Wald. Dort suchte ich eine Lichtung, wo ich mich auf einen Baumstumpf niedersetzte. Es war wieder warm und angenehm. Von diesem Platz aus rief ich ihn im Geiste. Sogleich tauchte er lächelnd auf.

„Ich will dir heute wieder einiges über Fraktale erzählen, aber noch viel mehr über Schwingungen.", begann Elwin das Gespräch und erzählte mir Folgendes:

„Nach der Chaostheorie sind Fraktale unberechenbar und deterministisch. In der logarithmischen Welt des 'Global Scaling' gibt es sogar eine Skaleninvarianz statistischer Verteilungen. Vielleicht gibt es tatsächlich Berührungspunkte zwischen 'Global Scaling' und Chaostheorie?

Dass wir in einer logarithmischen Welt leben, zeigen uns sogar unsere Sinnesorgane. Wir nehmen den Logarithmus eines Signals wahr und nicht das Signal selbst. Wir messen die Lautstärke in logarithmischen Einheiten, nämlich in Dezibel[G]. Logarithmen[G] sind Hochzahlen. Durch Grafiken kann man sehen, wie Schwingungsbäuche Materie verdrängen, sodass sie sich in den Schwingungsknoten konzentriert. So entsteht im eigenschwingenden Mittel eine logarithmisch fraktale Verteilung der Materiedichte.

Schwingung heißt Bewegung. Jede Materie schwingt, ebenso jedes Atom, jeder Planet, jede Galaxie und selbstverständlich jede Zelle in unserem Körper. Schwingungen erzeugen fraktale Spektren der Frequenzen[G]. Es entstehen Wellenlängen, Amplituden[G] und ein logarithmisch fraktales Netz von Schwingungsknoten im Raum. Das sage ich jetzt in eurer rationale Sprache, die ihr Menschen so schätzt, und wiederhole den Physiker Hartmut Müller.

Dieser sagt:
`Eigenschwingung der Materie sind der wahrscheinlich wichtigste strukturbildende Faktor im Universum. Aus diesem Grund findet man überall in der Natur fraktale Proportionen.´"

„Ja", antwortete ich und nickte. Ich habe das bei Pflanzen und Steinen beobachtet, wie bei Ästen und Zweigen von Bäumen und den Adern der Blätter.

„Ich denke, das beantwortet deine Fragen für heute. Wir sehen uns wieder", sagte er und verschwand, so wie er gekommen war. Eigentlich kann ich nicht wirklich sagen, wie er verschwand oder ob er sich in Licht auflöste, ich war abgelenkt.

Ich ging anschließend nach Hause und schrieb auch diese Reise in mein Tagebuch. Ich lese über niedergeschriebene Ansichten, die mich ein Kraftwesen lehrt, ab und zu nach. Es sind so etwas wie schamanische Reisen, die man macht, um Belehrungen zu bekommen. Die Umsetzung folgt erst viel später, wenn sich die neuen Muster verankert haben. Auf diese Umsetzungen komme ich später im Buch, zumindest kurz, zu sprechen.

An diesem Abend saß ich noch sehr lange im Garten, zumal es sehr schön war. Die Grillen zirpten, und Frösche quakten am Teich, während ich über das Gesagte noch lange nachdachte.

Tatsächlich, ich durfte meinem Mentor schon eine Woche später wieder begegnen. Ich war diesmal im Garten und setzte mich auf eine Holzbank, und als ich ihn in Gedanken rief, kam er hinter einem Busch hervor, und wir begrüßten uns. Dies wirkt fast so, als hätten wir uns in der realen Welt getroffen. Natürlich sah ich ihn nur im Geiste. Eine Kontaktaufnahme mit einem schon bekannten

Wesen kann sehr schnell und ohne Umstände geschehen, wenn man ungestört ist und an einem Ort, an dem man sich wohlfühlt und entspannen kann.

Aufgrund meiner neugierigen Fragen erzählte er:
„Ich möchte dir heute etwas über Schwingungen erklären. Dazu komme ich nochmals kurz zu der Beschaffenheit der Fraktale zurück. Wenn ich dir das jetzt nicht ganz rational erkläre, fragst du mich das nächste Mal wieder dasselbe."

Er zitierte den Physiker Hartmut Müller:
„Die logarithmisch fraktale Verteilung der Materie im Universum ist also eine Folge von Eigenschwingungsprozessen in kosmischen räumlichen und zeitlichen Maßstäben. In diesem Zusammenhang spricht man von der 'Melodie der Schöpfung'."

Und dann sagte Elwin zu meiner Überraschung:
„Bevor ich dir weiter erkläre, lade ich dich zu einer Reise ein."

Dabei deutete er mit einer Hand nach rechts hinten, wobei er mit den Fingern schnalzte. Aus dem Hintergrund glitt ein weißes Pferd herunter und stand dann plötzlich dicht vor mir. Es war ein Pegasus mit libellenartigen Flügeln, wie mein Elfenfreund sie hatte. Sie schillerten ebenfalls in allen Farben des Regenbogens.

Mich konnte ja fast nichts mehr in Erstaunen versetzen, aber ich geriet bei diesem Anblick beinahe wieder aus der Fassung. Elwin bedeutete mir, mich auf das Pferd zu setzen, und ich wagte es. Dann schwang er sich hinter mich, und der Pegasus hob sich in die Lüfte. Immer höher und höher stieg er und blieb dabei ganz ruhig in seinen Bewegungen. Er glitt so sanft durch die Luft, dass ich keine Angst haben musste. Das Magnetfeld der Flügel verhinderte überdies, dass ich herabstürzen konnte, und so überwand ich auch die Angst vor dieser Höhe.

Magnetismus

So wie die Erde besitzt auch der menschliche Körper ein Magnetfeld. Bekanntlich hat die Erde dementsprechend einen Nord- und einen Südpol und eigentlich jeder Körper, der magnetisch ist. Ein Magnetfeld kann auch durch elektrischen Strom erzeugt werden (Dynamo), man nennt ihn dann Elektromagnetismus, daher haben auch fahrende Züge und Handys ein magnetisches Kraftfeld. Die Wirkung eines Elektromagneten ist dieselbe wie die eines natürlichen Magneten (Magnetit, das ist ein Gestein). Das Magnetfeld der Erde wird durch eine Art Geodynamo erzeugt. Der magnetische Pol der Erde, nachdem sich die Kompassnadel richtet, ist nicht ganz genau am geografischen Nordpol und wandert beständig. Man vermutete ein starkes natürliches Magnetitvorkommen, aber heutzutage geht man eher davon aus, dass eine Umpolung stattfinden wird. Es wurde festgestellt, dass innerhalb von circa 100 Jahren die Feldstärke um 10 % abgenommen hat und weiter abnimmt. Die Maßeineinheit für den Magnetismus ist Tesla, früher wurde in Gauß gemessen.

Mit der Zeit genoss ich dieses sanfte `durch die Luft gleiten´ und wurde von den sanften Schwingungen in eine hohe Stimmung versetzt. Schließlich landeten wir an einem sanften Hügel mit einer kleinen weißen Kapelle und einem Brunnen, aus dem unentwegt `heilsames´ Wasser floss. Es gab einen Tisch und Bänke, und ich setzte mich hin, während mein Elfenfreund zum Brunnen ging und seine Hände eintauchte.

„Hör mir zu. Ich erzähle dir noch etwas über Schwingungen", sagte er. „Ich habe soweit verstanden", antwortete ich, und erläuterte: „Alles schwingt! Jede Materie im Universum!"

Elwin sagte zu mir: „Ja. Und je nachdem, ob sich die Materie gerade in einer komprimierten oder dekomprimierten Phase befindet, wechselt sie die Struktur nach einem fraktalen Muster.

Hartmut Müller sagt: 'Vakuumresonanz ist wahrscheinlich die Basis aller physikalischen Wechselwirkungen. Nicht nur Gravitation, sondern auch elektromagnetische Kräfte und Kernbindungskräfte sind Vakuumresonanzeffekte[G]. Insofern bietet die Global Scaling-Theorie ein schlüssiges Konzept für eine einheitliche Betrachtung messbarer Effekte.' Verstehst du das?", fragte mich der Elf und ohne eine Antwort abzuwarten, erklärte er mir weiter:
„Während die stoffliche Materie schwingt und viele Komponenten kommen und gehen, bleibt die Eigenschwingung des Protons als Einzige bestehen. Sie war zu allen Zeiten vorhanden, ist immer und wird immer sein."

Ich fragte ihn daraufhin:
„Das heißt: Diese Schwingung des Protons überlebt also alle Zeiten, jede Transformation und den Tod. Ist das 'Ewige', also das 'All-Eine', die 'Urquelle', diese Eigenschwingung des Protons, die durch eine Information hervorgerufen wurde? Und ist dieses Informationsfeld der Ursprung, das 'Logos' (das 'Wort), das am Anfang war, und von dem die Theologen sprechen?"
Er antwortete:
„Ja, so ungefähr. In Bezug auf unser Verständnis der Zeit spricht der bekannte Physiker Hartmut Müller auch:
`Eigenschwingungen des Vakuums sind wahrscheinlich Ursache der Anisotropie[G] des Raumes und der Zeit. Das heißt, die synchronen[G] Eigenschwingungen des Vakuums sind so etwas wie eine kosmische Uhr, die den Verlauf aller Prozesse im Universum steuert, und zwar auf subatomarer Ebene. Die kosmische Uhr tickt logarithmisch. Infolgedessen nimmt die Ereignisdichte im Universum exponential[G] zu.´"

„Erklärt diese Zunahme der Ereignisdichte das Gefühl, dass die Zeit schneller läuft als früher?"

„Ja. Global Scaling ist demnach für mich nicht nur eine Theorie von vielen, sondern die Grundlage eines neuen physikalischen

Paradigmas, auch wenn sie noch nicht in die 'Mainstream'-Physik aufgenommen wurde."

Dann erklärte mir mein Elfenfreund:
„Ich habe mit dir schon genauer über die Heilkraft von Schwingungen gesprochen. Heute bin ich mit meinem Pegasus mit dir hierher geflogen, um dir zu veranschaulichen, wie deine Stimmung sich durch die Schwingungen beim Fliegen verändert."
„Ja. Es hat mich in ein Hochgefühl versetzt.", antwortete ich.
„Jetzt zeige ich dir die Heilkraft der Schwingungen, wie es sich bei den Wassermolekülen auswirkt.", sagte er, und wie durch Zauberhand stellte er mir ein Elektronenmikroskop auf den Tisch.
 Er ließ mich zuerst ganz gewöhnliches, unbehandeltes Wasser durch das Mikroskop ansehen, und ich erkannte die Strukturen von Wassermolekülen, die gleichmäßig kristallin, aber einfach von Gestalt waren.

„Und jetzt zeige ich dir die Molekularstruktur des Wassers aus diesem Brunnen, das bereits an sich durch diesen Ort der Kraft eine andere Schwingung hat", ergänzte er.

Diesmal stellte er mir das Elektronenmikroskop mit dem Brunnenwasser vor die Nase. Ich blickte hindurch und sah die Gestalt der Moleküle.

„Oh!", rief ich erstaunt und erkannte: „Diese Moleküle sehen aus wie Schneeflocken. Da erkenne ich zart gefiederte Fraktale, wunderschön anzuschauen."
„Genau!" antwortete er. „Und jetzt zeige ich dir noch etwas ganz Besonderes."

Er betete über einer Schale des heilsamen Brunnenwassers, und dann stellte er wieder eine Probe unter das Mikroskop, damit ich jetzt die Struktur der Wassermoleküle dieses heilsamen Brunnenwassers, über dem er gebetet hatte, betrachten konnte.

Was sich mir jetzt zu sehen anbot, übertraf meine Erwartungen.
„Das ist wirklich erstaunlich. Mir scheint das direkt unwirklich, so wunderbar ist diese Struktur jetzt!", rief ich aus.
Die Moleküle waren nicht nur von zart gefiederter und komplizierter, wunderschön gleichmäßiger Gestalt, sondern im Zentrum des Kristalls, der einen Stern zeigte, erblickte ich das Antlitz meines Elfenfreundes in anmutiger Pose als Bild, so wie ein Porträt oder eine Fotografie.
Später habe ich mich erkundigt. Ich habe in Büchereien gesucht und tatsächlich ein Buch gefunden, das mir diese Erfahrung anschaulich bestätigt hat.
Ein Japaner hat Bilder von allen möglichen Wassermolekülen, behandelten und unbehandelten, aus heiligen Quellen und aus gewöhnlichen Wasserleitungen, mit einem Elektronenmikroskop fotografiert. Sein Name ist Masaru Omoto. Diese Bilder sind einfach sensationell. Daraus kann jeder erkennen, wie sich Schwingungen auf Materie auswirken.
Elwin brachte mich mit dem fliegenden Pferd zurück in den Garten. Dort verabschiedeten wir uns wieder, diesmal für längere Zeit.

Bild: Fraktale - Acryl, gemalt von Eva Lene Knoll

48

Himmel und Sterne, das `Urprinzip´

Anfang Jan. 09

Mit einigen folgenden Kapiteln halte ich mich zwar nicht an die chronologische Reihenfolge, aber wegen des zusammenhängenden Themas in Bezug auf Kosmologie möchte ich sie dennoch vorziehen:

Ich befand mich in einem entspannten Zustand und beschloss, eine Reise in mein Selbst zu machen, um einen Einblick in anstehende Fragen zu haben.

Bald kam ich durch verschiedene Emotionen und in einen dunklen Raum, den ich scheinbar nicht durchbrechen konnte. Ich bat mein `höheres Selbst´ um Hilfe. Es schlug mit seiner Hand ein Loch in die Wand, sodass wir hindurchschlüpfen konnten. Ich kam in einen weiten interstellaren(G) Raum. Aber ich fühlte mich hier geborgen, und es war angenehm warm. Vor mir sah ich nur azurblauen Himmel und unendlich viele leuchtende Sterne.

Das war ein kurzer Ausflug ins `innere Selbst´. Die Reise war zu Ende, und ich schlief anschließend traumlos ein.

Anscheinend war diese kurze Vision ein Anstoß für mich, mir wieder Lektüre zu besorgen, um neue Erkenntnisse aus dem Zweig der Kosmologie zu suchen. Schon zwei Tage später wurde ich fündig.

Das Thema der Entstehung des Universums wurde angesprochen, und dabei erinnerte ich mich, dass damals schon Archibald Wheeler(G) die Vermutung hatte, dass ein Positron(G), ein positiv geladenes Teilchen also, bloß ein sich in der Zeit rückwärts bewegendes Elektron sei. Das Elektron ist immer negativ geladen. Damit wäre die Zahl der Elektronen im Weltall eingeschränkt, und verfügt nicht wie angenommen, über eine unglaubliche Hochzahl von Elektronen, was eine aberwitzige Zahl von über Billionen ausmacht, sondern nur über ein einziges Elektron! Das nur zur Einleitung meiner eigenen Gedanken in das immer wieder kommende Thema: `Wie war der Anfang?´

Die meisten Astrophysiker glauben, dass das Universum mehr als 15 Milliarden Jahre alt ist, und aus einer Raum-Zeit-Singularität durch einen Urknall entstanden ist.

Zurzeit beobachten wir im Weltall eine Ausdehnung, aber wenn man diese Expansion in der Zeit umkehrt, rücken die Galaxien immer näher zusammen. Dann wird auch die Hintergrundstrahlung immer heißer, bis sie schließlich der Temperatur der Sternenoberfläche entspricht. Schließlich können die Sterne keine Energie mehr abgeben. Dann blähen sie sich auf und lösen sich in der so genannten `Ursuppe´ zu einer kochenden Energiemenge.

Prof. Hans-Jörg Fahr, Astrophysiker, stellt sich die Frage, warum dieses Gebilde (Ursuppe) nicht bleibt, wie sie ist, warum das Weltall also expandieren muss.
Er meint, dass hier das eigentliche Schöpfungsrätsel liegt:
„Der Anfang kann eben nicht nur Chaos sein! In den Anfangsbedingungen dürfte Materie dennoch nicht allzu dicht zusammengeballt sein, sonst bliebe das All ein Schwarzes Loch, in dem sich nie etwas getan hätte. Stattdessen muss dieser Materie eine innere Dynamik innewohnen, die diese Expansion zwangsläufig einleitet." (Prof. Fahr in der PM 1/2009)
Prof. Fahr hält also die Urknalltheorie für einen Irrtum. Ich kann mich dazu nur seiner Meinung anschließen. Denn der Urknall kann auch für mich nur plausibel sein, wenn der gegenwärtige Zustand unseres Weltalls einen Hinweis darauf geben würde, dass sich tatsächlich alles evolutionsmäßig[G] entwickelt hat. Es gibt aber keine Beweise dafür. In Wirklichkeit wissen wir überhaupt gar nichts über den Anfangszustand.

Prof. Fahr sagt, dass der Kosmos seine Struktur hält und sie auch permanent unterhält:
„Es entstehen und vergehen Galaxien. Jeder Stern verendet irgendwann, wird zum Weißen Zwerg oder Neutronenstern(G) oder zu einer Supernova(G). Aber gleichzeitig entstehen neue Sterne. In seinem Gesamtzustand bleibt sich das Bild des Universums jedoch gleich." (Prof. Fahr in der PM 1/2009)

Ich schließe mich auch hier seiner Meinung an, denn für mich ist es ebenfalls nicht plausibel, warum aus einer totalen Singularität(G) eine ungleichförmige Welt entstehen sollte, strebt doch alles zur Ordnung hin. Auch die Theorie über die Dunkelmaterie ändert daran nichts. Im Übrigen ist sie empirisch gar nicht nachgewiesen.

Die Weltentstehung kann also nicht durch Explosion stattgefunden haben, denn das würde eine Schaffung von Chaos bedeuten. Stattdessen muss schon zu Beginn eine Art Information vorhanden gewesen sein, was nicht nur Prof. Fahr aussagt, sondern auch andere Astrophysiker, Physiker, Biogenetiker(G) und Mathematiker wie Ervin Laszlo und Paul Davies. Auch Rupert Sheldrake(G) weist auf ein morphogenetisches(G) Feld, also ein formbildendes Kraftfeld, hin.

Ich teile diese Meinung schon seit vielen Jahren und freue mich, wenn ich sie durch Wissenschaftler bestätigt finde, da ich das eher aus einem esoterisch-spirituellen Hintergrund sah.

Prof. Fahr sagt:
„In der Materie ist ein Willen am Werk, aus dem Regellosen dauerhaft stabile Strukturen entstehen zu lassen. Ordnungen sind allemal kosmisch erfolgreicher und langlebiger als Unordnungen." (Prof. Fahr in der PM 1/2009)

Das heißt, der Kosmos entwickelt sich aus einer Gleichförmigkeit in immer differenziertere Zustände, die immer zu mehr Informationen im Weltall führen.

Von der Sache her vermutet Prof. Fahr hinter diesen Informationsfeldern nichts anderes als Gravitationsfelder der Massenkonstellationen. Dabei entsteht allerdings eine Komplexität, die mit den vielen Nervenverbindungen in der Gehirnstruktur vergleichbar ist. Er sagt, dass wir diesem Weltstoff sozusagen ein Innenleben zutrauen müssen.

Das heißt: Geist steckt in der Materie – wenn auch in Form von Information.

Prof. Fahr sagt im PM 1/2009 weiter:

„Wir leben demnach in einem aktiven, schöpferischen Kosmos, der sich von Ewigkeit zu Ewigkeit spannt – und nicht in einem Urknall-Universum, das irgendwann einmal kollabiert. Das ist ungemein tröstlich für unsere menschliche Existenz."

Das Weltbild im vorigen Jahrhundert hat uns sowieso viel zugemutet. Wir waren angehalten, Geist und Materie getrennt zu sehen, ja Energie und Materie wurden sozusagen `entseelt´. Demnach wurde den Menschen sein Einheitsbild genommen. Sie standen ohne Bezug da im großen All und wurden zerrissen zwischen empirischer wissenschaftlicher Meinung und einem `Geist´, der hinter allem steht.

„Wenn wir dagegen ein Weltall setzen, das in sich lebendig arbeitet, dann stellen wir den Menschen in ein neues Gefüge. Wir sind einbezogen ins kosmische Geschehen. Deshalb müssen wir gar nicht verstehen, wie ein Urknallkosmos funktioniert. Wir müssen stattdessen begreifen, was es mit einem uns tatsächlich gegebenen, hoch strukturierten, lebendigen Kosmos auf sich hat."
(Das sagte Prof. Hans-Jörg Fahr zu diesem Thema abschließend im PM 1/2009.)

Dass wir Menschen eines Tages wieder dahin kommen, nur mehr mittels Gedanken zu kommunizieren – denn alles geht wieder zurück auf Informationsfelder – schreibt in derselben Ausgabe des PM auch Tobias Hürter:

„Auf lange Sicht sollte die Menschheit sich ohnehin eine neue Bleibe suchen – die Jahrmilliarden unseres kosmischen Lebensraums sind gezählt."
Er erklärt (in kurzer Zusammenfassung):
Wenn unsere Sonne gestorben ist, wird es auf der Erde kalt, öde und leer – der Mond zieht einsam seine Kreise.
„…Unsere Nachfahren werden es verschmerzen können. Wenn sie dann noch leben, sind sie längst ausgezogen."
Auch diesem leicht `schwarzen Humor´ kann ich beipflichten, denn wie so viele andere auch, glaube ich, dass der Mensch schon immer ein Weltenbummler war, der von Planet zu Planet reiste. Allein die Fotos vom Mars berührten mich schon vor circa 30 Jahren, als ich sie zum ersten Mal in einer Übertragung im ORF gesehen hatte. Wer sollte da nicht an ein intelligentes Leben denken, beim Anblick des Marsgesichts und der Pyramiden auf Cydonia[G], Mars. Inzwischen sind ja auch schon Fotos an die Öffentlichkeit gelangt, die noch seltsamere Phänomene zeigen.

Anmerkung des Lektorats:
Untersuchungen ergaben, dass das Marsgesicht zufällig aufgrund von Schatten, Bergen und Tälern zustande kam. Manche zweifeln diese Erklärung an und haben das Marsgesicht auch meditativ gesehen. Anderen Theorien zufolge heißt es, das Marsgesicht wäre ein Beobachtungspunkt von Außerirdischen.
Laut Meinung der Autorin könnte es auch sein, dass wir gemeinsam von einem anderen Planeten abstammen oder dass wir in einer früheren (vielleicht Altlantis-)kultur selbst am Mars diese Strukturen errichtet haben.

Um es mit dem französischen Kaiser Napoleon Bonaparte zu sagen: „Die Menschen glauben alles, es darf nur nicht in der Bibel stehen."
Doch wie erklären sich Hinweise aus Hesekiel 10, Vers 16: `Und wenn die Cherubim gingen, so gingen die Räder auch neben ihnen´?

Es reicht nicht aus, sich zurückzulehnen einen Bonbon zu lutschen und der Predigt zu lauschen. Wir sind aufgefordert die Wahrheit zu suchen!

Bis zum Erkalten unserer Erde vergehen allerdings noch viele Millionen Jahre. Denn – so erklärt Hürter weiter:
„Unsere Zivilisation ist jung, so jung wie die Warmphase nach der letzten Eiszeit, gerade mal 11000 Jahre. Wo sie in einer Million Jahre stehen wird, ist für uns heute so schwer vorstellbar wie ein iPhone[G] für einen Homo erectus[G]. 14 amerikanische Wissenschaftler haben es trotzdem gewagt und in dem jüngst erschienenen Sammelband `Year Million´[Q] dokumentiert. Und ihre Visionen sind atemberaubend. Der Mathematiker Rudy Rucker[G] sieht das Zeitalter des Panpsychismus kommen, in dem wir allein mit Gedankenkraft kommunizieren, Gegenstände bewegen und herstellen können."

Da sind meine Zukunftsvisionen, die ich in den letzten Jahren hatte, eigentlich konform. Auch die Matrixtrilogie von Morpheus ist von diesem Gedankengut gar nicht weit entfernt. Und Hürter meint, dass der Computerexperte Robert Bradbury mit seinen Vermutungen sogar noch weiter geht:

„Er stellt sich vor, dass unsere Nachfahren das gesamte Sonnensystem umbauen. Sie zerlegen einen Großteil der Planeten und konstruieren aus dem Material einen gewaltigen Computer aus mehreren Kugelschalen um die Sonne. Auf dieses sogenannte Matroschka-Gehirn könnten die Menschen sich selbst als Software laden."

Na ja, wir üben ja schon fleißig in den von Programmierern geschaffenen virtuellen Welten, wo man sich richtiggehend ein zweites Leben einrichten kann.

Ein bekanntes Symbol in der Milchstraße

Eher greifbar ist, dass das bekannte Om- oder Aum[G]-Zeichen dem Bild unseres Zentrums der Milchstraße gleicht, wenn sie mit Infrarot[G]- oder Radiowellen[G] aufgenommen wird. Ich habe das Bild `Zentrum der Galaxis´ gemalt, das zeigt wie dieses Zentrum aussieht. Ungenauigkeiten sind aufgrund der manuellen Malerei leicht möglich. In das Bild habe ich mit goldener Farbe das Om- oder Aum-Symbol eingezeichnet. sowie die Swastika[G] in Form von Papierstreifen draufgelegt, die erstaunlicherweise nichts anderes ist, als ebenfalls ein Symbol für das Zentrum der Galaxis, nur ist die 45-gradige Drehrichtung ebenso dargestellt.

Das Om-Symbol ist uralt, und es ist nicht nur, wie ich vorher angenommen habe, ein Schriftzeichen aus dem Sanskrit[G], es ist ein wirkliches kosmisches Symbol. Zusätzlich erzeugt der Klang des Wortes `Aum´ oder `Om´ eine bestimmte Schwingungsfrequenz, die eine geheimnisvolle heilsame Wirkung hervorruft. Diese Wirkung ist vor allen den Tibetern schon lange wohlbekannt.

Vor vielen Jahrtausenden haben dieses Zeichen nicht nur die Inder und Tibeter gekannt, sondern auch einige Indianerstämme und andere Native. Fragt sich nur, warum diese prähistorischen Völker das Zentrum der Galaxis so sahen, obwohl man es nur mit Infrarot oder Radiowellen sichtbar machen kann.

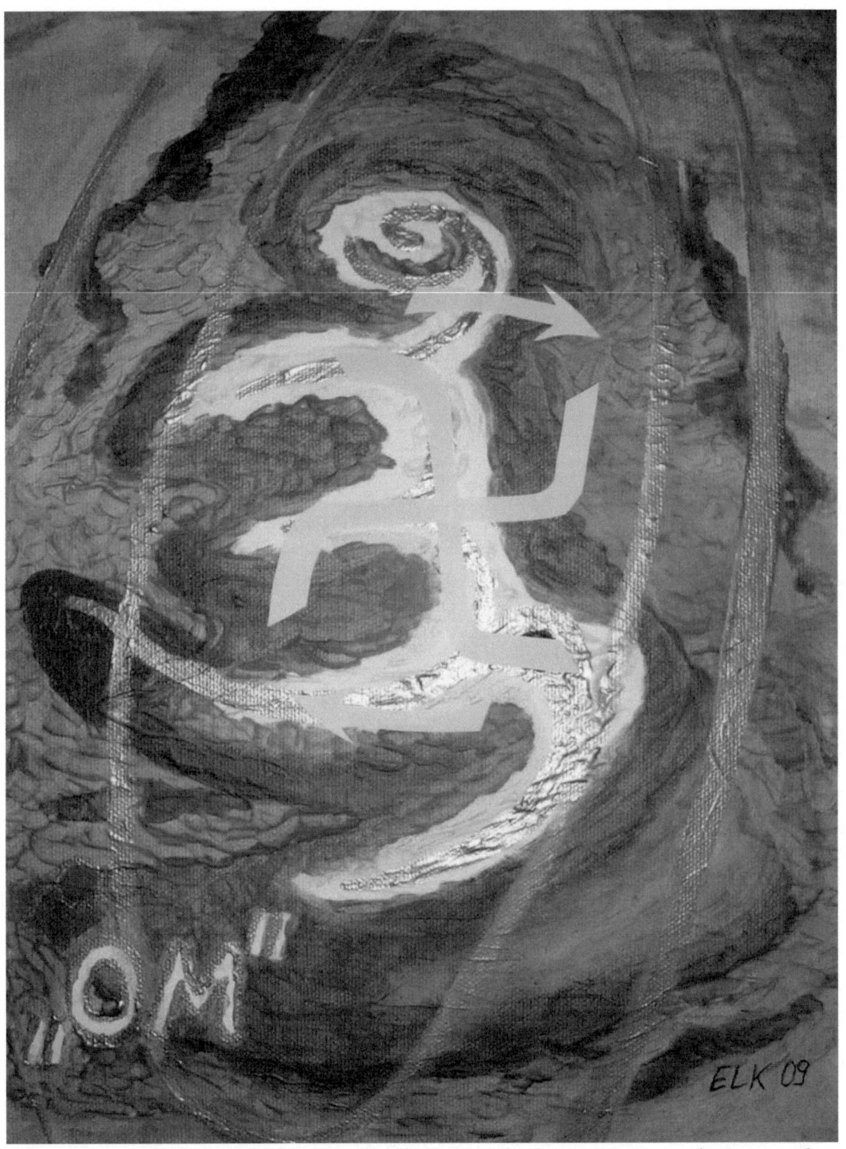

Bild: Zentrum der Galaxis mit den Symbolen `Om´ und `Swastika´,
Acryl, gemalt von Eva Lene Knoll

Das Symbol der Swastika ist demnach nicht so alt, denn es zeigt
auch die Rotation des Zentrums, so wie ich es mit den

Papierstreifen aufgezeigt habe. Das heißt, das Zentrum wurde wahrscheinlich schon eine lange Zeit in ihrer Bewegung beobachtet. Je nachdem, ob man das Zentrum der Galaxis von der Erde aus sieht, oder von der anderen Seite, also vom All aus über dem Zentrum, ist sie rechts- oder linksdrehend. Das Om könnte man vom Weltall aus ebenfalls spiegelverkehrt betrachten.

Dort, wo ich im Bild einen ovalen Fleck eingezeichnet habe, befindet sich ungefähr das `Schwarze Loch´ in unserer Milchstraße. Unsere Galaxis selbst ist vom Zentrum jedoch weit entfernt. Die Swastika war außer bei den Indern ebenfalls schon sehr vielen anderen Völkern bekannt, wie den Kelten, Awen[G], Finnen, Engländern und den Germanen.

Kein Wunder, dass diese Zeichen eine derartige Macht symbolisieren. Wir wissen ja auch, dass die Swastika im vorigen Jahrhundert unter der Zeit der Regierung in der ersten Hälfte des vorigen Jahrhunderts vom Deutschen Reich sehr missbraucht wurde. Er und sein Team benutzten die Symbole der Swastika und einige keltische Runen für das politische Vorhaben. Er wendete diese Symbole in Ausübung Schwarzer Magie an, um Macht zu haben. Sobald aber ein Symbol derart negativ missbraucht wird, verliert es (angeblich) viel an seiner positiven Kraft, wahrscheinlich aufgrund unseres kollektiven Bewusstseins, das ja mit diesen Zeichen noch immer das Negative dieser Machtausübung verbindet.

Die venezianische Maske

In letzter Zeit meditierte ich wieder oft und lange, es war ja die Zeit dazu. Der kalte Winter mit den langen Nächten, die Adventszeit, das neue Jahr, die `Rauhnächte´ ...!

Wie immer beginnt meine Suche nach bestimmten Antworten auf Fragen mit einer visuellen oder akustischen Wahrnehmung. Auch diesmal war sie nur kurz. Nachdem ich mich durch Autosuggestion tief entspannt hatte, wollte ich eine `Visionsreise´ machen, doch ich befand mich sofort am Ziel. Vor mir war ein Kopf. Es war eher eine Maske, nicht ein Kopf eines lebenden Menschen. Vor allem sah ich das Gesicht ganz deutlich. Es war weiß und kunstvoll ausgearbeitet mit rotem Mund, schwarz umrandeten Augen und bläulichen Haaren, die strahlenartig abstanden. Das verlieh dem Gesicht den Ausdruck einer Sonne, wie man sie auf alten Bildern sehen kann. Sonst sah ich aber nichts. Es war nur der Kopf, besser gesagt, das Gesicht da – mitten in der Dunkelheit eines Raumes. Meine Aufmerksamkeit wurde an die Stirn gelenkt, wo ein `drittes Auge´ durch einen roten Punkt angedeutet war. Was sollte das mir sagen?

Ich wurde wach. Einige Tage später faszinierte mich ein Artikel über Gehirnforschung, und es freut mich, dass auch die Neurowissenschaftler[G] immer zu neuen Ergebnissen kommen. Hatte das Gesicht in meiner Vision die Resonanz ausgesandt, mich zu dieser Lektüre zu führen?

Jedenfalls schreibt Thomas Vasek im PM 1/2009, wie vor vielen Jahren der Dalai Lama[G] einem chirurgischen Eingriff eines Neurochirurgen[G] beiwohnte. Ihm wurde schon vor einiger Zeit berichtet, wie die Schaltkreise des Gehirns funktionieren und welche neuronalen[G] Schaltkreise für die Wahrnehmung zuständig seien, und in welchen Regionen sich die Erinnerungen bilden und wie Emotionen entstehen. Ihm wurde erklärt, dass auch das menschliche Bewusstsein nur das Produkt elektrochemischer

Prozesse sei. Das heißt, mit dem Tod würde auch das Selbst, die Seele, der Geist, erlöschen. Auch wenn wir gewisse Speisen zu uns nehmen, hat das Auswirkungen auf unsere elektrochemischen Prozesse, daher legen viele Esoteriker darauf Wert, kein Fleisch zu essen. Nicht nur aus Gründen, wie es die Hinduisten[G] und die meisten Buddhisten[G] machen, nämlich um kein Wesen töten zu müssen, denn mit dem Fleisch eines Tieres nimmt man dessen `rohe´ Schwingungen mit. Tibetische Buddhisten essen hingegen sogar viel Fleisch!

Thomas Vasek schreibt, dass der Dalai Lama den Neurochirurgen Folgendes fragte:
„Wenn das Gehirn das Denken hervorbringe – könne dann nicht auch das Denken nicht auch die Schaltkreise in unserem Gehirn verändern? Der Geist also zurückwirken auf die Materie?"

Anmerkung der Autorin:
Das zweite 'nicht' ist zu viel, aber es wurde wirklich doppelt verneint, und ich darf es nur wörtlich zitieren (manchmal ist das in der Umgangsprache auch zulässig, die Engländer verneinen ständig doppelt und meinen einfache Verneinung, auch wenn es im Hochdeutschen nicht korrekt ist).

Die Chirurgen waren irritiert. Das sei natürlich unmöglich, antwortete einer von ihnen freundlich, aber mit Nachdruck. Er erklärte, dass geistige Aktivitäten keinerlei physikalischen Einfluss auf das Gehirn hätten. Der Dalai Lama ließ es dabei bewenden.
Allerdings widersprach die Aussage des Chirurgen nicht nur dem Denken der buddhistischen Tradition, sondern auch den neuen Erkenntnissen der Neurowissenschaftler. Sie sind zu dem Ergebnis gekommen, dass sich das Gehirn immer wieder neu verdrahten kann. Hirnregionen können expandieren oder verschmelzen. Andere Hirnareale können plötzlich für Sinne zuständig sein, die vorher für andere Dinge zuständig waren, und beschädigte Hirnzellen können sich regenerieren und Nervenzellen ebenso.
Thomas Vasek schreibt:

„`Neuroplastizität´[G] heißt diese wundersame Wandelbarkeit. Unser Gehirn reagiert auf die Umwelt, auf neue Anforderungen und Erfahrungen. Und immer mehr Hirnforscher sind heute davon überzeugt, dass die scheinbar naive Frage des Dalai Lama zutiefst berechtigt war. Einerseits bringt das Gehirn unser Denken hervor. Doch zugleich verdichten sich die Hinweise, dass unser Denken auch das Gehirn verändert. – und zwar viel tief gehender, als wir jemals dachten.

Mit modernen Methoden wie der Kernspintomografie[G] lassen sich aktive Hirnareale lokalisieren; der buddhistische Mönch Matthieu Ricard stellte sich für Tests zur Verfügung.“

Er wurde, während er meditierte, an Elektroden angeschlossen, die über technisch-diagnostische Hilfsmittel anzeigten, welche Hirnareale dabei besonders aktiviert wurden, nämlich die Schläfenlappen; und zwar in solcher Weise, wie es bei Menschen im Zustand des Tagesbewusstseins nicht vorkommt. Diese Zonen liegen normalerweise brach.
Auch andere Versuche bestätigen die Erkenntnisse über Veränderungen der Hirnareale durch Laborversuche aus dem 20. Jahrhundert, wie zum Beispiel die Tierversuche von Merzenich, die schrecklich klingen. Laut Vaseks Bericht operierte er einem Affen Areale einer Hirnregion, setzte ihm Elektroden ein und amputierte ihm schließlich auch den Mittelfinger.
Das klingt ja wirklich sehr grausam, aber ich weiß, dass alles zuerst an Tierversuchen geprobt wird. Außerdem geht es noch weiter, denn Vasek schreibt:
„Nach einigen Monaten zeigte sich, dass die Hirnregion für den amputierten Finger verschwunden war. Zugleich hatten sich die Areale für die benachbarten Finger ausgedehnt. In einem ähnlichen Versuch nähte Merzenich zwei der Finger zusammen, sodass der Affe sie nur gemeinsam bewegen konnte. Wenige Monaten später waren die ursprünglich getrennten Hirnareale, die für die

Steuerung der Finger zuständig waren, zu einem einzigen Areal verschmolzen!"

Ähnliches beobachteten die Hirnforscher bei Menschen.

„Der türkische Maler Esref Armagan hat noch nie die Sonne, das Meer oder eine Farbe gesehen. Obwohl er von Geburt an blind ist, malt der Künstler erstaunlich realistische Bilder von Gebäuden und Landschaften, die er nur aus Beschreibungen kennt. Doch die eigentliche Sensation liegt in Armagans Gehirn. Während des Malens zeigt sein `visueller Kortex´ (G), also das Sehareal in der Hirnrinde, die gleiche intensive Aktivität, wie man sie bei einem normal sehenden Menschen erwartet – obwohl die Hirnregion noch nie einen visuellen Reiz empfangen hat. Sein Gehirn `sieht´ offenbar mentale Bilder." (Thomas Vasek, PM 1/2009)

Helen Neville und Alvaro Pascual-Leone machten diesbezüglich auch einige verblüffende Versuche und kamen zu dem Schluss, dass sich das Gehirn nicht nur immer wieder reorganisieren kann, sondern sogar von Grund auf erneuern. Das galt früher als ausgeschlossen, da Neuronen(G) als unteilbar galten. Doch seit einigen Jahren entdeckten die Wissenschaftler, dass aus neuralen(G) Stammzellen auch neue Hirnzellen entstehen können. Genau das hat mir schon vor vielen Jahren eine Freundin gesagt, allerdings aus ihrem rein esoterischen Verständnis heraus. Ich glaubte ihr damals nicht.

Vasek meint, dass der Hirnforscher Richard Davidson die Neuroplastizität als den wichtigsten Kreuzungspunkt zwischen westlicher Neurowissenschaft und fernöstlicher Spiritualität ansieht.

Er berichtet im PM:

„Nach buddhistischer Auffassung ist das Selbst kein stabiler Zustand, sondern befindet sich in ständigem Fluss. Wir sind, was wir tun. Alles ist veränderbar …

Der französische Philosoph René Descartes(G) sah im 17. Jahrhundert Geist und Materie als parallele, strikt getrennte Welten. Nach dieser Auffassung kann weder die Materie den Geist beeinflussen noch der Geist die Materie. Die moderne Wissenschaft

hat diese dualistische Ansicht jedoch erschüttert. Heute gehen Hirnforscher davon aus, dass alle geistigen Phänomene letztlich das Produkt neurobiologischer(G) Vorgänge sind."
Pascual-Leone meint, dass geistiges Training allein ausreichen könnte, um eine plastische Veränderung neuraler Schaltkreise herbeizuführen.
Aus meiner eigenen Erfahrung als Lebens- und Sozialbegleiterin sowie Seniorentrainerin in meinem späteren Berufsleben weiß ich, dass in der Gerologie(G) damit erfolgreich gearbeitet wird. Senile und demente(G) Personen können derart trainiert werden, dass ihre Gehirne wieder normal oder zumindest fast normal arbeiten, ohne dass man weiß, was sich dabei im Hirn abspielt.
Thomas Vasek schreibt weiter:
„Mentales Training praktizieren die buddhistischen Mönche schon seit Jahrtausenden. Ihre Meditations(G)-Praktiken zielen darauf ab, einen möglichst klaren Bewusstseinszustand zu erreichen. Erfahrene Meditierer(G) können sich stundenlang auf ein einziges Objekt oder ein bestimmtes Gefühl konzentrieren."
Aber auch westliche Einweihungswege praktizieren diese Meditationen, wie zum Beispiel Elisabeth Haich in ihrem Buch `Einweihung´ oder Rudolf Steiner(G) in einem seiner Bücher.
Die Wissenschaftsredakteurin Sharon Begley schreibt in ihrem Buch `Neue Gedanken/Neues Gehirn´, dass die Neuroplastizität dem `neurogenetischen Determinismus´(G) die Grundlage entzieht. Neurogenetischer Determinismus heißt, dass die Nerven genetisch so angelegt sind, dass sie sich nicht mehr regenerieren können.
Sie sagt:
„Der menschliche Geist kann nicht nur den Einfluss der Gene überwinden, sondern auch die Macht unseres Gehirns!"
Das Gehirn ist der physische Teil, ein Körper, der altern und eines Tages sterben und verwesen kann; der Geist ist feinstofflich, er ist das Bewusstsein und unsterblich. Das Gehirn ist nur das Gefäß für den Geist, auch wenn beide zeit unseres Lebens untrennbar (bis auf wenige Ausnahmen, zum Beispiel im Falle von sogenannten `Geisteskrankheiten´ oder komatöser Zustände) verbunden sind.
Thomas Vasek gibt zu bedenken:

„Die Wandlungsfähigkeit macht unser Gehirn allerdings auch verwundbar." Jede bittere Erfahrung, jede Kränkung, jede enttäuschte Liebe kann Hirnstrukturen verändern. Und dank der Neuroplastizität könne unser Gehirn paradoxerweise nicht nur erstaunlich flexible Fähigkeiten entwickeln, sondern auch starre Verhaltensweisen und Gewohnheiten, meint Neuropsychiater[G] Doidge – bis hin zur Sucht: „Nur wenn wir die positiven und negativen Auswirkungen der Neuroplastizität verstehen, können wir das Ausmaß der menschlichen Möglichkeiten wirklich erkennen." Und es ist wiederum die Macht des Denkens auf unser Gehirn, die uns helfen kann, die Schattenseiten der Neuroplastizität zu überwinden.
Um diesen Gedanken Kraft zu verleihen, zitiere ich noch eine Aussage von Douglas Hofstadter[G] (Physiker, Informatiker) aus seinem Buch `Ich bin eine seltsame Schleife´:

„Unser Gehirn bringt zwar das Denken hervor.
Doch erst die Kraft des Denkens
macht uns zu dem,
was wir sind."

Gedanken über die Matrix

Anfang Feb. 09

N un, die Erkenntnisse aus diesen Kapiteln eröffnen mir eine Gedankenwelt, die mich ziemlich unruhig werden lässt. Ich bin verwirrt. Was ist, wenn wir Kraft unserer Gehirne nun tatsächlich in einer Matrix leben?

Was ist, wenn hinter der Matrix nicht nur noch eine Matrix ist – wie schon in der Trilogie von Morpheus erwähnt – sondern wenn es noch eine Matrix oder sogar mehrere dahinter gäbe? Es ist alles möglich. Dabei kann ich mir außerdem vorstellen, dass selbst unsere Naturgesetze programmiert sind, und in einer anderen Matrix ganz andere Regeln herrschen. Der Mathematiker Frank Tipler[G] meinte übrigens, dass es in der Singularität tatsächlich keine physikalischen Gesetze mehr gäbe und dass dort alles, wirklich alles möglich sei.

Dabei will ich diese Annahme nicht nur negativ sehen. Ich denke, die Matrizen könnten von wohl gesonnenen Wesen erschaffen worden sein und nicht von Maschinen, die sich von unserer Energie ernähren, während wir in einer Matrix `träumen´.

Diese Wesen mit ihren Gehirnen schufen Welten in einer Dimension[G], die wir nicht begreifen. Wir leben in einer dreidimensionalen Welt. Diese Wesen leben vielleicht in einer vierdimensionalen Welt und wieder andere Wesen in einer fünfdimensionalen oder sogar in weiteren Welten. Angenommen, die Wesen schaffen sich jetzt Wesen in einer dreidimensionalen Welt, das sind dann wir. Wir sind für sie dann so, wie für uns ein Film oder ein Comicheft ist. So wie wir schöpferisch tätig sind, indem wir alles Mögliche schaffen, wie zum Beispiel Kleider, technische Geräte, Medikamente und vieles mehr, so schaffen diese Wesen uns. Wir könnten Figuren aus einem Spiel sein, Programme wie in einem Videospiel. Das würde unsere Beschränkungen erklären. Würden wir dann sterben, wenn der Computer kaputt ist, oder wenn der Spieler nicht mehr Gefallen an uns fände?

Sind wir also abhängig von einem Programmierer oder von vielen Programmieren oder Spielern? Sind wir abhängig von Gott oder Göttern? Und was macht das für einen Unterschied?
Auf jeden Fall gibt es mir zu denken, wenn wir Menschen uns in kreativen Gestaltungen ausleben, wie in der Architektur oder in der Malerei. Das sind Tätigkeiten, die ich selbst gern mache. Aber schon lange dachte ich, ob ich durch mein Zeichnen und Malen von Figuren zweidimensionale Wesen kreiere. Das klingt verrückt, aber es gibt Religionen, die ausdrücklich betonen, dass man mit einem figürlich dargestellten Bild die Seele eines Menschen manifestieren könne - und es gibt Indizien dafür.

Es klingt ja verrückt, aber manchmal konnten Menschen feststellen, wie sich ein Bild im Laufe der Zeit verändern kann. Eine Freundin von mir zum Beispiel hat eines Tages bemerkt, wie manche Bilder eigenartig strahlten, als ob sie zum Leben erweckt wurden. Es ist nur ein Gefühl, aber aufgrund meiner jahrzehntelangen Malerei habe nicht nur ich, sondern auch andere Künstler und an Kunst Interessierte festgestellt, dass manche Bilder `tot´ sind und andere `leben´, so als wäre im Bild selbst ein in extremer Zeitlupe ablaufendes Ereignis festgehalten. Auf der anderen Seite habe ich einige Heiligenbilder gesehen, besonders aus Südamerika, die laut archäologischen Messmethoden viele Hunderte Jahre alt sind und deren Farben sich nicht veränderten, obwohl sie anhand des Farbenmaterials oxidieren müssten. Wenn ich hier nicht auf Fälschungen hereingefallen bin, war es gerade so, als ob diese Bilder lebten. Dasselbe soll angeblich bei einigen Ikonen in Russland, Griechenland und Jugoslawien der Fall sein.
Wenn wir also in einem Computerspiel sind, dann spielen wir besser mit und tun unser Bestmöglichstes. Im Übrigen kann man auch lernen, manchmal hinter die Matrix schauen. Wir müssen nur unsere Wahrnehmung schärfen, dann erkennen wir manchmal Fehler.
Durch besondere Techniken ist es so manchen Menschen auch gestattet, ab und zu hinter den `Schleier´ zu schauen, und da wird es erst richtig interessant.

Mich erinnert das Ganze an die Vision der Maske, die ich im Januar hatte.

Der Diamant im gläsernen Herz

Feb. 09

Ich besinne mich auf meine Gedanken, die mich oft so stark beschäftigten, und ich frage mich, ob derjenige, der uns programmiert hat, uns als Programm weiterleben lässt?

Es heißt, im Jahr 2012 wird ein neuer Lebensabschnitt beginnen. Vielleicht wechseln die Spieler dann die Computer aus, die Hardware und die Software. Dann wird sich entscheiden, ob wir persönlich, als Figur in einem Programm, in das neue System wieder aufgenommen werden oder nicht.

Ich kann mir vorstellen, dass wir nur dann wieder in das neue System installiert werden, wenn wir für den Spieler interessant genug sind. Ich beschließe, für meinen `Programmierer´ oder `Spieler´ interessant genug zu sein, indem ich selbst an mir arbeite. Ja, ich stelle für mich fest – schon anhand der neuen Erkenntnisse in der Neurologie – dass ich (nicht mein Körper, meine Persönlichkeit) ein kybernetisches[G] Programm bin. Ich muss lächeln, wenn ich daran denke, wie sehr ich meinen Spieler überraschen werde.

Ich glaube, dass tatsächlich die meisten Menschen über einen Meister (zum Beispiel Jesus) am schnellsten ins 'All-Eins' (Gott) zurückkommen. Wer aber – so wie ich – die Wahrheit sucht, ohne überhaupt erst einen Glauben, eine Religion zu haben, befasst sich vorerst mit allen möglichen Wegen. Um meinen eigenen Glauben zu finden, musste ich zuerst viele Richtungen auskundschaften.

Es gibt zahlreiche praktische Wege, um verstehen zu lernen und um das Wesen der Natur selbst zu erfahren. Nicht jedem ist die Bibel sofort zugänglich. Hier kann ich für mich sagen, wie es in der Bibel steht: „Mit sehenden Augen sehe ich sie nicht" (die Wahrheit?) Für mich persönlich wurde die Zen-Praxis der beste Zugang zum Verstehen der Wahrheit über die Natur. Der Zugang zur Wahrheit der Natur kommt durch das Nichtdenken zustande. Durch dieses Training bekommt man Einblick in das reine Bewusstsein der Quelle.

Und trotzdem, weil Zen eine sehr harte Praxis ist und viel Konsequenz erfordert, habe ich mich noch zusätzlich mit Schamanismus und anderen Methoden beschäftigt, teils um mich selbst (mein inneres Selbst) zu erfahren, teils, um anderen zu helfen. Schamanismus und Zen widersprechen sich nicht, ebenso wie sich Buddhismus nicht mit Schamanismus widerspricht und auch nicht mit dem Christentum. Die meisten Zen-Praktizierenden sind zwar Buddhisten, aber es gibt sehr viele Christen in der ganzen Welt, die ebenfalls Zen praktizieren. In Wien gab es sogar eine Zeit lang regelmäßig Zen in der Stephanskirche.

Darum beschäftigen wir uns mit scheinbar belanglosen Dingen und darum lernen wir Riten und Praktiken (auch aus anderen Kulturen), um Wissen zu sammeln und unsere eigenen Erfahrungen zu machen. Nachher entscheiden wir uns erst, ob und was wir glauben. Je nach unserer persönlichen Neigung und Kultur wählen wir dann die eine oder andere Religion oder gar keine.

Also sind diese Suchen, wenn sich zum Beispiel jemand am Ende seiner Suche für das Christentum entscheidet, scheinbar ein Umweg. Dieser Umweg geht aber über das Lernen und über viele Erfahrungen und Erkenntnisse, bis wir bereit sind, das Ganze, das 'All-Eine' zu verstehen, das heißt, bis wir unser Bewusstsein entsprechend erweitert haben. Wichtig ist es, zu lernen, und das geht bis zum Totenbett. Und wichtig ist, zu begreifen und zu hören und zu sehen.

Von Zeit zu Zeit bin ich leider noch immer nicht zufrieden mit meinem Wissen und suche weiter. Dann besinne ich mich meiner visuellen Begabung und denke an eine Reise in die `Anderswelt´, mit der Absicht hinter den `Schleier´ zu schauen, so wie an diesem Tag.

„Aber nicht jetzt", denke ich mir und gönne mir vorerst eine große Tasse Kaffee. Ich habe Kopfweh vom Nachdenken bekommen. Ich setze mich nun in meinen bequemen Fernsehstuhl und will nichts mehr wissen von all den intellektuellen Texten.

Dann stehe ich wieder auf und mache mir ein Essen, bestehend aus Spaghetti und einer Soße aus Olivenöl mit Knoblauch und Tomatenmark. Dazu genehmige ich mir ein Glas Rotwein. Das erdet mich wieder.

Langsam werde ich müde und meine Gedanken ruhiger. Bevor ich allzu müde bin, gehe ich ins Bett. Dieser Zustand der totalen Entspanntheit ist die ideale Voraussetzung für mich, eine Visionssuche zu machen; nur einschlafen darf ich dabei nicht. Jetzt lasse ich meine Gedanken schweifen. Dann lasse ich sie los und begebe mich mental an meinen Kraftort.

Von hier aus gehe ich zu einem Baum und klettere hinauf. Dann erhebe ich mich in die Lüfte wie eine Elfe und fliege zu einem Berg, den ich schon von Weitem erblickt habe. Vom Fuße des Berges fliege ich noch weiter nach oben, ganz hoch bis zur Baumgrenze. Dort finde ich eine felsige Höhle.

Ich stehe jetzt am Höhleneingang und trete hinein. Steinige Schieferplatten schlingen sich wendeltreppenartig nach unten. Ich steige hinab. Alles scheint sauber und hell. Langsam wird es immer dunkler, aber je dunkler es wird, desto mehr Edelsteine sehe ich an den Rändern des Ganges, die hell leuchten, so als ob sie von innen beleuchtet wären.

An einer Lichtung treffe ich eine Frau. Sie sieht aus wie eine Hula(G)-Tänzerin und tanzt einen ausdrucksvollen Kriegstanz. Sie ist die `wilde Frau´ und hat Kränze aus Blumen und Blättern an Hand- und Fußgelenken sowie um den Hals und im Haar. Sie trägt einen Rock, der aus Farn geflochten ist, und an Gesicht und Körper ist sie mit schwarzer Farbe bemalt. Die Muster sehen aus wie geometrische Symbole.

Ich greife in meinen Beutel, den ich bei meinen Traumreisen immer mit mir trage. Ich trage diesen nicht in der Realität, sondern mental und ich greife mental in den Beutel hinein, den ich nicht erst erdenken und mit Inhalt füllen muss, denn ich habe diesen schon vorher befüllt und umgehängt. So gesehen bereite ich mich auf meine Traumreisen und Begegnungen vor, so wie sich jemand auf ein Ritual oder eine Reise vorbereitet, das oder die er erleben will und wobei er etwas lernen möchte. Eine solche Vorbereitung ist wichtig für das Erleben, ansonsten läuft man schnell Gefahr, den Ort des Geschehens ohne Lerneffekt zu verlassen.

Allerdings trug ich diesen (mentalen) Beutel nicht von Anfang an mit mir. Bei meinen ersten Reisen war ich so damit beschäftigt, mich auf den Weg zu konzentrieren, dass ich vergessen hatte, ein Geschenk mitzunehmen. Als ich dann in der Situation war, musste ich mir gedanklich erst etwas `zurechtbasteln´ und bin später auf die Idee gekommen, mir prinzipiell einen Geschenkbeutel umzuhängen, in dem sich verschiedene Geschenke befinden, die sich dann passend zu dem jeweiligen Anliegen erst beim Suchen in meinem Beutel manifestieren. Es ist sicher nicht notwendig überhaupt ein Geschenk mitzubringen, aber man kann damit einen Verbündeten erfreuen, sowie ein Kind mit einem selbst gebastelten Geschenk eine Mutter erfreut.

Genauso habe ich anfangs nicht achtgegeben, welches Gewand ich trage. So wie in einem Traum, trug ich das, was ich eben gerade anhatte. Später, beim Gehen durch steile Höhlen und holperige Gänge habe ich festgestellt, dass es besser für mich ist, mich mit einem entsprechenden Gewand (mental) auszurüsten. So gehe ich jetzt in mentalen festen Schuhen oder Ledersandalen und mit einer praktischen Hose (mental), es sei denn, ich weiß von vornherein, dass ich nur einen Strandausflug mache oder auf einer Wiese einhergehe, dann ziehe ich mir mental nur ein leichtes Kleid an.

Ich finde etwas, das ich der Frau zum Gruß überreiche. Es ist ein rotes Glasherz, in dem sich in der Mitte eingeschlossen, ein Diamant befindet. Sie nimmt es und führt mich sodann in eine Nebenhöhle. Dort stellt sie mich meinem `inneren Kind´ vor.
Es sitzt zusammengekauert in einer Ecke. Ich erkenne es als ein liebes goldlockiges Kind (tatsächlich war ich, als ich klein war, mit

goldblonden Locken ausgestattet). Ich begrüße es und spiele und tanze mit ihm. Dann wiege ich es in meinen Armen und verspreche, dass ich immer kommen werde, sobald es mich ruft.
Anschließend gehe ich mit der `wilden Frau´ weiter. Wir kommen wieder zu einer Lichtung, wo von oben Lianen runterhängen - wie im Dschungel. Wir halten uns daran fest, und die Lianen ziehen uns hoch. In dieser Welt sind auch Lianen mit Bewusstheit erfüllt und können, wie alle lebenden Wesen, solche Handlungen selbstständig ausführen.

Wir kommen durch einen Schacht am Gipfel des Berges heraus. Von dort aus bemerke ich dicht unter uns einen Krater.
Die Liane wird zur Silberschnur, und sie zieht uns weiter in eine Oberwelt. Ob die Silberschnur als Lebensfaden oder Leitfaden zu verstehen ist? Ja, beides, wir reisen in diesen `anderen Welten´ auf Lebensfäden und Lebensflüssen, und wir können diese Silberschnur sogar als Leitfaden benutzen. Wir lösen mit diesen Reisen auch einen Teil unserer belastenden Verstrickungen, indem wir uns wieder in den `Fluss des Lebens´ begeben und den Spuren der Lebensfäden folgen.

Von der Oberwelt aus gehen wir dann eine Wendeltreppe empor, die wie ein Regenbogen aussieht.
Ich erinnere mich, wie ich mich schließlich in einer noch höheren Oberwelt befand. Dort sah ich dann ein Lichtwesen, das fast durchsichtig strahlte und blinkte. Zuerst sah ich ein goldenes Lichtkreuz in der Mitte der Gestalt, dann einen Stern und schließlich eine gelartige Figur, die waberte und ständig die Gestalt wechselte. Das Wesen, deren Geschlecht ich nicht erkannte, gab mir einige grüne Blätter, die sich später in Gold und Edelsteine verwandelten. Was das bedeuten könnte, muss auch ich mir erarbeiten, momentan sagt es mir nur, dass es etwas Wertvolles ist. Das Wesen riet mir, an meinem `Selbst´ zu arbeiten, besonders an meiner `Anima(G)´, ja ich solle selbst zur `wilden Frau´ werden. Dann verabschiedete ich mich von dem Lichtwesen und ich ging mit der wilden Frau die Treppe hinunter bis zum Beginn der

Regenbogentreppe, und von dort zogen wir uns mit der Silberschnur bis zum Berggipfel. Wir ließen uns mit Hilfe der Lianen durch den Schacht in das Innere der Höhle hinein. Dort verabschiedete ich mich auch von der `wilden Frau´. Ihr Name war `Lillith´.

Bevor sie ging, gab sie mir noch ein Geschenk: Es war ein zweites Glasherz, ebenfalls rot, mit einem Diamanten, den sie mir aber direkt in mein Herz hinein setzte. Sie versicherte mir, dass ich jetzt die für mich wichtigen Menschen anziehen werde, und dass ich sie an bestimmten Symbolen erkennen werde. Ich habe die Symbole nicht sehr scharf gesehen, sie waren etwas Strahlendes, Goldenes und Filigranes. Es waren Symbole, die irgendwie verschlungen waren und die ich bis jetzt nicht kenne. Sie waren zum Teil wie ein Monogramm oder ein Sanskrit- oder ein chinesisches Schriftzeichen anzuschauen, so genau konnte ich es nicht sehen. Jedenfalls waren es gefühlsmäßig ganz sicher Symbole, die mir zu dem Zeitpunkt, bis ich sie tatsächlich sehe, etwas sagen werden.

Anschließend ging ich wieder die treppenartigen Steinplatten hinauf zum Höhlenausgang und flog zurück zu meinem Kraftort.

Was in den anschließenden Monaten passieren würde, war gekennzeichnet von einem Leben mit voller Energie, doch wurde ich gehörig `gebremst´, wie ich in späteren Kapiteln schildern werde.

Auch wenn wir in einer Matrix leben sollten, was macht das schon, wenn wir alle Sinne haben, wenn wir sehen und hören, spüren, schmecken und riechen können? Wenn wir trotzdem lernen, um zu wissen und schließlich fähig sind, aus einer Matrix zu brechen – wenn es sie überhaupt gibt?

Selbst wenn wir als `Programm´ gelöscht werden - was wir im Übrigen den Programmierern gar nicht vorwerfen können, da wir ja selbst das Gleiche mit ausgedienten Sachen tun, indem wir sie einfach entsorgen – brauchen wir nicht allzu traurig darüber zu sein.

Wer sagt, dass ein Bewusstsein als Ego ewig weiter lebt? Anhand der vielen Spukgeschichten und anderer Phänomene, wie

Gestalten und Stimmen aus dem `Jenseits´ und den Gedanken über die Blaupausen, nehme ich das zwar annähernd an, aber letztendlich wird ein Bewusstsein – so wie ein veraltetes Programm – absorbiert und in ein besseres, neueres transformiert.

Die 'Bewusstseinseinheiten' werden immer 'wacher' und größer, und schließlich vereinigen sie sich wieder in ein einziges großes Bewusstsein, in ein 'All-Eins'. Alle unsere Egos sind dann aufgelöst in ein Einziges, wahrscheinlich in der Summe aller Elektronen und Positronen, die dann **eines** sind. (Siehe Kapitel: Himmel und Sterne – Das `Urprinzip´). – Und diese Einheit ist ein Informationsfeld, und es besteht wiederum in sich aus einer lebenden Intelligenz und einem Willen.

Agartha (Asgard)

Zwischen November 2007 und Anfang 2008 hatte ich mehrere Traumeinsichten, die mir einiges über die Geschichte der Menschheit offenbarten.

Diese Geschichten erzähle ich in der 3. Person, da ich scheinbar nicht involviert bin. Es war eher wie ein Kinofilm, der sich vor mir abspielte. Die Erzählungen sind außerdem, wie Sie sehen können, nicht ganz chronologisch, weil ich der Meinung bin, dass sie, nachdem ich einiges über Theorien geschrieben habe, besser verständlich sind.

Meine Traumvision vom November 2007

Vor Äonen(G) von Zeiten gab es am Nordpol und ebenso am Südpol ein Volk, das unter der Erde wohnte. Sie sagten, sie kämen vom Sternbild Orion(G), also waren es Außerirdische. Nun sollte man meinen, dass es das nicht gäbe oder dass es in dieser Gegend viel zu kalt gewesen sei. Tatsache war, dass es direkt an den Polen ein tiefes Gefälle wie bei einem Krater gab, das tief in die Erde reichte. In dieser Umgebung war es sogar sehr warm und feucht und daher sehr fruchtbar, und es gab Höhlen, die durch unterirdische Gänge rund um den Erdball miteinander verbunden waren. Das Leben spendende Licht kam von einem inneren Erdkern, der, ähnlich wie die Sonne, nur im wesentlich kleineren Stil, die Energie produzierte. Diese `innere´ Sonne war von den Tieren, Pflanzen und anderen Lebewesen, die hier wohnten durch glasartige Platten getrennt. Sie ließen gerade nur so viel Strahlen durch, wie es notwendig war, um Leben zu erhalten und keinen Schaden anzurichten.

Es gab unterirdische Seen aus Süßwasser und auch aus Salzwasser. Vor etwa 500 000 Jahren, als ein anderes aber ähnliches Planetensystem sich dem Planetensystem der Erde so näherte, dass sie sich regelrecht kreuzten, gelang es einer außerirdischen Rasse, die sich `Orioner´(G) nannten, hier zu landen. Sie kamen vom

Planeten Orion, der aber nichts mit dem Sternensystem zu tun hat, das wir Menschen `Orion´ nennen. Diese Rasse war der unseren äußerlich sehr ähnlich, aber mental haushoch überlegen. Ihre Köpfe waren länglich und ihre Gehirne so ausgebildet, dass die Gehirnregionen, die bei uns Menschen brachliegen, auch aktiv waren und dementsprechend auch etwas größer waren. Sie hatten Fähigkeiten, sich mit dem Kosmos in einer Weise zu verbinden, die für uns nicht nachvollziehbar ist. Sie konnten sich augenblicklich mit der unendlichen Weisheit verbinden und sich durch Einfühlungsvermögen in jedes Wesen hinein versetzen.

Als sie zum ersten Mal hier landeten, bauten sie unterirdisch eine Stadt aus glasartigem Material. Auf der Oberfläche des Planeten fühlten sie sich nicht wohl, obwohl sie hier Wesen sahen, die ihnen ähnlich waren und die hier sogar sehr gut leben konnten und sich in ausgleichender Weise um die Natur dieses Planeten, den sie `Erde´ nannten, kümmerten. Diese Wesen nannten sich `Feen´. Erst viel später entwickelte sich hier eine Rasse, die sich `Menschen´ nannte.

Die Orioner forschten auf diesem Planeten und bauten auch Material ab, das sie für ihre eigene Energieversorgung brauchten. Dann reisten sie wieder ab und kamen erst nach Tausenden Jahren wieder, eben dann, wann die Konstellation ihres Planetensystems mit dem der Erde konform ging. Diese humanoide(G) Rasse lebte etwa zehnmal so lange, wie ein Mensch überhaupt alt werden konnte, teils genetisch bedingt, teils durch die Bedingungen ihrer freundlichen Umwelt. Sie waren mittlerweile schon sehr oft auf die Erde gekommen und sahen, wie sie sich entwickelte. Eines Tages fanden sie dort seltsame Wesen, die Reptilien.

Von diesen gab es einen Stamm, der später von den Menschen `Dinosaurier´ oder `Drachen´ genannt wurde. Diese starken Tiere konnten die Orioner dank ihrer mentalen Fähigkeiten domestizieren(G) und für ihre Arbeit einsetzen. Mithilfe dieser Tiere konnten sie unter Tag die Höhlen zu einem wahrlichen Tunnelsystem bis hin zu Gebieten wie dem Himalaya(G) und den Anden(G) ausbauen. Im Prinzip waren aber diese Drachen von den Orionern abhängig gemacht worden und waren daher immer ihre dankbaren treuen Diener, so wie Hunde die besten Freunde der Menschen sein können. Im Laufe der Zeit starben die natürlich vorkommenden Drachen aus, nur die Orioner züchteten ein paar von ihnen unter der Erde - sozusagen als `Haustiere´.

Eines Tages – nach vielen Tausenden von Jahren – waren sie erstaunt, als sie neben diesen vielen Pflanzen und Tieren auf der Erdoberfläche Wesen entdeckten, die dem Feenvolk spiegelbildlich ähnelte. Wie schon erwähnt, nannten sie sich `Menschen´. Sie hatten allerdings nicht die mentalen Fähigkeiten der Feen, denn sie waren viel fester und materieller als sie, und deswegen waren sie wirklich abhängig von den Dingen, so wie die Orioner auch. Nur hatten sie nicht die Fähigkeit, sich mit der Weisheit des Kosmos in Verbindung zu setzen und machten daher sehr viel Unsinn.

Auf der einen Seite waren die Menschen sehr neugierig und gescheit, was ihr Denken anlangte, auf der anderen Seite kurzsichtig und zerstörerisch, da ihnen ja jede kosmische Weisheit fehlte. Das logische, rationale Denksystem war aber mehr als vortrefflich ausgebildet. Nur so konnten sie eigentlich überleben, da sie doch von jeglicher kosmischen Weisheit, die selbst die Tiere besaßen, abgeschnitten waren. Wodurch wurden sie wohl von dieser Weisheit getrennt? Was war da passiert?

Sie waren folglich vollkommen auf sich selbst angewiesen, auf ihren eigenen Verstand und ihr eigenes Wissen, das sie im Laufe eines so kurzen Lebens, wie des Ihrigen sich aneignen mussten. Es war einfach traurig. Sie arbeiteten fast den ganzen Tag, nur um ihren Lebensunterhalt zu garantieren, und sie lebten für ein paar Minuten Glück am Tag. Aber ihr Verstand funktionierte bestens und sie waren handwerklich sehr geschickt. Ja, sie hatten Hände wie die Orioner, und sie gingen aufrecht und konnten die Hände auch benutzen, nicht wie Tiere, die sich auf allen Vieren oder Sechsen fortbewegten. Aber sie konnten ihr eigenes altes Volk, das Feenvolk, nicht mehr sehen. Sie lebten in zwei verschiedenen Dimensionen.

Waren die Menschen eine Degenerationserscheinung des Feenvolkes?

Wie auch immer, die Orioner waren sehr erstaunt, als sie zum ersten Mal die Menschen sahen. Sie wollten sich mit ihnen in Verbindung setzen, aber was da passierte, war unglaublich. Als die Menschen die Orioner sahen, bekamen sie es mit der Angst zu tun, denn die Orioner waren um einiges größer, und ihre Erscheinung war strahlend schön und edel. Sie bewegten sich majestätisch und konnten mittels Gedankenkraft durch die Luft gleiten. Die Menschen waren immer sehr erschrocken, wenn sie diese Wesen sahen, und erst nach beruhigendem Einfluss der Orioner konnten sie sich fassen und zuhören, was ihnen gesagt werden sollte. Sie wollten den Menschen helfen und gaben ihnen viel Hilfe und Ratschläge; sie wollten sie teilhaben lassen an ihrem Wissen, aber die Menschen konnten das nicht richtig nachvollziehen und missverstanden sie meist.

Trotzdem waren sie eine große Hilfe für die Menschen, und in den Zeiten, als die Orioner sie besuchten, gab es immer einen großen Kulturaufschwung bei einer Menschenrasse. Es gab ja im Laufe der Menschheitsgeschichte mehrere Menschenrassen, so zum Beispiel die Neandertaler(G), die bereits ausgestorben sind, aber auch andere Rassen in der Mongolei und in Afrika. Wir gehören zum Cro-Magnon-Menschen(G), das ist der Neuzeitmensch aus Europa. Die Orioner stellten fest, dass die Menschen sehr leicht zu beeinflussen waren und sie wurden von ihnen `Engel´ genannt und `Elohim´(G) oder `Götter´. Die Orioner wussten allerdings nicht, was die Menschen damit meinten, aber da sie sich in sie hinein versetzen konnten, fühlten sie so etwas wie totale Ehrfurcht vor dem Unerklärlichen; sie fühlten, dass die Menschen nicht alles erfassten und nicht alles fühlten und auch nicht hörten, und dass sie trotzdem nur das glaubten, was sie sahen, und nachdem sie aber die Gestalt und das Können der Orioner sahen, vermuteten sie, dass diese Götter oder Boten der Götter seien.

Nun, die Orioner machten den Menschen schon klar, dass sie keine Schöpfergötter seien, sondern sich nur mit der unendlichen Weisheit in Verbindung setzen konnten und daher so etwas wie Boten seien. Und ja, natürlich sagten sie auch, dass sie sehr wohl

Realitäten schöpfen können, so wie die Menschen auch, nämlich mittels Gedanken.

Ein Beispiel – auch wenn es nicht offensichtlich ist – wäre, wenn ein Mensch einen Traum hat. Einen Traum, den er verwirklichen will, zum Beispiel ein schönes Haus bauen. Er arbeitet und schafft sich dann (oft viele Jahre später) tatsächlich ein eigenes Haus, das Haus, von dem er immer geträumt hat, eines, das er sich zuerst vorgestellt hat. Er hat es sich also zuerst erdacht und später kreiert. Er hat seine Gedanken manifestiert, indem er durch seine Arbeit das Haus real gemacht hat.

Aber das verstanden die Menschen ebenfalls nicht ganz, zumindest die meisten. Die wenigen, die es richtig verstanden, wurden von ihren Mitmenschen ausgelacht und sogar bestraft. So waren die Menschen, und demnach war es nicht leicht, ihnen überhaupt bei ihrer Entwicklung zu helfen.

Die Orioner waren, wie gesagt, sehr groß, ungefähr 2 Meter hoch und hatten helle Haut und silberweißes Haar. Ihre Augen waren hell, blau oder grün, und durch ihre Gene waren sie immer strahlend schön und jung aussehend, obwohl sie sehr alt wurden. Sie hatten eine hohe Stirn und volles, meist langes Haar.

Sie bauten glasartige Paläste, die in den Pastelltönen des Regenbogens schillerten. Diese Farben liebten sie sehr, und diese Vorliebe spiegelte sich in ihrer Kleidung wider, die aus einem zarten unbekannten Material bestand, das meist seidig glänzte und geschmeidig ihre Körper umschmeichelte. Sie trugen die Gewänder locker und lang, um ihren Körper zu schützen. Sie kannten die Heilkraft der Kristalle und der Pflanzen und ernährten sich von ihnen, aber niemals von Tieren.

Sie trugen goldenen und silbernen Haarschmuck und kombinierten ihn mit den edelsten Steinen aus den unterirdischen Höhlen. Ihre Auren waren strahlend und so ausdrucksstark, dass feinsinnige Menschen sie sogar sahen. Das erschrak sie dann noch mehr, denn sie dachten, das seien Flügel - wie bei den Vögeln.

„Wie sollten diese Wesen sonst auch fliegen können?", dachten die Menschen.

Die Orioner lebten in einer harmonischen Gemeinschaft. Da sie alle empathische(G) Wesen waren, war es ihnen nicht möglich zu lügen oder irgendjemanden falsch zu verstehen. Das schien allerdings immer ein großes Problem bei den Menschen zu sein, und die Orioner vermittelten eben, so gut sie konnten.

Das glasartige Material, aus denen ihre Gebäude bestanden, war weich und hart zugleich. Es war also nicht wie Eis: Es war kein gefrorenes Wasser, das eigentlich sehr hart ist. Wenn man auf dem Boden ging, war es so hart wie Erde, wenn man es zerstören wollte, war es so hart wie Stahl, und wenn man dagegen stürzte, war es so weich wie Wackelpudding. Es passte sich wie ein Wunder den Bedürfnissen an. Wollte man darauf schlafen, war es weich wie eine Bettdecke. Das Material konnte Gedanken lesen, wie ein freundliches Lebewesen. Zum Dank wurde es mit Pflanzen geschmückt, besonders an Kanten und in Erkern und an Fenstern. Dieses Material liebte Pflanzen und umgekehrt, die Pflanzen liebten das Material und gediehen prächtig. Da wuchsen hohe leuchtende Gräser und exotische Blumen, und hie und da stand in einer hohen Halle ein schöner Baum. Dieses unterirdische Land nannten sie `Agartha(G)´ oder `Asgard´(G) und die Hauptstadt hieß `Shambalah´.(G)

Nicht alle Orioner flogen immer zurück zu ihrem Planetensystem, denn einige verstrickten sich zu sehr in die Schicksale der Menschen und fanden an ihnen Gefallen. Dazu kam, dass die meisten Orioner unfruchtbar waren, und so kamen sie auf den Gedanken, sich mit den Menschen zu paaren. Aufgrund der Größe der Orioner war es so, dass sich meistens die männlichen Orioner mit Menschenfrauen paarten, und es war erstaunlich, wie fruchtbar diese Menschen waren. Sie bekamen Kinder miteinander, die sowohl die Eigenschaften der Menschen als auch die der Orioner besaßen. Die Menschen nannten diese Mischrasse Nefilim(G).

Diese Hybriden(G) waren eine feinfühlige Rasse, nicht ganz so empathisch wie die der Väter, aber mit weit mehr mentalen Fähigkeiten, als diese bei den Menschen ausgeprägt waren. Sie waren allerdings auch viel kurzlebiger als die Orioner, wahrscheinlich, weil sie mit den Menschen auf der eher unwirtlichen Erdoberfläche lebten. Sie lebten kaum länger als die übrigen, reinrassigen Erdenmenschen. Sie waren nur etwas kleiner an Körpergröße und etwas dunkler wie die Orioner, manche hatten braune Augen wie ihre Mütter und braune oder rote Haare, manche sogar schwarze. Sie waren wie ihre Mütter breiter gebaut und muskulöser als die feinsinnigen Orioner, die ihre Körperkräfte kaum benutzten. Sie konnten scharf denken, aber von der Fähigkeit, sich mit dem unendlichen Wissen zu verbinden, konnten sie nur einen Teil erben, und so bemühten sich die Väter, ihnen das Wissen auf die Art der Menschen beizubringen. Das führte allerdings wieder zu Missverständnissen.

Trotzdem wurden die Orioner große Lehrer, bis sie nach einem langen Leben starben. Ihre Kinder gaben die Weisheiten mündlich von Generation zu Generation weiter. Sie vermischten sich mehr mit den Angehörigen der neuen Rasse, und langsam starben die anderen Menschen zumindest in dieser Gegend aus oder sie wanderten in ein anderes Land. Die Mischrasse blieb aber, solange es möglich war, im Norden der Erde.

Atlantis und Ant-Atlantis

Meine Traumvision Anfang Dezember 2007

Bild: Atlantis - gemalt von Eva Lene Knoll

Dort etwa, wo das heutige Skandinavien liegt, sowie England und Grönland und auf den Inseln, wo heute der Atlantik ist, verbreitete sich die Rasse mit den hochgewachsenen hellhäutigen und blonden Ahnen ganz besonders schnell. Ihre soziale Struktur war tolerant, und Frau und Mann waren gleichberechtigt. Sie hatten zwar ihre Rollen, aber im Rat der Ältesten waren Frauen und Männer gleichermaßen beteiligt. Sie waren friedlich und lebten eingebunden in der Natur und mit Respekt vor jedem Wesen. Sie bauten hohe Gebäude mit hohen Hallen und besonderen, gewölbten Decken. Die Häuser hatten hohe Giebeldächer, und alles strebte sozusagen in den Himmel. Diesen Stil würde man heute `gotisch´ nennen. Sie kannten Glas, aber das Material ihrer Väter konnten sie nicht nachmachen. Sie kannten die Heilkunst, wenn auch nicht in dem Ausmaß, wie ihre Väter diese gekannt hatten, denn diese hohe Kunst des Heilens war wirklich eine Frage des Bewusstseins. Den größeren Kontinent im Norden nannten sie `Thule´(G).

Doch das Land im Norden war sehr kalt geworden, und sie mussten täglich um ihren Lebensunterhalt kämpfen, denn vom Land ihrer Ahnen hatten sie nur gehört, und wenn sich einige aufmachten, dieses wunderbare Land am Nordpol zu suchen, stellten sie fest, dass es dort immer unwirtlicher und kälter wurde, und bald reihten sie diese Erzählungen unter `Märchen und Sagen´ ein. Die unterirdische Welt blieb ihnen verschlossen.

Durch diesen Kampf ums tägliche Überleben vergaßen sie einen Großteil ihres alten Wissens, und ihre Sitten verrohten. Nur einzelne Lehrer und Meister wussten noch Bescheid, das waren die Druiden. Es gab auch weibliche Druiden und Priesterinnen, die ihr Leben dem alten Wissen widmeten. Diese Personen wurden damals hoch verehrt. Manchmal gab es `schwarze Schafe´ unter ihnen, die ihr Wissen ausnutzten. Manche wurden machtgierig, und nachdem sie die Geschicke lenken konnten, lenkten sie es, wie sie es wollten nur zu ihren eigenen Gunsten. Das war nicht im Sinne der ursprünglichen Lehre, und sie wurden vom Orden der Druiden und Priester ausgeschlossen. Doch manche waren sehr geschickt in ihrer Vorgangsweise, sodass man ihnen nicht auf die Schliche kam. So kam es durch Korruption langsam zum Verfall dieser so hohen Kultur. Als die Orioner nach Tausenden von Jahren wiederkamen, um zu sehen, was aus ihren Nachfahren geworden war, waren sie entsetzt.

Es kam zum heftigen Streit zwischen den Orionern, wobei sie entgegen ihrem sonst üblichen Einfühlungsvermögen vorschlugen, die Rasse zum Wohl der Erde unblutig aussterben zu lassen, indem sie ihnen – mental – die Fruchtbarkeit nehmen wollten. Sie sahen diese Rasse in der Zukunft Techniken entwickeln, die zur

Zerstörung der Erde führen würde, und das durfte nicht sein. Eine Zerstörung der Erde hätte nicht nur für ihr eigenes Planetensystem Folgen. Aber die Väter des neuen Stamms der Menschenrasse setzten sich emotional für ihre Nachfahren ein. Dabei kam es zu einem Unglück. Durch die emotionalen Kräfte, die von den Orionern eingesetzt wurden und die bei ihnen durch ihre mentalen Fähigkeiten unmittelbare und starke Folgen hatten, wurde ihr eigenes unterirdisches Energiesystem derart überhitzt, dass es zu einer Erwärmung des ganzen Nordpols kam.

Es waren `nur´ ein paar Grade, aber dennoch kam es zu einer Gletscherschmelze, die sehr rasch vor sich ging und die Meere gleich um Hunderte Meter ansteigen ließ. So kam es ungewollt zu einem nicht gewaltfreien Ende dieser Zivilisation. Das hatte zwar keine Partei der Orioner gewollt, und doch war es schon geschehen. Es war nicht mehr rückgängig zu machen. Sie konnten den Schaden nicht mehr reparieren, nur noch eingrenzen. Immerhin war der Streit hinfällig geworden. Die Kultur der Mischwesen wurde vor ihren Augen vernichtet. Riesige Gebiete versanken im Meer, ein ganzer Kontinent war im Verschwinden. Die Leute ertranken, und die Kulturstätten wurden zerstört. Später wurde dieses Ereignis von den Menschen `Sintflut´ genannt. Einige Menschen konnten sich auf die sich bildenden Inseln flüchten.

Nun, die meisten Orioner flogen wieder zurück zu ihrem Heimatplaneten, aber einige erbarmten sich und blieben als Lehrer freiwillig auf den verbliebenen Erdteilen, wo einige Menschen der Mischrasse noch leben konnten.

Kleinere Inseln blieben von der Katastrophe verschont, das waren die Bergspitzen des alten Kontinents, aber hier gab es so gut wie keine Kulturstätten. Die Menschen, die sich retten konnten, hegten und pflegten die wenigen Kulturstätten, die ihnen blieben, wie `Stonehenge´(G) und die in `Avebury´(G). Leider starben auch viele gute Lehrer, und das Wissen ging verloren oder es wurde verfälscht.

Einige wenige konnten allerdings auf Booten und Archen überleben und landeten auf fernen Inseln, wo sie später wieder eine eigene Zivilisation aufbauten. Alle diese Inseln und die vom alten Kontinent übrig gebliebenen Bergspitzen nannten sie später `die atlantische Föderation´ oder `Atlantis´(G). Die Nachfahren selbst nannten sich `Atlanter´ oder `Asen´, nach dem Land ihrer Väter, das Agartha oder Asgard hieß. Sie verstreuten sich überall auf der Erde und gaben ihr Wissen weiter. Das Wort `Atlantis´ kommt von `Atl´, das `Wasser´ bedeutet, da die Bewohner einst über das `große Wasser´ kamen. So gründete sich die Sage von dem geheimnisvollen Kontinent, der `Atlantis´ hieß. Bis heute weiß man nicht, wo diese Inseln gewesen sein sollen, denn auch diese sind teilweise wieder versunken, und das alte Wissen ihrer Vorfahren geriet in Vergessenheit. Da es keine guten Lehrer mehr gab, kam es erneut zu Verfälschungen.

Die restliche nordische Rasse paarte sich mit den anderen Menschen und sie vermischten sich noch mehr. Das war der Grund, warum das Wissen um die große Weisheit des Kosmos immer mehr verloren ging. Die Feinsinnigkeit der Mischrasse war nicht mehr so groß wie bei ihren Eltern und Großeltern und sie verloren immer mehr den Zugang zum alten Wissen. Sie waren sehr von den Dingen abhängig und mussten die meiste Zeit arbeiten. Sie hatten auch nur wenig Zeit, nach Weisheit zu forschen. Krankheiten mehrten sich, und die Menschen starben früher. Sie griffen auf ihr praktisches Wissen zurück und auf ihren scharfen rationalen Verstand. Andere mentale Fähigkeiten kamen dadurch allerdings zu kurz, und sie verloren daher auch das große Heilwissen ihrer Ahnen. Man vermutet das alte Atlantis auf den Kanaren, den Azoren, auf Santorin, auf Kuba, sogar auf Helgoland und anderen Gebieten.

Frauen und Männer waren nicht mehr gleichberechtigt. Das stärkere Geschlecht hatte den Vorrang. Schließlich hatten nur mehr die Männer das Sagen, und die Kultur veränderte sich durch das veränderte Denken zusehends in eine von Macht und Ehrgeiz durchtränkte Richtung. Es war eine falsche Richtung, denn sie brachte kein Glück. Wieder mussten die Menschen den ganzen Tag hart arbeiten, um überhaupt leben zu können, und die sozial Schwachen konnten nur mehr überleben. Die sozial Starken brauchten nicht so viel arbeiten, und sie unterstützten sich gegenseitig, sodass die Kluft zwischen Arm und Reich immer größer wurde. Aber nicht nur die Männer waren schuld für diese Entwicklung, denn die Frauen ließen dieses Denken auch zu, im selben Maße sogar.

Wenn sich die Menschen eines Tages der Fähigkeiten ihrer Vorväter erinnern konnten, würde sich das Blatt wenden? Würde es wieder eine harmonische Gesellschaft werden, die ihre Aufgaben mit Leichtigkeit und Freude erfüllen kann und den Zugang zu anderen Realitäten findet, die ihnen die Augen für die Wahrheit und das Glück öffnet?

Kann es sein, dass eines Tages, wenn es die Planetenkonstellation zulässt, die Orioner nachsehen, was aus uns geworden ist? Dürfen wir dann hoffen, dass sich einige unter ihnen wieder erbarmen und unsere Lehrer werden?

Und ist unser Bewusstsein dann so hoch, dass wir die Lehren auch annehmen und verstehen können, oder sind wir so in unser materielles Denken verstrickt, dass wir die Lehrer und Meister auslachen und als Scharlatane hinstellen oder gar verjagen, so wie es die vergangene Geschichte der Menschheit uns immer wieder gezeigt hat?

Einige der Nachfahren der Orioner, die den Menschen gut gesonnen waren, haben ihnen ein mögliches Datum hinterlassen, das uns einen Wendepunkt zum Guten hoffen lässt: das Jahr 2012! Es war Ankhs[G] Stamm, der sich immer wieder für die Menschen einsetzte und Lehrer auf die Erde schickte.

Am Südpol gab es ebenfalls eine unterirdische Welt. Es war das Gegenstück zu der unterirdischen Welt am Nordpol. In dieser Gegend herrschte Ankhs Bruder Aen-Lil[G]. Er machte mit den einheimischen Menschen, die an der Oberfläche der Erde lebten, genetische Experimente, um sie für sich unter Tage arbeiten zu lassen. Die einheimischen Menschen sollten das Gold für die Orioner abbauen, das sie so dringend brauchten. Angeblich brauchten sie das Gold für ihre Technologie, und auf allen ihren Planeten in der näheren Umgebung war das Gold leider schon längst abgebaut.

Nun, das Experiment gelang. Die `neuen´ Menschen waren stark und muskulös und intelligent, wissbegierig und gelehrig. Aber Aen-Lil und sein Stamm mussten auch feststellen, dass diese neue Menschenrasse ihnen geistig gleichgestellt war. Sie hatten große mentale Fähigkeiten, besaßen die Fähigkeiten der Telepathie und der Hellsicht und merkten bald, was die Absicht ihrer `Schöpfer´ war.

Sie sahen, dass sie von den Herren des Südpols nur ausgenutzt wurden, und machten sich selbstständig. Das gefiel Aen-Lil nicht und er beschloss, diese neue Rasse wieder auszurotten, denn er hatte nicht die hohen Moralvorstellungen seines Bruders Ankh. Doch seine Tochter Lil-lith(G) (Aen-Lils Tochter), stellte sich als `Mutter´ der neuen Menschenrasse gegen sein Vorhaben und wollte die neuen Menschen warnen. Aen-Lil jedoch durchschaute die Pläne seiner Tochter.

Die neuen Menschen hatten allerdings dank ihrer mentalen Fähigkeiten die Absichten von Aen-Lil und seiner Leute rechtzeitig erkannt und konnten flüchten. Sie flüchteten mit Booten weit in den Norden und fanden dort einen Kontinent, der noch immer auf der südlichen Hemisphäre der Erde war, allerdings war der ziemlich unfruchtbar und voll von giftigen und gefährlichen Tieren. Sie nannten diesen Kontinent `Gondwana´(G) und sich selbst `Gondwanier´.

Als Aen-Lil ihre Flucht feststellte und merkte, in welchem Land sie ihre Heimat finden mussten, verfolgte er sie nicht weiter. Er war sich sicher, dass die neue Rasse in dieser unwirtlichen Gegend bald aussterben würde. Als die Konstellation günstig war, reiste Aen-Lil mit seiner Gefolgschaft in seinen Raumschiffen zurück. Er verließ die Erde, und seine Raumschiffe waren dabei von einem Schimmer grünlichen Nebels umgeben. Dieser grüne Nebel tritt immer auf, wenn ein Kraftfeld zu sehen ist, dass eine Reise durch Raum und Zeit ankündigt.

Lil-Lith und ihr Gefolge hingegen verbannte Aen-Lil in die Höhlenwelt des Südpols. Er ließ sie nicht mehr zurück in ihre Heimat fliegen. Lil-Lith gründete einen neuen Stamm auf der Erde.

Sie und ihre Anhänger vermischten sich mit den einheimischen Menschen an der Oberfläche, so wie es auch Ankhs Stamm am Nordpol seinerzeit getan hatte und zeugte eine neue hybride Rasse, die sowohl an der Oberfläche, als auch in den riesigen Höhlen der Gebirgszüge lebten.
Aen-Lil war ebenfalls wie sein Bruder Ankh vom Stamm der `Schlange´.

Die Schlange ist ein Symbol für das tiefe Wissen von Heilung und Transformation, das Wissen um die Lenkung der Lebensenergie (auch Kundalini-Energie[G] genannt).

Das Symbol der Schlange

Auch im Internet gibt es hierzu Webseiten und Foren, auf denen diskutiert und Informationen bereitgestellt werden. Meine Quellen lauten www.esoterikforum.at und
www.sgipt.org/galerie/tier/schlang/schl_kult.htm:

Als Symbol der Heilung wurde die Schlange schon in alten Texten überliefert und sogar auf römischen Münzen abgebildet. Die Aesculap-Schlange ist aber auch bei uns noch immer ein Symbol für Heilung, und man sieht sie oft als Logo vor Apotheken und in Zeitschriften für Apotheker und Ärzte. In Ägypten stand die Schlange für das Element `Wasser´ und wurde eher mit Boshaftigkeit (siehe auch Bibel) in Verbindung gebracht.
Die Schlange steht auch für Transformation, da sie sich häuten kann und sich damit erneuert.

Wer Genaueres wissen will, den verweise ich auf das Buch von Hans Egli: `Das Schlangensymbol´ vom Patmos-Verlag.
Es haben sich im Laufe der Zeit viele Geheimorden im Zeichen des Schlangenkults gebildet. Die Templer[G], die Rosenkreuzer[G] und andere Illuminatenkreise wie die Freimaurer[G] gehören zu diesen Orden. Leider sind gerade diese zurzeit nur sehr negativ beschrieben worden. Sie werden auch als `Illuminaten[G]´ bezeichnet, die man beschuldigt, die wirklich Machthabenden

hinter der Kulisse der offiziell Regierenden zu sein und die Wirtschaft völlig in der Hand zu haben und zu lenken. Sie werden auch für die in vielen Medien vorhandene Desinformation verantwortlich gemacht, sowie für die große Kluft zwischen Arm und Reich, und immer wieder werden sie in Zusammenhang mit `Schwarzer Magie´ gebracht.

Meiner Meinung kann man das generell nicht so sagen. Es gibt hier, wie überall, unter den weißen Schafen auch ein paar schwarze, aber ursprünglich waren diese Orden von guter und edler Gesinnung und mussten jahrelang sowohl körperliche als auch geistige Disziplinen lernen, bis sie durch schwere Initiationsriten gehen konnten. Sie mussten bei ihrer Einweihung schwere Prüfungen bestehen. Die Templer[G] oder Tempelritter sind zum Beispiel von den Zisterziensern[G] ins Leben gerufen worden und wurden später von der Kirche, nachdem sie ihre Schuldigkeit als Kreuzritter getan hatten, verurteilt, verfolgt und vernichtet, ebenso wie die Zweige der Katharer[G] und Albigenser[G]. Die wirklich mordenden Kreuzritter waren (meistens) aber nicht die eingeweihten Ordensleute, sondern Söldner, die man schnell zum Ritter `geschlagen´ hatte.

Ankh und Aen-Lil waren als Brüder beide vom Stamm der Schlange, so wie auch Lil-Lith, die ja Aen-Lils Tochter war. Lil-Lith gab das Wissen ihrer Rasse weiter, sodass sich ein Orden des `Schlangenkultes´ bis nach Mesopotamien und weiter verbreitete.
Andere Überlebende fuhren mit Booten auch nach Osten und Westen und kamen dabei unter anderem nach Südafrika.
Aen-Lil dachte zwar, dass die Menschen an der unwirtlichen Oberfläche des südlichen Erdteils, den sie `Gondwana´ nannten, aussterben würden, aber diese Rasse war extrem widerstandsfähig und konnte sich den Umweltbedingungen anpassen. Ihr Überlebenstrieb war groß, und sie überlebten nicht nur, sondern gründeten Stämme, die sich überall in diesem Kontinent verbreiteten, und lehrten ihr Wissen über die `Götter´, die von fremden Sternen kamen, sowohl mündlich als auch bildlich mittels

kunstvollen Zeichnungen von Gestalten an Felswänden und Gravuren von Symbolen. Jene Felszeichnungen habe ich schon einmal in einer `schamanischen Trancereise´ gesehen.

Der eine Teil von Gondwana ist das spätere südliche Afrika. Erst sehr spät wurde auch ein Kontinent auf der südlichen Halbkugel, wo die `Gondwanier´ zu einem großen Teil lebten, vom Rest der Menschheit entdeckt. Er wurde von ihnen `Australien´ genannt. Sie sind damals mit Booten geflüchtet; zum Teil waren die Kontinente, die ja im Laufe von Millionen von Jahren auseinandergedriftet sind, schon verschoben, aber noch nicht so wie jetzt. So alt war also das Volk! Ursprünglich bestand die Erde aus einem einzigen Kontinent und angeblich wird es wieder dahin kommen. Diesen einzigen Kontinent wird man dann `Pangea´[G] nennen.

Ein Teil der dunkelhäutigen Rasse aus dem Süden flüchtete noch weiter in den pazifischen Raum, wo sie sich auf eine Inselgruppe oder einen Kontinent, der wie Atlantis heute ebenfalls bereits längst versunken ist, ansiedelten. Dieses Land nannten sie `Mu´[G], während es im Indischen Ozean eine Insel namens `Lemurien´[G] gab.

Anmerkung der Autorin:
In meiner Vision waren Lemurien und Mu je als einzelner Erdteil vorhanden. Die Meinungen über Lemurien und Mu teilen sich. Es gibt viele Forscher, die glauben, dass Mu und Lemurien derselbe Kontinent waren, und es gibt andere, die glauben, dass Lemurien im Pazifik lag und Mu im Indik, nämlich dort, wo heute ungefähr Madagaskar liegt. Und so sah ich das auch in meinen Visionen.

Allerdings versanken Mu und Lemurien durch Erdbebentätigkeiten sehr bald im Ozean und ihre Nachfahren flohen weiter und kamen zu einer anderen Inselgruppe, die so ähnlich wie heute die hawaiianischen Inseln beschaffen war. Jedoch ist dieses Reich heute ebenfalls versunken. Ich nenne dieses Gebiet:

`Ant-Atlantis´.

Dort gründeten die Bewohner ein sagenhaftes Reich mit hoher Kultur. Da es sehr fruchtbar war, mussten sie keine Armut leiden. Aufgrund ihrer Fähigkeiten entwickelten sie sich zu einem hoch spirituellen Volk, das sich ausersehen sah, ihr Wissen weiterzugeben. Es gab Priesterinnen und Priester, die sich nur mit der spirituellen Weisheit beschäftigten und ihre Schüler lehrten.
Sie lebten in großer Verantwortungsbewusstheit ihres Handelns und sogar ihres Denkens. Jene, die dieses alte Wissen erlangen wollten, strebten zu einer Einweihung (Initiation) durch den höchsten Priester, aber das verlangte viele Jahrzehnte lang andauerndes, bereitwilliges Lernen.
Aber wenn ein Adept[(G)] schließlich eingeweiht wurde, eröffneten sich ihm alle Geheimnisse des Kosmos. Man kann sich vorstellen, dass sich aus diesem Wissen eine große Macht für den Eingeweihten eröffnete, und es war Gesetz, dass die Macht, die aus dieser Überlegenheit stammte, nie missbraucht werden durfte.
Die Lehre der Eingeweihten besagte:
„Die Urquelle allen Seins ist das Nichts. Dieses Nichts enthält in sich das All; und in diesem Zustand bilden beide eine vollkommene Einheit. Aus der Einheit kann also etwas nur dann erkennbar werden, wenn dieses Etwas sich von der Einheit trennt, sich absondert und aus ihr heraushebt. Dann tritt dieses Etwas in die offenbare Erscheinungswelt, in die positive Erscheinungsform. Dabei muss man bedenken, dass die negative Form in der ungeoffenbarten Welt zurückbleibt. Was immer man sieht, ist also nur darum erkennbar, weil es sich von seiner Ergänzungshälfte getrennt hat und diese im Unsichtbaren, Ungeoffenbarten zurückgeblieben ist.
Die sichtbare Welt ist nur darum zu erkennen, weil sie sich von der Einheit, dem Nichts, das Alles ist, das wir im allgemeinen Gott nennen, und das gleichzeitig das All-Eins oder das `Sein´ an sich ist, getrennt hat. Nur dadurch ist die Schöpfung erkennbar. Ohne dass sich die Einheit in zwei Hälften spaltet – in eine geoffenbarte,

positive und in das Spiegelbild, nämlich die nicht geoffenbarte, negative Form, gibt es keine Erkenntnis. So kann sich nie etwas offenbar machen, ohne dass der Gegensatz, das ergänzende Gegenteil, gleichzeitig im Ungeoffenbarten gegenwärtig wäre. Wenn sich im Positiven etwas offenbart, bleibt das Negative im Ungeoffenbarten, und umgekehrt, wenn sich das Negative offenbart, bleibt das Positive ungeoffenbart. Wo der eine erscheint, muss sein ergänzender Teil auch dabei sein, wenn auch nur in einem ungeoffenbarten Zustand. Ihre Zusammengehörigkeit bindet sie ewig aneinander.

Die Trennung ist aber nur scheinbar, weil die zwei Ergänzungshälften, wenn sie auch getrennt und aus der Einheit gefallen sind, sich voneinander dennoch nicht entfernen und einander nie verlassen können - siehe auch Einstein-Podolsky-Rosen-Effekt![G]. Das Offenbarte und sein Schatten streben in ihren ursprünglichen Zustand zurück, in die göttliche Einheit und irgendwann in ferner Zukunft, werden sich die Ergänzungshälften wieder vereinigen und in die göttliche Einheit zurückfinden. Die Kraft aber, die in allen Schöpfungen wohnt und die alles dazu bewegt, in die Einheit zurückzufinden, nennen wir Gott.

Nur durch diese Spaltung entstanden aus der Einheit, die weder gut noch böse ist, sondern göttlich, das Gute und das Böse. Nur durch diese Spaltung wurde Erkenntnis möglich. So muss die erkennbare Welt aus Gutem und Bösem bestehen, sonst wäre sie nicht erkennbar und überhaupt nicht möglich."

Wir sind offenbar geworden, indem wir uns von ihr gespalten haben. Die Lehre, die mir mündlich weitergegeben wurde, besagt weiter:

„Gott ist aber keine aus der Einheit herausgefallene und von ihr getrennte, folglich erkennbare Hälfte der Einheit, sondern Gott ist die Einheit selbst. Er steht über allem und ruht in sich in vollkommener Einheit. Er ist das Nichts, dem das All entsteigt und sich offenbart, aber in ihm sind Nichts und Alles ungetrennt als göttliche Einheit. Gott ist überall gegenwärtig, da sich an demselben Ort nicht zwei Dinge gleichzeitig befinden können, weder Wesen noch Kraft. Da sich an demselben Ort nicht zwei

Dinge gleichzeitig befinden können, und nichts Gott an irgendeiner Stelle zu verdrängen vermag, kann auch überall und in allen Erscheinungen nur ein und derselbe Gott als das Selbst gegenwärtig sein. Gott ist eine unteilbare Einheit."
Solange ein Lebewesen seine andere Hälfte außerhalb sucht, in der erkennbaren Welt also, wird es die Einheit nie finden, weil seine ergänzende Hälfte eben nicht draußen, im Geoffenbarten ist, sondern im Ungeoffenbarten.
Wenn man in seinem wahren Selbst erwacht und in die Einheit zurückgefunden hat, dann erlebt man das wahre Sein, und da in jedem Lebewesen dasselbe Sein lebt, wird man gleichzeitig mit dem wahren Selbst jedes Lebewesens identisch. So erlangt man die Einheit mit Gott und gleichzeitig mit dem ganzen Universum. Das ist Einweihung! Das sagt die Lehre der Mysterienschulen[G].
Alle Wesen im Universum und auch die Planeten selbst, also auch die Erde, sind den Gesetzen der Evolution unterworfen. Wäre das nicht so, würden nicht so viele vom Aufstieg der Erde im Sinne einer Evolution im Jahr 2012 reden.

Ich schreibe bewusst, sie reden davon, denn:
Die Evolutionstheorie ist angeblich bewiesen – laut Medien wie Galileo, Wissen aktuell usw. Aber neuerdings sprechen viele Biogenetiker[G] auch von einer `Devolution´[G].

Die schöpferischen Kräfte aber wirken über Äonen. Die Erkenntnisse aus den Naturwissenschaften haben mich bestärkt, dass wir die Möglichkeit haben, einen direkten Zugang zu den Informationen aus der Einheit zu erhalten, und zwar mittels eines Instrumentes – einem Teil unseres Gehirns. Das werde ich noch in späteren Kapiteln anschneiden bzw. habe ich es schon in vorigen Kapiteln erwähnt.
Frühere Völker konnten diesen Teil des Gehirns nutzen. Ebenso können diesen Teil noch sehr urtümliche Völker nutzen und jene, die speziell diese Hirnregionen aktivieren. Sie können sich direkt in diese Informationsfelder oder Blaupausen des Bewusstseins des Universums einbringen.

Sie wussten Bescheid über die Symbolik, zum Beispiel über die Blume des Lebens, der Merkabah[G] und über den Grund, warum die Form der Pyramiden auf eine bestimmte Weise beschaffen ist. Sie wussten auch Bescheid über Weltepochen, Mystik der Zahlen, Archetypen, magische Rituale und über Imagination[G] und vieles mehr.

Diese Menschen waren noch wirklich Eingeweihte. Sie entwickelten sich weiter, und schließlich wurde ein anderer Teil des Gehirns ausgeprägter, und zwar der, der unseren rationalen Verstand ausmacht. Dieser Verstand ist wichtig, aber gleichzeitig ließen sie die andere Hirnregion, die für diese Intuition[G] zuständig ist, brachliegen. Die Folge war, dass die Nachfahren die Wahrheit nur mehr im Außen suchten, und so entstanden vermenschlichte Götter, Märchen und Mythen. Manche Menschen erinnerten sich jedoch an das einstige Wissen der Eingeweihten aus vergangenen Zeiten, und dank ihrer geistigen Fähigkeiten erhielten diese Menschen, ohne dass sie sich dessen bewusst waren, ebenfalls eine Art Einweihung. Sie erniedrigten aber ihr Wissen zur `schwarzen´ Magie, indem sie sich der Kräfte zu selbstsüchtigen Zwecken bedienten. Das war (und ist) gegen das Gesetz!

Schließlich lenkten sie diese Kräfte auch gegen ihre eigene Rasse, was dahin führte, dass viele Erdteile zerstört wurden, viele Menschenrassen und letztlich auch ihr eigenes Reich.

Wenn wir wieder lernen wollen, diese brachliegenden Gehirnteile zu aktivieren, um uns mit der geistigen Welt zu verbinden, werden wir in Zukunft die andere Seite unseres Gehirns, die für den emotionalen Verstand verantwortlich ist, hoffentlich nicht vernachlässigen. Wenn wir das tun, werden wir uns weiter entwickeln und wieder einer Vergeistigung nahe kommen.

Aber bevor wir nicht achtsam und verantwortungsvoll mit unseren Fähigkeiten umgehen, und zwar im Handeln, mit unseren Worten und im Denken, werden wir den Zugang zur Einheit nicht finden.

Um eine Technik zu erlangen, mit unseren Potenzialen besser umgehen zu können, lernen wir alte Methoden, wie zum Beispiel Konzentration durch bestimmte Körperübungen wie Yoga,

Visualisierung[G] und Imagination, indem wir Traumbilder intensiv erleben, sowie durch Meditation und Kontemplation[G].

Wir lernen auch Gemütszustände hervorzurufen und sie zu kontrollieren, ebenso wie Gleichmut, egal in welche Situation wir geraten. Wer sich für diesen Weg interessiert, den mache ich gerne auf die Vielfältigkeit unserer Literatur aufmerksam. Zum Beispiel seien der Autor Franz Bardon mit seinem Buch `Der Weg zum wahren Adepten´ oder die Autorin Elisabeth Haich mit ihrem Buch `Einweihung´[Q] erwähnt.

Gelehrte des Abraxas-Ordens

Diesmal beschreibe ich keine Vision, sondern zitiere zwei Texte, die ich wie zufällig gefunden habe, als ich wieder einiges Wissenswerte über die Lehren des Kosmos suchte. Das betone ich deshalb, weil ich damit ausdrücken will, dass es offensichtlich einen Zusammenhang gibt zwischen meinen irrealen Visionen und zwischen meinen ganz rationalen Erkenntnissen aus niedergeschriebenen Texten, die nicht auf Legenden beruhen.

Der nachfolgende Text aus antiken Schriften eines Gelehrten des Schlangenkultes möchte ich niemanden vorenthalten, obwohl es nicht der gesamte Text ist. Er besagt, dass auch unsere Vorfahren in der Antike schon sehr viel über das Universum wissen mussten, und mir fallen dabei unweigerlich die vorigen Traumvisionen über Agartha, Atlantis, Ant-Atlantis, Gondwana, Lemurien und Mu ein.

"Die sieben Belehrungen der Toten

NUIT
Sermo I

Die Toten kamen zurück von
Jerusalem, wo sie nicht fanden, was sie suchten.
Sie begehrten bei mir Einlass und verlangten bei mir Lehre und
so lehrte ich sie:

Höret, ich beginne beim Nichts.
Das Nichts ist dasselbe wie die
Fülle. In der Unendlichkeit ist voll so gut wie leer.
Das Nichts ist leer und voll. Ihr könnt auch ebenso gut etwas
anderes vom
Nichts sagen, zum Beispiel es sei weiß oder schwarz oder es sei
nicht, oder es sei. Ein Unendliches und Ewiges hat keine
Eigenschaften,
weil es alle Eigenschaften hat. Das Nichts oder die Fülle nennen
wir das Pleroma. Dort drin hört Denken und Sein auf, denn das
Ewige und Unendliche hat keine Eigenschaften. In ihm ist keiner,
denn
er wäre dann vom Pleroma unterschieden
und hätte
Eigenschaften, die ihn als etwas vom Pleroma unterschieden. Im
Pleroma
ist nichts und alles: Es lohnt sich nicht über das Pleroma
nachzudenken, denn das hieße: Sich selber auflösen.

<u>Erklärung</u>:

Manche verstorbenen Seelen irren wohl noch lange auf der Erde
herum, was man aus den beobachteten Spukphänomenen, die es
überall auf der Welt gibt, erkennen kann. Diese Seelen wandeln
dann parallel zu uns in einer anderen für uns normalerweise nicht
sichtbaren Dimension und wissen nicht, wo sie hingehören. Zum
Teil ist ihnen nicht einmal bewusst, dass sie tot sind, und fragen

sich nur, warum wir sie kaum bemerken. Warum sie nicht in das Licht gingen, wissen wir nicht genau, aber es scheint so, dass sie auf der Erde noch etwas zu lernen haben, bevor sie endgültig weiter gehen. Auch hellsichtige Menschen sehen oft diese Lichtquelle (vielleicht ist das der `Himmel´ der Christen). Möglicherweise ist das oft als das helle, schöne Licht bezeichnete Phänomen bei Personen, die schon einmal klinisch tot waren und später wieder belebt wurden (Nahtoderfahrene). Siehe hierzu auch die entsprechenden Rubriken im Bildungsportal http://religion-ethik.schulklick.net.

Dass manche Seelen nicht in dieses Licht gehen, geht wahrscheinlich darauf zurück, dass ihnen, als sie noch lebten, das entsprechende Bewusstsein fehlte. Der Mangel an Wissen, Glauben und Hoffnung ist demnach schuld daran, die Welt der Lebenden nicht verlassen zu wollen oder zu können. Esoteriker, Hellsichtige und Medien sprechen dann von `erdgebundenen Geistern oder Seelen´. Solche hellsichtigen Menschen können sich mit den Toten in Verbindung setzen und ihnen durch Belehrungen sogar helfen, damit sie auch im `Jenseits´ noch lernen können und zu einem Bewusstsein kommen können, dass ihnen hilft, ins `Licht´ zu gehen.

Basilides[G] war so ein hellsichtiger Mensch und konnte den Toten Antwort geben. In seiner ersten Belehrung (Sermo I)[G] erklärt er ihnen, dass unser ganzes Dasein aus dem `Nichts´ entstanden ist, das gleichzeitig `Alles´ ist, was mich an die buddhistische Lehre erinnert.

Sein Buchtitel: `Die sieben Belehrungen der Toten´ müsste eigentlich `Die sieben Belehrungen an die Toten´ heißen.

Dieses Nichts oder Alles, von dem Basilides spricht, hat alle Eigenschaften und gleichzeitig keine. Das ist das Paradoxon des Lebens, mit dem sich auch die Zen-Lehre beschäftigt, auf die ich in späteren Kapiteln noch intensiver eingehe. Dieses Nichts und Alles nennt dieser Orden, dem Basilides angehörte, `Pleroma´(G). Das ist nur ein anderes Wort für das Nichts und Alles, so wie das Wort `Nirvana´(G), das aus dem Indischen kommt. Dieses Pleroma repräsentiert die Ewigkeit und die Unendlichkeit, das heißt, es ist die nicht geoffenbarte Welt, so wie ich das schon im Kapitel Agartha (Asgard) erwähnt habe. Aus dem Pleroma ist die ganze Welt entstanden, und eines Tages kehren wir dahin zurück. Es ist die Einheit. Darüber logisch nachzudenken, führt zu nichts, meint Basilides. Wir können das bis heute mit unserem rationalen Denken nicht nachvollziehen, denn hier wird alles irrational. Das mit unserem Denken erfassen zu wollen, hieße, sich selbst im Kreis zu drehen. In fast den gleichen Worten erklären das auch die Schamanen seit Urzeiten. Auf das Kapitel Schamanismus werde ich in den letzten Teilen des Buches noch ausführlich eingehen.

Originaltext:
Die Creatur ist nicht im Pleroma,
sondern in sich. Das Pleroma ist
Anfang und Ende der Creatur. Es geht durch sie hindurch, wie das
Sonnenlicht die Luft überall durchdringt.
Obschon das Pleroma
durchaus hindurch geht,
so hat die Creatur doch nicht Theil daran, so
wie ein vollkommen durchsichtiger Körper weder hell noch dunkel
wird durch das Licht, das durch ihn hindurch geht. Wir sind aber
das
Pleroma selber, denn wir sind ein Theil des Ewigen und
Unendlichen.
Wir haben aber nicht Theil daran,
sondern sind vom Pleroma unendlich weit
entfernt, nicht räumlich oder zeitlich,
sondern wesentlich, indem wir uns im Wesen
vom Pleroma unterscheiden als Creatur, die in Zeit und
Raum beschränkt ist.

Erklärung:
Wir, die Schöpfung, sind nicht im Pleroma, denn das Pleroma ist der Anfang und das Ende, das Alpha und das Omega. So sind wir von ihm durchdrungen, und wir sind in ihm, und es ist in uns. Aber in ihm gibt es keine Polarität, weder Schwarz noch Weiß, weder Gut noch Böse. Wir selbst sind aber Teil dieses Ewigen und Unendlichen. Aber mit unserer Bewusstheit sind wir weit davon entfernt, das rational zu verstehen, und darum sind wir mit unserer Wahrnehmung unendlich weit vom Pleroma entfernt. Wir sind Geschöpfe, die in einer Dimension von Raum und Zeit wandeln.

Originaltext:
Indem wir aber Theile des Pleroma
sind, so ist das Pleroma auch in uns.
Auch im kleinsten Punkt ist das Pleroma unendlich, ewig und
ganz,
denn klein und groß sind Eigenschaften, die in ihm enthalten sind.
Es ist dies Nichts, das überall ganz ist und unaufhörlich.
Daher rede ich von der Creatur als einem Theile des Pleroma,
nur sinnbildlich, denn das Pleroma ist wirklich nirgends geteilt,
denn es ist das Nichts.
Wir sind auch das ganze Pleroma, denn sinnbildlich ist
das Pleroma der kleinste nur angenommene,
nicht seiende Punkt in uns
und das unendliche Weltgewölbe um uns.

Erklärung:
Aber, wie gesagt, das Pleroma ist in uns, und wir sind gleichzeitig in ihm, und auch im kleinsten Punkt ist das Pleroma unendlich ewig und ganz. Dies ist auch bei Fraktalen beziehungsweise selbstähnlichen Mustern erkennbar! Alles geht endlos weiter, im Großen wie im Kleinen. Basilides redet vom Pleroma als Teil der Schöpfung, obwohl das meiner Meinung nach nicht ganz stimmt, denn in Wahrheit gibt es keine Teilung, wir nehmen das nur so

wahr. Das heißt, mit unserem Bewusstsein können wir nur das Offenbare wahrnehmen.

Originaltext:
Warum aber sprechen wir denn
überhaupt vom Pleroma, wenn es doch
Alles und Nichts ist?
Ich rede davon, um irgendwo zu beginnen, und um
Euch den Wahn zu nehmen,
dass irgendwo außen oder innen ein von
vornherein Festes oder irgendwie Bestimmtes sei.
Alles sogenannte Feste
oder Bestimmte ist nur verhältnismäßig.
Nur das dem
Wandel unterworfene ist fest und bestimmt.
Das Wandelbare aber ist die
Creatur,
also ist sie das einzig feste und bestimmte,
denn sie hat Eigenschaften,
ja sie ist selber Eigenschaft.

Erklärung:
Basilides redet von Pleroma, um den verstorbenen Seelen die Vorstellung zu nehmen, dass es irgendwo und irgendwann von vornherein Materie gegeben hat, in dem Sinne, wie wir das wahrnehmen. Das ist alles nur Vorstellung von uns (Maya). Unter Maya(G) meine ich hier nicht den gleichnamigen südamerikanischen Indianerstamm, hier steht es für ein indisches Wort und bedeutet `Täuschung´ oder `Illusion´. Erkenntnisse aus der Physik und der Gehirnforschung werde ich im Kapitel `Lucides Träumen und Erscheinungen´ noch näher beschreiben und dabei aufzeigen, wie sehr man Illusionen auch in der sogenannten `realen´ Welt unterliegen kann. Entsprechende Literatur finden Sie auch in den Büchern von Ernst Meckelburg: `Aus dem Jenseits zurück´ und Frank Tipler: `Physik der Unsterblichkeit´.

Es gibt auch keine wirkliche Stabilität in unserer Welt, auch wenn wir sie gerne hätten, denn das Einzige, was in unserer Schöpfung sicher ist, ist die Wandlung. Wir, die Schöpfung, wandeln und verwandeln uns immer, und das in aller Ewigkeit und natürlich sehr langsam oder sehr schnell, aber das ist subjektiv.

Originaltext:
Wir erheben die Frage: wie ist die
Creatur entstanden? Die Creaturen
sind entstanden,
nicht aber die Creatur, denn sie ist die Eigenschaft
des Pleroma selber, so gut wie die Nichtschöpfung,
der ewige Tod.
Creatur ist immer und überall,
Tod ist immer und überall. Das
Pleroma hat alles, Unterschiedenheit und
Ununterschiedenheit.

Die Unterschiedenheit ist die Creatur.
Sie ist unterschieden.
Unterschiedenheit ist ihr Wesen,
darum unterscheidet sie auch. Darum
unterscheidet der Mensch,
denn sein Wesen ist Unterschiedenheit. Darum
unterscheidet er auch die Eigenschaften des Pleroma, die nicht sind.
Er unterscheidet sie aus seinem Wesen heraus.
Darum muss der Mensch von
den Eigenschaften des Pleroma reden, die nicht sind.

Die Toten fragen ihn, wie die Kreatur überhaupt entstanden sei.
Basilides erklärt ihnen, dass die einzelnen Geschöpfe wohl
entstanden seien, aber nicht die Schöpfung an sich. Die Schöpfung
ist immer und überall. Die Geschöpfe selbst sind durch Trennung
entstanden, durch Trennung vom Pleroma, und dadurch ist die
Schöpfung offenbar geworden – durch die Kreatur! Das Geschöpf
ist der offenbar gewordene Teil der Einheit. Die Geschöpfe sind
alle verschieden, jedes Wesen, jeder Mensch, während unser
`Schattenanteil´, der nicht geoffenbarte Teil, nicht sichtbar ist, aber
dennoch existent. Das Pleroma aber ist die Einheit, das 'All-Eine'
und ist nicht unterschieden und hat daher keine Eigenschaften
oder alle, die es aber in der Nichtunterschiedenheit nicht wirklich
gibt. Aber der Mensch lebt in einer dualen Welt und versteht das
nicht anders. Er redet daher immer von Eigenschaften, die es aber
in Wirklichkeit nicht gibt; jedenfalls gibt es diese nicht in der nicht-
dualen Welt, im Pleroma, sondern nur in unserem dualen Weltbild.

Originaltext:
Ihr sagt: Was nützt es, davon zu
reden? Du sagtest doch selbst, es
lohne sich nicht, über das Pleroma zu denken.
Ich sagte Euch das,
um Euch vom Wahne zu befreien,
dass man über das Pleroma denken könne.
Wenn wir die Eigenschaften des Pleroma unterscheiden,
so reden wir aus unsrer Unterschiedenheit und über unsre
Unterschiedenheit, und haben nichts gesagt über das Pleroma.
Über unsere Unterschiedenheit aber zu reden ist notwendig,
damit wir uns genügend unterscheiden können.
Unser Wesen ist Unterschiedenheit.
Wenn wir diesem Wesen nicht getreu sind, so
unterscheiden wir uns ungenügend.
Wir müssen darum
Unterscheidungen der Eigenschaften machen.
Erklärung:

Er sagt den Toten, nicht zu viel über das Pleroma nachzudenken, denn wir Menschen denken doch immer im Sinne von Eigenschaften, und das geschieht nur aus unserem Unterschiedsdenken heraus. Dieses Denken liefert aber keine Erklärung für das Pleroma. Über unsere Unterschiedenheit zu reden, sei aber wichtig, denn wir leben ja in dieser Welt und sind da, um die Polarität zu erfahren und um uns zu individualisieren. Wenn wir das nicht tun würden, würden wir nicht als Lebewesen existieren. Darum ist es für uns sehr wichtig, Unterscheidungen zu machen.

Ihr fragt: Was schadet es, sich nicht
zu unterscheiden? Wenn wir nicht
unterscheiden, dann geraten wir über unser Wesen hinaus,
über die Creatur hinaus und fallen in die Ununterschiedenheit,
die die andere Eigenschaft des Pleroma ist.
Wir fallen in das Pleroma selber
und geben es auf, Creatur zu sein.
Wir verfallen der Auflösung im
Nichts. Das ist der Tod der Creatur.
Also sterben wir in dem
Maße, als wir nicht unterscheiden.
Darum geht das natürliche
Streben der Creatur auf Unterschiedenheit,
Kampf gegen uranfängliche, gefährliche Gleichheit.

Erklärung:
Basilides erklärt weiter, warum es denn so wichtig sei, sich zu unterscheiden. Er sagt, wenn wir uns nicht unterscheiden würden, gerieten wir aus unserem Dasein heraus, aus unserem offenbaren Dasein als Mensch, und wir würden in die Einheit zurückfallen. Dann sind wir im Pleroma, im Nichts, besser gesagt, im nicht geoffenbarten Zustand. Das ist dann der Tod der Schöpfung. Wenn wir uns nicht unterscheiden, sterben wir wirklich. Das ist auch der Grund, warum die Schöpfung in die andere Richtung strebt,

nämlich in die Unterschiedenheit. Das ist ein Kampf gegen die Anziehungskraft des Ursprungs, nämlich der ungeteilten Einheit. Wenn das geschieht, nennt man das den Tod der Schöpfung. Die Creatur stirbt, nicht die Schöpfung. So verstehe ich den Text. Soll sich nicht alles auflösen im Nirwana, im 'All-Eins'? Ist der Sinn der Schöpfung etwa sich aufzulösen? Nein, der Sinn der Schöpfung ist ewig zu sein in Ausgeglichenheit im Einssein und im Miteinander.

<u>Originaltext:</u>
Dieß nennt man das Principium
individuationis. Dieses Princip ist
das Wesen der Creatur. Ihr seht daraus, warum die
Ununterschiedenheit
und das Nichtunterscheiden eine große Gefahr für die Creatur
ist. Darum müssen wir die Eigenschaften des Pleroma
unterscheiden.
Die Eigenschaften sind die Gegensatzpaare, als
das Wirksame und das Unwirksame,
die Fülle und die Leere,
das Lebendige und das Tote,
das Verschiedene und das Gleiche,
das Helle und das Dunkle,
das Heiße und das Kalte,
die Kraft und der Stoff,
die Zeit und der Raum,
das Gute und das Böse,
das Schöne und das
Häßliche,
das Eine und das Viele. etc.

Die Gegensatzpaare sind die
Eigenschaften des Pleroma, die nicht sind,
weil sie sich aufheben. Da wir das Pleroma selber sind,
so haben wir auch alle diese Eigenschaften in uns;
da der Grund unsres Wesens Unterschiedenheit ist,
so haben wir die Eigenschaften im Namen und
Zeichen der Unterschiedenheit, das bedeutet:

Basilides erklärt, dass die Bestimmung der Natur der Individualisationsprozess sei. Das heißt, jedes Wesen strebt nach Einzigartigkeit. Er zählt dann Gegensatzpaare auf und betont, dass dies Eigenschaften des Pleromas seien, die es in Wirklichkeit im Pleroma nicht gibt. Weil wir aber gleichzeitig auch vom Pleroma durchdrungen sind, das heißt, es ist in uns und wir sind in ihm, erkennt das Pleroma auch die Unterschiedenheit, wenn man davon ausgeht, dass alles ein großer Geist ist.

Erstens: die Eigenschaften sind in uns
von einander unterschieden und
geschieden, darum heben sie sich nicht auf,
sondern sind wirksam. Darum
sind wir das Opfer der Gegensatzpaare.
In uns ist das Pleroma zerrissen.

Nachdem Eigenschaften den Sinn unseres Wesens ausmachen, sind wir Opfer der Dualität, das heißt, in uns ist das Pleroma geteilt, zerrissen also.

Zweitens: Die Eigenschaften
gehören dem Pleroma, und wir
können und sollen sie nur im Namen und Zeichen der
Unterschiedenheit besitzen oder leben.
Wir sollen uns von den Eigenschaften unterscheiden.
Im Pleroma heben sie sich auf, in uns
nicht. Unterscheidung von ihnen erlöst. Wenn wir nach dem Guten
oder Schönen streben, so vergessen wir unsres Wesens, das
Unterschiedenheit ist und wir verfallen den Eigenschaften des
Pleroma,
als welche die Gegensatzpaare sind.
Wir bemühen uns, das Gute und
Schöne zu erlangen, aber zugleich auch erfassen wir das Böse
und Hässliche, denn sie sind im Pleroma eins mit dem Guten und
Schönen. Wenn wir aber unserm Wesen getreu bleiben,
nämlich der Unterschiedenheit,
dann unterscheiden wir uns vom Guten und
Schönen, und darum auch vom Bösen und Hässlichen, und
wir fallen nicht ins Pleroma, nämlich in das Nichts und in die
Auflösung.

Erklärung:

Basilides erklärt, dass die Eigenschaften auch ungeoffenbart im Pleroma sind, aber wir können diese Eigenschaften leben, indem wir uns alle unterscheiden. Wir sollen uns von anderen unterscheiden, das ist der Prozess, der zur Vielfältigkeit aller Arten führt. Wenn wir in das Pleroma eingehen, lösen sich alle wieder auf, dann sind wir vom Leben hier `erlöst´. Wenn wir unserem Wesen, dem Streben nach Unterschiedenheit, nicht nachgehen, verfallen wir dem Bewusstsein des Pleromas[G], die die Gegensatzpaare beinhalten.

Wenn wir uns bemühen, das Gute und Schöne zu erlangen, erfassen wir aber auch die Schattenseiten, das Böse und das Hässliche, auch wenn wir es gerne verdrängen. Denn im Pleroma ist alles eins. Bleiben wir aber im Wesen der Unterscheidung, fallen wir nicht ins Pleroma (zurück), denn das wäre die Auflösung.

<u>Originaltext</u>:
Ihr werfet ein: Du sagtest, dass das
Verschiedene und Gleiche auch
Eigenschaften des Pleroma seien. Wie ist es, wenn wir nach
Verschiedenheit streben? Sind wir dann nicht unserm Wesen
getreu? Und
müssen wir dann auch der Gleichheit verfallen, wenn wir nach
Verschiedenheit streben?

<u>Erklärung</u>:
Auf die eventuell auftretende Frage hin, ob das Verschiedene und Gleiche beides Eigenschaften des Pleromas sind, und wir nach Verschiedenheit streben und unserem Wesen als Kreatur treu bleiben, wir dann nicht auch die Gleichheit erleben müssen, obwohl wir nach Verschiedenheit streben, sagt ihnen Basilides:

Ihr sollt nicht vergessen, dass das
Pleroma keine Eigenschaften hat.
Wir erschaffen sie durch das Denken.
Wenn Ihr also nach Verschiedenheit
oder Gleichheit oder sonstigen Eigenschaften strebt,
so strebt Ihr nach Gedanken, die Euch
aus dem Pleroma zufließen, nämlich
Gedanken über die nichtseienden Eigenschaften des Pleroma.
Indem Ihr nach diesen Gedanken rennt,
fallet Ihr wiederum ins Pleroma und erreicht
Verschiedenheit und Gleichheit zugleich. Nicht euer Denken,
sondern euer Wesen ist Unterschiedenheit.
Darum sollt Ihr nicht nach
Verschiedenheit, wie Ihr sie denkt, streben, sondern
Nach euerm Wesen.
Darum giebt es im Grunde nur ein Streben,
nämlich das Streben nach
dem eigenen Wesen. Wenn Ihr dieses Streben hättet,
so brauchtet Ihr auch gar nichts über das Pleroma
und seine Eigenschaften zu
wissen und kämet doch zum richtigen Ziele
kraft eures Wesens.
Da aber das Denken vom Wesen entfremdet,
so muss ich Euch das Wissen
lehren, womit Ihr euer Denken im
Zaume halten könnet.

Erklärung:

„Vergesst nicht, dass das Pleroma keine Eigenschaften hat, nur wir erschaffen die Eigenschaften durch unser Denken. Egal, ob ihr nach Verschiedenheit oder Gleichheit strebt, so strebt ihr auch nach Gedanken, die euch aus dem Pleroma zufließen, von dem jeder durchdrungen ist. Ihr werdet erkennen, dass das Pleroma keine Eigenschaften besitzt. Allein diese Gedanken lassen uns wieder mit dem Pleroma begegnen, und wir erfahren Verschiedenheit und Gleichheit zugleich. Dann ist nicht euer Denken Unterschiedenheit, aber im Wesen unterliegt ihr dennoch dieser Unterschiedenheit, dem polaren Denken also. Also, Ihr braucht nicht nach Verschiedenheit streben, sondern geht einfach eurem Wesen nach, dem Streben nach Vielfältigkeit. Wenn Ihr nichts über das Pleroma wisst, kommt Ihr dennoch zum Ziel. Das Denken entfremdet Euch von eurem Wesen, darum lehre ich euch auch, wie ihr es lenken könnt."

Originaltext:
Sermo II

Die Toten standen in der Nacht den
Wänden entlang und riefen: Von
Gott wollen wir wissen, wo ist Gott?
Ist Gott tot? Gott ist nicht tot,
er ist so lebendig wie je.
Gott ist Creatur denn er ist etwas
Bestimmtes und darum vom Pleroma unterschieden.
Gott ist Eigenschaft des Pleroma,
und alles was ich von der Creatur sagte,
gilt auch von ihm.

Erklärung:
In seiner zweiten Belehrung (Sermo II) meint Basilides, nachdem die Toten wieder vor ihm erschienen sind und Fragen über Gott stellten:
„Gott ist eine Eigenschaft des Pleromas und daher auch eine Kreatur, denn er hat Eigenschaften."

<u>Originaltext</u>:
Er unterscheidet sich aber von der
Creatur dadurch, dass er viel
undeutlicher und unbestimmbarer ist, als die Creatur.
Er ist weniger unterschieden als die Creatur,
denn der Grund seines Wesens ist
wirksame Fülle, und nur insofern er bestimmt und
unterschieden ist, ist er Creatur,
und insofern ist er die Verdeutlichung der
wirksamen Fülle des Pleroma.

<u>Erklärung</u>:
Er meint, dass Gott sich von der Kreatur allerdings unterscheidet, in erster Linie wohl dadurch, dass er nicht erklärbar ist, denn Basilides meint, dass Gott undeutlicher und unbestimmbarer sei, als die anderen Geschöpfe. Der Grund seines Wesens ist wirksame Fülle; er verdeutlicht die Wirksamkeit des Pleroma, indem er Fülle erzeugt.

Originaltext:
Alles, was wir nicht unterscheiden,
fällt ins Pleroma und hebt
sich mit seinem Gegensatz auf.
Darum, wenn wir Gott nicht
unterscheiden, so ist die wirksame Fülle
für uns aufgehoben.
Gott ist auch das Pleroma selber, wie auch
jeder kleinste Punkt im Geschaffenen
und im Ungeschaffenen das Pleroma selber ist.

Erklärung:

Basilides sagt, dass alles, was wir nicht unterscheiden, ins Pleroma zurückfällt, also ins Nichtoffenbare fällt, das es dann auflöst. Und wenn wir Gott auch nicht unterscheiden, dann ist auch die wirksame Fülle aufgehoben, das heißt, diese Eigenschaft fällt auch ins Pleroma zurück und hebt sich auf. Gott ist aber auch das Pleroma selbst, und das Pleroma in ihm, so wie es in jedem kleinsten Punkt im gesamten Universum ist.

Originaltext:
Die wirksame Leere ist das Wesen des
Teufels. Gott und Teufel sind die
ersten Verdeutlichungen des Nichts,
das wir Pleroma nennen.
Es ist gleichgültig, ob das Pleroma ist
oder nicht ist,
denn es hebt sich in allem selber auf.
Nicht so die Creatur. Insofern Gott und
Teufel Creaturen sind, heben sie sich nicht auf,
sondern bestehen gegen
einander als wirksame Gegensätze.
Wir brauchen keinen Beweis
für ihr Sein, es genügt, dass wir
immer wieder von ihnen
reden müssen. Auch wenn beide nicht wären,
so würde die Creatur, aus ihrem Wesen der

*Unterschiedenheit heraus, sie immer wieder
aus dem Pleroma heraus unterscheiden.
Alles was die Unterscheidung aus
dem Pleroma herausnimmt, ist Gegensatzpaar,
daher zu Gott immer auch
der Teufel gehört. Diese Zusammengehörigkeit ist so innig,
und wie Ihr erfahren habet, auch in euerem
Leben so unauflösbar,
wie das Pleroma selber. Das kommt davon,
dass die Beiden ganz nahe am
Pleroma stehen, in welchem alle
Gegensätze aufgehoben
und eins sind.*

<u>Erklärung</u>:

Der Teufel als Widersacher wäre dann die wirksame Leere. So sind Gott und Teufel aus dem Pleroma entstanden, aber sie heben sich als wirksame Gegensätze nicht auf. Basilides meint, wir brauchen keinen Beweis dafür, der Beweis ist gegeben, weil wir dauernd von ihnen reden müssen. Selbst wenn sie nicht existent sind, würde der Mensch sie immer wieder erschaffen, indem er sie als Gegensatzpaar unterscheidet und daher vom Pleroma herausnimmt. Gott und Teufel sind ein Gegensatzpaar und in keinem Leben auflösbar, so wie das Pleroma selbst. Sie sind die erste Hierarchie in der Schöpfung und alle Gegensatzpaare können sich schon in dem einen oder anderen auflösen.

Originaltext:
Gott und Teufel sind unterschieden
durch voll und leer, Zeugung und
Zerstörung. Das Wirkende ist ihnen gemeinsam.
Das Wirkende verbindet sie. Darum steht das
Wirkende über beiden und ist ein
Gott über Gott, denn es vereinigt die
Fülle und die Leere in
ihrer Wirkung. Dies ist ein Gott,
von dem Ihr nicht wusstet,
denn die Menschen vergaßen ihn.
Wir nennen ihn mit seinem Namen ABRAXAS.
Er ist noch unbestimmter als Gott und Teufel.

Erklärung:

Gott und Teufel unterscheiden sich also, indem Gott wirksame Fülle repräsentiert und der Teufel wirksame Leere, Zeugung und Zerstörung. Beide haben die gleiche Schöpferkraft. Diese Kraft verbindet sie. Darum steht diese Kraft über beiden und ist ein Gott über Gott. Basilides überrascht die Toten mit dieser Aussage, weil sie das noch nicht wussten. Er sagt ihnen, dass dieser Gott einen Namen hätte und dass er noch unbestimmter sei als Gott und Teufel. Sein Name ist ABRAXAS[G].

Originaltext:
ABRAXAS

Um Gott von ihm zu unterscheiden,
nennen wir Gott Helios oder Sonne.
Der Abraxas ist Wirkung, ihm steht nichts entgegen,
als das Unwirkliche, daher seine
wirkende Natur sich frei entfaltet. Das
Unwirkliche ist nicht, und widersteht nicht.
Der Abraxas steht über der Sonne und über dem Teufel.
Er ist das unwahrscheinlich Wahrscheinliche,
das unwirklich Wirkende. Hätte
das Pleroma ein Wesen, so wäre der

Abraxas seine Verdeutlichung.

Wir nennen den Gott Helios[G] oder Sonne, um ihn vom Gott Abraxas[G] zu unterscheiden. Der Abraxas ist ein Geist, der wirkt, und diesem Geist steht nichts entgegen außer dem Unwirklichen. Unwirkend heißt aber, dass etwas nicht wirkt, also steht dem Abraxas in Wahrheit nichts entgegen. Nachdem das Unwirkliche nicht wirkt, kann es auch niemandem entgegenwirken. Der Abraxas steht also über dem Gott `Sonne´ und über dem Teufel. Er hat keinen Gegensatz, denn das, was sein Gegensatz wäre, die Unwirklichkeit, wirkt nicht und das, was unwahrscheinlich ist, ist nicht wahr. Hätte das Pleroma ein Wesen, so wäre der Abraxas der Geist dieses Wesens, der das Pleroma überhaupt zum Ausdruck bringen kann.

Originaltext:
Er ist zwar das Wirkende selbst, aber
keine bestimmte Wirkung, sondern
Wirkung überhaupt. Er ist unwirklich
wirkend, weil er keine
bestimmte Wirkung hat. Er ist auch Creatur,
da er vom Pleroma unterschieden ist.
Die Sonne hat eine bestimmte Wirkung,
ebenso der Teufel, daher sie uns viel
wirksamer erscheinen als der unbestimmbare
Abraxas. Er ist Kraft, Dauer, Wandel.
Hier erhoben die Toten
großen Tumult...

Abraxas ist zwar der, der alles bewirkt, aber er gibt der Wirkung keine Richtung. Also ist die Wirkung unbestimmt. Gleichzeitig ist er auch eine Kreatur, da er sich vom Pleroma unterscheidet. Der Gott `Sonne´ hat eine bestimmte Wirkung, auch der Teufel hat eine bestimmte Wirkung, und das ist der Grund, warum sie uns als Schöpfer erscheinen, während wir vom Abraxas nichts wissen. Abraxas ist Kraft, Dauer, Wandel. Basilides erzählt noch, wie sehr sich daraufhin die Toten über diese Belehrung aufregten …

Der ganze Text über die sieben Belehrungen ist in der angegebenen Quelle im Verzeichnis zu finden.

Der Text des Basilides wird auch Hermes Trismegistos[G] zugeschrieben. Vielleicht waren sie auch ein und dieselbe Person? Beide haben in Alexandria um die gleiche Zeit gewirkt und waren Eingeweihte eines Wissens, das vielleicht schon viel älter war als das der Ägypter, vielleicht war es das überlieferte Wissen aus Sumer[G]. Leider weiß man ja noch nicht sehr viel über die alten sumerischen Texte, da sie bis jetzt nur zu einem kleinen Teil übersetzt werden konnten. Auf jeden Fall kam aus Mesopotamien das `Wissen der Schlange´, so wie es auch das `Wissen des Drachen´ gibt. Die Orden über das `Wissen der Drachen´ haben sich großenteils in Asien verbreitet, was man unschwer aus den Legenden und Mythen Chinas, Tibets und Japans ersehen kann.

Der folgende Text ist von einer Marquesa Antonia Contanta geschrieben. Diese gehörte ebenfalls einem `Schlangenorden´, nämlich dem Abraxas-Orden an.

Der Text lautet:

"Die Magie der Zeiteinheiten

<u>Originaltext</u>:
*(1) Die Zeit ist nicht eine einzige, nein, vier verschiedene Zeiten gilt
es, zu erkennen und zu benutzen. Darin ruhen die
Es arcanum abraxum, des magischen Umgehens mit der Zeit, mit
den Zeiten.*

*(2) Zwei Zeiten heißt es in dieser Welt, zwei Zeiten gibt es im
Jenseits, und überdies gibt es die Zeitlosigkeit, die allein dem
Göttlichen gilt.*

*(3) Die erste Erdenzeit ist jene, die alle kennen, nach der die
Menschen Jahr, Tag und Stunde benennen. Diese ist da hier
allgemein von Bedeutung.*

*(4) Im magischen Handeln aber wird diese häufig durchdrungen
von der zweiten Erdenzeit; und dieser liegt zu Grunde das folgende:
Als Gott der Herr, welcher ist Christus, die Erde mit Allem was zu
ihr gehört erschaffen hat, da erschuf Er auch alle Zeiten auf einmal.
Er selbst steht ja über jeglicher Zeit. Darum sieht der Blick Gottes
auch alles immer zugleich, sämtliches ist für Ihn allzeit da: Das,
was wir Vergangenheit nennen, das, was wir als Gegenwart
erleben, und das auch, was wir Zukunft heißen. Alle Zeiten sind
eine Zeit nur für Gott und die gottähnlichen Wesen des Jenseits.
Alles ist also immerzu da, auf eine für uns Menschen kaum
merkliche Weise.*

<u>Erklärung</u>:
Die Marquesa sagt, dass es
(1) nicht nur eine Zeit, sondern vier Zeiten gäbe. Wenn man dieses
Wissen erkennt, kann man es auch nutzen. Das Wissen kann jeder
aus dem `Es arcanum abraxum´ [Q] ziehen. Es lehrt im Besonderen
das magische Umgehen mit der Zeit beziehungsweise mit den
Zeiten.

(2) Zwei Zeiten hier und zwei Zeiten im Jenseits. Aber es gibt noch eine Zeitlosigkeit, die aber nur in der Einheit, in Gott, wirksam ist.

(3) Die erste Zeit, die wir auf der Erde kennen, ist diejenige, die wir im Allgemeinen benutzen; also Jahr, Tag, Stunde.

(4) Bei magischen Praktiken wird die erste Zeit von einer zweiten durchdrungen; damit meint man Folgende:
Als Gott, den der Herr Christus in der Dreifaltigkeit repräsentiert, die Erde mit allen Geschöpfen geschaffen hat, da hat er auch alle Zeiten gleichzeitig geschaffen. Gott selbst steht über den Zeitebenen, er ist also jenseits der Zeit. Das ist der Grund, warum Gott alles gleichzeitig sieht und gleichzeitig überall sein kann: Unsere vermeintliche Vergangenheit, Gegenwart und Zukunft sind alles Eines für Gott und den gottähnlichen Wesen. Also ist alles jederzeit und immer da, obwohl das nur wenige von uns merken.

Originaltext:
(5) Das Zukünftige ist aber trotzdem noch nicht gewiss. Als Gott der Herr die Zeitenläufe bildete, da tat Er es mit allen zugleich, in dem Er alles, was möglich werden könnte, vorhersah und möglich machte, aber noch ohne es so oder so zu bestimmen. Einfluss auf alles soll ja nehmen der freie Wille der Menschen, so gestalten ihre Zeit sie sich selbst, ob gut oder übel. Also gibt es von jeder Zeit, die in Zukunft wirklich werden könnte, sehr viele unterschiedliche Formen. Wie die Menschen sich verhalten und was dadurch ihre Eigenschwingungen ausstrahlen, unbewusst, das entscheidet darüber, welche der möglichen Formen der Zeit Gestalt annehmen. Alle unbenutzten Vorlagen für die Zeiten löst Gott der Herr danach jeweils auf.

Erklärung:
(5) Trotzdem ist die Zukunft nicht sicher, denn als Gott die Zeitenläufe bildete, so schuf er auch alles zugleich und alles, was möglich sein könnte. Er machte Zeitlinien zu allen nur denkbaren

Möglichkeiten auf und bestimmte nicht, welcher Zeitlinie seine Geschöpfe folgen werden. Darum tun sich Wahrsager und Hellseher oft so schwer, die Zukunft vorherzusehen, da sie nur eine Zeitlinie sehen, nämlich die, auf der sich jemand momentan bewegt. Ein Mensch kann aber jederzeit seine Zeitlinie wechseln, auch wenn er es selten tut. Aber das ist der freie Wille, sonst wäre alles vorher bestimmt und alles unveränderliches Schicksal. Der Mensch kann Herr seines Schicksals sein. Auf die Zeitlinien und darauf was diese bewirken, gehe ich auch noch in einem späteren Kapitel ein. Es gibt also viele Möglichkeiten für den Menschen, obwohl jede Möglichkeit von Gott schon `durchgespielt´ wurde wie in einem programmierten Computerspiel. Der freie Wille ist dann wie die Person, die den Spieler repräsentiert, und je nachdem welcher Level erreicht wird, erhält das Schicksal seines Avatars[G] diese oder jene Wendung. Die unbenutzten Zeitlinien löscht Gott, der Schöpfer, dann wieder aus.

<u>Originaltext</u>:
(6) Weil alle Zeiten aber immer schon da sind, wenn auch vorerst stets nur in Möglichkeitsformen dessen, was wird verwirklicht werden, ist es auch an dem, dass jeder Mensch die Zeitspanne seines Erdendaseins zweifach erlebt: Einmal in voller Bewusstheit, und zugleich auch nochmals ohne davon zu wissen.

(7) Daraus ergibt sich die zweite Erdenzeit. Auch diese durchlebt jeder Mensch immerzu, bloß meistens ohne davon viel zu ahnen.
(8) Denn die zweite Erdenzeit ist von einer Art, die sich schwerlich wahrnehmen lässt. Sie besteht nämlich in sich selbst aus lauter unmessbar kurzen Zeiträumen, so winzig, kürzer als der schnellste Augenblick, und doch immerzu geschehend.
<u>Erklärung</u>:
(6) Weil aber alle Zeiten schon immer da waren, wenn auch nur als Vorlage in einer Art Möglichkeitsform, ist es so, dass der Mensch sein Erdendasein zweimal erlebt: einmal voll bewusst, und einmal unbewusst.

(7) Die unbewusste Zeit ist die zweite Erdenzeit, auch wenn der Mensch wenig davon weiß. Man kann sie aber im Schlaf erleben: Manchmal wird diese unbewusste Zeit uns auch durch einen Traum bewusst, der dann eigentlich eine Vision ist; die Grenzen zwischen Traum und Vision sind oft verschwommen und es ist wirklich schwierig, unterscheiden zu lernen.

(8) Denn diese zweite Erdenzeit ist so gestaltet, dass sie sich schwer erkennen lässt, sie wird fast nicht wahrgenommen. Sie besteht aus unglaublich kleinen Zeiteinheiten. Diese sind kürzer als der schnellste Augenblick und doch passieren diese unbewussten Zeitabläufe ständig.

Anmerkung der Autorin:
Ich weiß es nicht, wie diese Zeitabläufe das Gehirn beeinflussen, das ist noch nicht ausgeforscht, vielleicht aber geschehen dann diese mystischen Einblicke in die Vergangenheit oder in zukünftige Vorgänge, und es kommt zu genialen Ideen, wie es bei manchen Forschern geschehen ist. Zu nennen ist zum Beispiel der Chemiker Kekulé, der in einem bestimmten Bewusstseinszustand eine Eingabe erhielt, was zur Erfindung des Benzolrings führte.

Originaltext:
(9) Weil nun die zweite Erdenzeit die erste unablässig durchdringt, bilden sich auch Zeitritzen der zweiten Erdenzeit in der ersten, durch welche blickt, wer es versteht;

(10) und manchmal fällt unverhofft ein Blick durch solch eine Zeitritze, sodass der Mensch meint, was er sieht schon zu kennen, obgleich er es aus der ersten Erdenzeit nicht kennen kann, vielmehr nur unbewusst durch eine Zeitritze in der zweiten Erdenzeit ganz flüchtig einmal sah.

(11) Also durchlebt jeder Mensch von der Geburt bis zum irdischen Sterben zwei parallel bestehende oder verlaufende Zeiten von unterschiedlicher Art: die erste Erdenzeit, die gut wahrnehmbar

*dahin fließende, und die zweite Erdenzeit, die kaum merkliche,
welche ist mit der ersten verwoben.*

(9) Die erste Erdenzeit wird von der Zweiten dauernd durchkreuzt
und dadurch bilden sich gewisse Zeitüberschneidungen, die ein
magisch Praktizierender, wie ein Hellseher oder Wahrsager, sehen
kann.

(10) Manchmal haben auch wir, die ganz `normalsichtigen´
Menschen einen kurzen Einblick in solche Zeitkreuzungen, dann
kommt es zu sogenannten `Déjà vu(G)-Erscheinungen´. Diese werde
ich noch in einem späteren Kapitel erörtern. Das heißt auch, dass
man einen kurzen Blick in die Zukunft erhaschen konnte. Weil wir
Menschen aber bewusst nur die erste Erdenzeit erleben, können
wir dieses Ereignis nicht richtig zuordnen. Wissenschaftler
erklären, dass Déjà vu daher kommt, dass Informationen im
Gehirn gleichzeitig über zwei verschiedene Nervenwege
verarbeitet werden und ein Denkstrang schneller ist, sodass die
Information quasi doppelt ins Bewusstsein tritt! Möglich ist, dass
damit auch der zweite unbewusste Zeitablauf gemeint ist (s. Punkt
8), der aus unglaublich kleinen Zeiteinheiten vergleichbar mit
Punkten auf einer Linie besteht. Man könnte die Zeiteinheiten auch
mit digitalisierten Quanten vergleichen. Vielleicht ist es durch
Bewusstwerdung möglich, in die Zukunft oder in die tiefe
Vergangenheit zu sehen. Dies kann entweder einfach geschehen,
wie bei einer Eingabe oder durch viel Training, wie es in
magischen Praktiken geübt wird. Vielleicht geschieht das eben
durch diesen zweiten Denkstrang, von dem manche Hirnforscher
sprechen, dass diese Déjà vu-Erlebnisse so erzeugt werden. Diese
zweite Zeit, die man also mit dem anderen Denkstrang
wahrnehmen kann, ist noch immer eine Erdenzeit (die zweite),
obwohl man mit ihrer Maßeinheit schon die erste Jenseitswelt
wahrnehmen kann.

(11) Jeder Mensch erlebt von seiner Geburt bis zu seinem Tod alle zwei Erdenzeiten, die bewusst wahrnehmbare und die unbewusste, selten wahrnehmbare Zeit. Beides sind zwar Erdenzeiten, miteinander verwoben, obwohl die zweite Erdenzeit, die des grünen Landes, der ersten Jenseitszeit entspricht.

<u>Originaltext</u>:
(12) Wer kundig ist in der Magie des hohen Abraxas, versteht diese beiden Zeiten wie eine zu nutzen. Dies ist von gutem Wert, um durch Zeiträume von bis zu wohl zehn oder einigen mehr Jahren nützliche Kundschaft zu erlangen; aber auch, um die Gemeinschaft durch alle Zeitläufe in sich selber zu festigen.

(13) Zu den beiden Erdenzeiten gibt es noch die beiden Zeiten des Jenseits. Die Erste davon ist die Zeit der Art, wie sie im Grünen Lande abläuft, wie diese Hauptebene alles Jenseitigen genannt wird.

(14) Diese Zeit ist nicht immer gleich, sondern die erste Jenseitszeit kann sich ausdehnen oder auch zusammenziehen; für den Besucher aus dem Irdischen ist das voller Merkwürdigkeit, wie überhaupt sehr vieles dort im Jenseits, im Grünen Land.

<u>Erklärung</u>:
(12) Wer die Lehre des Abraxas-Orden kennt, versteht es, auch die zweite Erdenzeit zu erkennen und dementsprechend zu nutzen. Oft ist es Eingeweihten dieser magischen Praxis möglich, bis zu 10 Jahre die Zukunft vorauszusehen.
(13) Dann gibt es noch die beiden Zeiten des Jenseits. Es mag jetzt wirklich verwirrend sein, aber die ersten beiden Zeiten (s. Pt. 9, 10, 11) sind Erdenzeiten, obwohl die Zeit im grünen Land der zweiten Erdenzeit entspricht. Hier gibt es anscheinend eine Überschneidung. In diese Zeit des `grünen Landes´, in diese Jenseitswelt also, können wir unter Umständen noch Einblick bekommen, denn das ist die zweite Erdenzeit, die wir unbewusst wahrnehmen, und manchmal kommt das Unbewusste ins

Bewusstsein. Die in den nächsten Punkten erwähnten zwei Zeiten sind Jenseitszeiten. Die erste Jenseitszeit ist die Zeit, die mit den Zeiteinheiten der zweiten Erdenzeit übereinstimmt. Sie ist mit der Zeit im `grünen Land´ gleich. Das heißt, diese erste Jenseitszeit verläuft so, wie die zweite Erdenzeit. Man kann sich durch die eine bekannte Zeiteinheit auch im grünen Land gleich zurechtfinden.

Das grüne Land ist eine Hauptebene der jenseitigen Welt, schreibt die Marquesa. Das ist wirklich verwirrend; ich denke, sie meint, dass das grüne Land zwar eine andere, jenseitige Welt ist, aber da hier noch immer die zweite Erdenzeit wirkt, wird sie manchmal für uns lebende Menschen wahrnehmbar. Warum sie `grünes Land´ genannt wird, erkläre ich später in diesem Kapitel.

(14) Diese Zeit ist allerdings sehr variabel, sie ist keineswegs stabil, sondern verläuft manchmal schneller und manchmal kürzer. Für einen Menschen, der die Ebenen bewusst oder unbewusst wechselt, ist das sehr merkwürdig, wie überhaupt so einiges in jenem grünen Lande, das laut der Marquesa Antonia Contanta sogar zur Hauptebene der Jenseitswelt gehört. Nachdem diese dritte Zeit, die erste Jenseitszeit, eigentlich gleich ist wie die der zweiten Erdenzeit, gäbe es nach meinem Verständnis nur drei Zeiten. Aber die Marquesa meint zwei Erdenzeiten und zwei Jenseitszeiten, wobei eben nur die zweite Erdenzeit mit der ersten Jenseitszeit gleich ist. Sie unterscheidet Erdenzeiten und Jenseitszeiten und Erdenwelt und Jenseitswelt, wobei es durch eine gleiche Zeit in einer anderen Welt zu einer Überschneidung kommt.

<u>Originaltext:</u>
(15) So kann es geschehen bei einer Wanderung durch die Grüne Wand von hüben nach drüben und sodann zurück, dass dort nicht viel Zeit verstrichen zu sein schien, sich aber bei der Rückkehr herausstellt, im Irdischen sind viele Jahre vergangen, vielleicht gar Jahrhunderte. Oder es schien ein langer Aufenthalt im Grünen Lande gewesen zu sein, nach der Rückkehr vergingen auf Erden

aber nur wenige Stunden.

(16) Das liegt an den Wolken, jenen grünlichen Nebeln, die ständig das Grüne Land durchziehen; denn die tragen verschiedene Schwingungen, welche auch maßgebend für die erste Jenseitszeit sind. Je dichter dort drüben die Wolken, um so langsamer verstreicht da die Zeit, und wo kaum Wolken sind, da eilt sie dahin.

Erklärung:

(15) Wenn man die Ebenen wechselt, erlebt man erstaunliche Zeitverschiebungen. Viele stellten bei der Rückkehr auf die `normale´ Ebene fest, dass viele Jahre, Jahrzehnte oder sogar Jahrhunderte vergangen sind, oder umgekehrt, ein Ausflug in die Ebene des grünen Landes dauerte anscheinend mehrere Jahre und Jahrzehnte, während in unserer Zeit nur eben ein paar Sekunden oder Stunden vergangen sind.

(16)
Das liegt an den Wolken, die aus grünlichen Nebelwänden bestehen, und die im grünen Land ständig zu sehen sind. Das ist auch der Grund, warum diese Jenseitsebene als `grünes Land´ bezeichnet wird. Was es mit der Farbe auf sich hat, wissen wir nicht. Aber in zahlreichen Geschichten über Phänomene, zum Beispiel bei Berichten über Zeitverschiebungen bei Flügen oder Fahrten über das Bermudadreieck und bei Ufo-Sichtungen ist immer wieder die Rede von einer grünlichen Wolkenwand oder grünlichen Nebelschleiern. Auch bei dem bekannten Bericht aus dem früher streng geheimen `Bluebook´ der U.S.-Navy, aus dem in den späten achtziger Jahren ein Film gedreht wurde, war von einem grünlichen Nebel die Rede, bevor die Kriegsflotte in Philadelphia[G] durch Experimente mit Magnetfeldern verschwunden ist, um kurz nachher wieder aufzutauchen. Diese grünlichen Nebel werden auch `Elmsfeuer´ genannt. Sie werden zum Beispiel in der Nordpolgegend als magnetische Erscheinungen wahrgenommen. Auch bei Gewittern, besonders

124

auf See und in der Luft werden diese grünlichen `Feuer´ oft gesehen.

<u>Originaltext</u>:
(17) Wer so wandern möchte, dem genügt aber nicht allein die Magie des Abraxas; um die Schwellen zu überschreiten, bedarf es obendrein des Maka'ara.

(18 Das Abraxas regelt alles, was anbelangt die Zeiten, das Maka'ara aber regelt, was anbelangt die Räume.

(19) Die zweite Jenseitszeit ist das Zeitmaß der jenseitigen Welten. Dieses gilt nicht in allen gleich. In einer bestimmten Jenseitswelt indes bleibt der Zeitlauf stets derselbe.

(20) Über den Zeiten ist die Zeitlosigkeit, das unmessbare Maß Gottes aus der zeitlosen Ewigkeit und der raumlosen Unendlichkeit. Weder die
Menschen noch die Wesen des Jenseits vermögen dies zu erfassen, das bleibt bei Gott dem Herrn Christus allein. Das Magische indes tun wir selbst.

<u>Erklärung</u>:
(17) Wer die Welt der grünen Nebel erforschen möchte, braucht aber nicht nur die Kenntnisse der Abraxas-Magie, er braucht auch die besonderen magischen Kenntnisse des Maka'ara[G], das ist eine besondere Kenntnis im Bereich der magischen Praktiken.

(18) Die Abraxas-Magie erklärt, wie man mit den Zeiten umgeht, die Maka'ara-Magie erklärt noch zusätzlich, wie man mit den Raumgrößen umgeht.

(19) Die zweite Jenseitszeit ist das Zeitmaß im Jenseits. Nicht in allen Ebenen des Jenseits' gelten die gleichen Zeiteinheiten, aber in einer bestimmten Ebene bleiben sie gleich.

(20) Über all den vier Zeiten steht die Zeitlosigkeit. Diese ist nicht messbar, denn sie ist die Ewigkeit in Zeit und Raum. Kein Wesen, weder die Menschen noch die anderen Wesen, die in anderen Ebenen beheimatet sind, können diese Zeitlosigkeit erfassen. Das kann nur der Herrgott, Jesus Christus allein, meint die Marquesa Antonia Contanta. Im magischen Denken befassen wir uns aber mit der Ewigkeit und der Unendlichkeit des Raumes sowie mit den Reisen durch Raum und Zeit.

Marquesa Antonia Contanta war eine Eingeweihte aus dem Schlangenkult, so wie Basilides beziehungsweise Hermes Trismegistos. Die Marquesa war maßgeblich bei der Mitherstellung des `kleinen Handbuchs über die geheimwissenschaftlichen Tempelritter´(Q) beteiligt. Neben dem Orden der Tempelritter gibt es noch weitere.

Der eine Orden, nämlich die der Tempelritter, der sich auf dieses Wissen bezieht, ist, wie bereits erwähnt, seinerzeit von den Zisterziensern ins Leben gerufen worden. Ein anderer ist der Rosenkreuzer-Orden, und dann gibt es noch die bekannte Loge der Freimaurer. Diese Eingeweihten werden oft als `Illuminaten´ bezeichnet. Um diese ranken sich seit jeher viele Verschwörungstheorien. Ob zu Recht oder Unrecht, wissen wir nicht genau. Denn wie jede Macht – und die kennzeichnet solche Logen sehr wohl - kann auch diese missbraucht werden. Ich bin der Meinung, dass man nicht grundsätzlich alle in `weiß´ und `schwarz´ eingliedern darf. Jedes Wissen, auch magisches Wissen, ist immer neutral.

Aufstieg 2012

Traumvision Anfang Jänner 2008

Ich hatte eine Vision eines Ortes in Italien. Dabei sah ich eine Gruppe Künstler und Philosophen, die sich an einem kalten Frühlingstag im Jahr 2012 in einer Pension einquartierten, so wie sie es schon seit Jahren getan hatten. Sie mochten diese Pension, die eigentlich eine alte Villa war, da sie dort ungestört waren. Ich erzähle die folgenden 4 Kapitel in der 3. Person, da ich selbst anscheinend nicht involviert war. Ich sah die Vision wie einen Film als Außenstehende.

Eine der Frauen hatte einen magischen Spiegel, den sie mit ihrer Freundin betrachtete. Einmal sahen die Frauen im Spiegel einen klaren Tag. Dann entdeckten sie sich selbst und einige andere Menschen, die in der Pension wohnten. Der Spiegel stellte die Personen dar, als diese sich im Innenhof der Villa aufhielten und von oben eine Lichtgestalt herunterschwebte. Die Lichtgestalt war weiblich und ähnelte einer der vielen Madonnenfiguren. Sie schwebte ein Stück in der Luft. Dann verschwand die Erscheinung im Spiegel wieder, und die Frauen - sie hießen Antonia und Anna - schauten nur mehr in ihr eigenes Spiegelbild.

Anna sah Antonia wissend an und sagte nichts. Beide wussten, was sie davon halten sollten, sie mussten nur auf die Zeichen warten.

Eines Tages war es soweit. Sie hatten die Angelegenheit schon fast vergessen, als sie sich an einem schönen Tag im Innenhof versammelten, wo sie hölzerne Gartentische aufgestellt hatten, um dort ein wenig den Tag zu genießen.

Da passierte es: Die Anwesenden konnten einen Lichtstrahl beobachten, der zu einer Lichtkugel wurde und schließlich Gestalt annahm. Antonia suchte Stabilität, so erschrocken war sie nun, aber Anna stand ihr mutig zur Seite. Alle hörten eine Stimme im Kopf, während sie gleichzeitig auf das Gesicht einer Madonna schauten, die sich immer klarer manifestierte.

„Ich erscheine euch in dieser vertrauten Gestalt. Mein Name ist `Bhindi-Lama´“, sagte das Lichtwesen.

Anna antwortete:
„Das ist ein mir unbekannter Name. Woher kommst du und wer bist du?“ Anscheinend hatte sie als Erste wieder 'Boden unter den Füßen'.

„Ich bin aus einer anderen Dimension, und ich bin eine von vielen `Wächterinnen und Wächtern des Lichttors´.
Mehr braucht ihr jetzt nicht zu wissen, und es ist auch nicht notwendig. Ich komme noch in diesem Jahr wieder und hoffe, dass ihr dann wieder hier seid, vielleicht mit einigen mehr, vielleicht auch nicht, denn das ist euer Wille!“, antwortete Bhindi-Lama.

„Wann wird das sein und was wird geschehen?“, fragte jetzt Antonia, aber die Antwort kam sofort in alle Köpfe:

„Ihr werdet die Zeichen genau sehen, und es wird dann eine Wanderung durch das Tor geben – wenn ihr wollt, nur wenn ihr wollt!“

„Sollten wir?“, fragte Anna etwas naiv, denn der Vorschlag, durch das Lichttor zu gehen, war sicher nur zum Vorteil für sie alle gedacht.

„Das ist eure Entscheidung, aber allein die Verstrahlung hier macht eine Dimensionswanderung für viele Menschen sehr günstig. Leider gilt das Angebot nur für einen Teil der Menschheit", antwortete Bhindi-Lama und fügte noch hinzu:

„Ihr alle hier an diesem Ort werdet genau wissen, wann es soweit ist, und dann kommt wieder zu dieser Kapelle, wenn ihr euch entschieden habt!"

Anschließend löste sich die Gestalt langsam in einem Wirbel eines silbrigen Lichtes auf, und die kleine Menschengruppe stand noch eine Weile still und reglos da. Alles Weitere geschah wortlos. Erst spät am Abend, als sich alle zum Essen versammelten, kam das Ereignis wieder zur Sprache, und alle fragten sich, ob das wohl real gewesen sei und wenn ja, ob sie wirklich die Zeichen sehen könnten. Sie fragten sich, ob die Verstrahlung der Erde tatsächlich so weit fortgeschritten sei, denn die Medien berichteten nichts davon. Der technische Fortschritt wurde – wie schon seit vielen Jahren und Jahrhunderten – in den Himmel gehoben, und alle Skeptiker, die auf die Nebenwirkungen der Technik, wie Mikrowellen und Handymasten aufmerksam machten, wurden als `Negativdenker´ sofort diskriminiert. Auf diese so genannten `negativen´ Seiten der technischen Errungenschaften wurde dann nicht mehr näher eingegangen.

Im November ging Antonia mit Anna wieder in das Zimmer mit dem Spiegel, und sie setzten sich lange vor ihm hin. Und schließlich sahen sie etwas! Im Spiegel erblickten sie wieder einen Platz. Der Ort war der Hof vor der Hauskapelle, und sie sahen, wie die Erde mit Schnee bedeckt war. Sie bemerkten einen kalten, hellblauen Winterhimmel, der aber klar und sonnig zu sein schien. Der Himmel verfärbte sich bald grünlich, und dann manifestierte sich langsam wieder eine Lichterscheinung, bei der es sich um Bhindi-Lama handeln konnte. Anschließend verschwand die Gestalt wieder. Aber sie erblickten noch ein Datum am Firmament: Es war der 21 Dezember 2012! Daraufhin verschwanden diese Erscheinungen, und sie sahen alsbald nur ihre eigenen Spiegelbilder.

Anmerkung der Autorin:

In der praktischen Magie wird oft mit Spiegeln gearbeitet. Er funktioniert ähnlich wie eine Kristallkugel, die man ebenfalls zum Hellsehen verwendet. Zum Beispiel beschreiben Franz Bardon in `Der Weg zum wahren Adepten´ und Ansha in `Heilen durch weiße Magie´ viele dieser Praktiken.

Am Abend wurde dieser Vorfall besprochen – und siehe da, alle, nicht nur Antonia und Anna, hatten dieses Datum im Kopf. War es zufällig der Tag der längsten Nacht des Jahres, und war dieser Tag nicht immer ein großes Fest der Kelten gewesen?

Kurze Zeit später waren sich aber alle nicht mehr sicher. Die ganze Welt schien unverändert. Niemand sprach von einer Zeitenwende, so wie noch vor ein paar Jahren, und niemand anderer als Anna schien irgendein Gefühl für einen Transformationsprozess[G] zu haben. So bereiteten sie alle wie gewohnt das Weihnachtsfest vor und planten dementsprechend, so als ob nichts geschehen würde. Sowieso war das Ganze sehr unbestimmt und irreal, und schließlich stand für niemand überhaupt eine Entscheidung fest. Selbst wenn sich vor ihnen ein Tor eröffnen würde, ein Lichttor in eine andere Dimension, in eine angeblich bessere, würden sie es wagen, diesen Weg zu beschreiten?

Aber gerade zu jener Zeit spitzten sich tragische Ereignisse zu, die ihre Ansichten dazu schnell änderten. Nachdem es schon einen Terroranschlag in Deutschland und einen in Moskau gegeben hatte, gab es einen weiteren großen Anschlag in Rom. Der Vatikanstaat wurde angegriffen, und der Petersdom wurde mittels eines Selbstmordattentats bis auf die Grundmauern vernichtet.

Durch die ganze Welt ging ein Aufschrei. Alle waren fassungslos,
selbst Nichtchristen waren schockiert. An ein friedvolles
Weihnachtsfest war jetzt nicht mehr zu denken. Die Gruppe saß
ratlos in der Villa, und alle warteten. Völlig passiv geworden,
blickten sie alle nur mehr zurück auf ihre Vergangenheit. Niemand
machte mehr ein Programm für eine zukünftige Tätigkeit. Dann
wurde ein weiterer Terroranschlag für den 24. Dezember 2012
angekündigt. Dieselben Terroristen, die für die vorhergehenden
Anschläge verantwortlich waren, würden diesmal ein
Atomkraftwerk sprengen und so einen Supergau verursachen. Die
ganze Welt war von der Drohung betroffen, aber nach kurzer Zeit
wurde diese Drohung wie üblich `weggespielt´.

Am Tag des 21. Dezember 2012 gingen sie in der früh
angebrochenen Winterkälte in den Innenhof vor die Kapelle, denn
sie wollten warten, ob nicht doch etwas, wie angekündigt,
passieren würde. Sie hatten sich einen Tisch und Bänke hingestellt
und warteten, aber nichts geschah. Es wurde dämmrig und noch

immer geschah nichts. Es wurde dunkel und sie tranken Weihnachtspunsch, um sich zu erwärmen und fingen schließlich an, Lieder zu singen.

Annas Augen glitzerten, selbst in der Nacht, und ihre Haut war hell, aber rosig. Sie blickte dabei weit in die Ferne. Alle starrten in den Nachthimmel. Es war eine klare Winternacht, und man sah die Sterne leuchten. Es schien, als würden diese immer größer werden.

Und plötzlich, nachdem schon alle beinahe vergessen hatten, dass sie auf ein ganz spezielles Ereignis warteten, schien es, als fiele ein Stern vom Himmel, und der Stern schwebte vor der Kapelle und wurde größer und größer. Plötzlich wurde der Himmel klar und hellblau wie am Tag. Man sah die Sterne und den Mond nicht mehr, der Himmel tönte sich langsam in ein seltsames Grün, und der gefallene Stern verwandelte sich in eine Lichtfigur: Es war Bhindi-Lama!

Sie lächelte: „Seid ihr bereit mitzugehen?"
„Was wird hier geschehen?", fragten sie.
„Ihr wollt wissen, was hier in drei Tagen geschehen wird?", fragte Bhindi-Lama zurück, und antwortete:
„Ihr müsst euch jetzt entscheiden, ohne zu wissen. Wenn ich es wüsste, dürfte ich es euch nicht sagen. Ich weiß es, ja, aber es ist immer alles möglich."

Anmerkung der Autorin:
Wie schon beschrieben, gibt es ja immer mehrere Möglichkeiten, so wie es auch mehrere Zeiten gibt. Ein Hellseher sieht meistens nur eine Möglichkeit. Wenn man sich allerdings für ein anderes `Zeitgleis´ entscheidet, ändert sich auch die Zukunft.

Sie sagte weiter:
„Ihr habt die Chance, jetzt mit mir zu kommen, und ihr könnt nichts mitnehmen, nur das, was ihr anhabt."

„Was wird dort sein?", fragten wieder mehrere Anwesende.

„Ihr braucht keine Angst zu haben. Es wird alles so sein wie hier. Wie soll ich euch das erklären? Es ist, als ob die Erde selbst einen Zwilling hätte, und so ist es auch in etwa, nur in einer höheren Dimension. Es ist also die gleiche Erde, aber ihr werdet viele Tiere und Menschen, die ihr von hier kennt, nicht mehr sehen, denn es gibt genug, die sich entschieden haben und noch entscheiden werden, hier zu bleiben. Soviel kann ich euch aber schon sagen:

Die meisten technischen Anlagen werden verschwunden sein, aber nicht alle. Ihr braucht diese auch nicht mehr. Zum Beispiel werdet ihr keine Handys mehr brauchen. Ihr werdet telepathisch sehen und hören. Dadurch braucht ihr auch kein Fernsehen mehr. Ihr braucht auch keine Autos und Züge mehr. Ihr werdet zwar noch nicht so schweben können wie ich, dennoch braucht ihr keine Flugzeuge. Ihr werdet kleine Geräte haben, die schweben können, und das sehr schnell. Schnell oder langsam, wie ihr wollt, und die Energie ist dort freundlich und kostenlos. Ihr werdet keine Unfälle haben, denn diese Geräte sind wie kleine Flugscheiben und werden euch durch ein Magnetfeld schützen. Sie fangen euch bei Beschleunigungen wie durch ein Netz auf und schützen euch vor Hitze und Kälte."

„Warum kannst du dann ohne irgendein Gerät schweben?", fragte die Gruppe.
„Ich bin aus einer noch höheren Dimension.", antwortete sie.
„Bist du so etwas wie ein Engel?", fragte die Gruppe wieder.
„So etwas Ähnliches, ja. Ich bin zumindest in einer so hohen Dimension, dass ich nicht mehr in die Selbstsucht verfallen kann. Ihr seid noch Menschen. Aber es gibt viele `Himmel´, so wie ihr es sagt.", erklärte Bhindi-Lama und lächelte.
Sie sagte weiter:
„Ihr könnt mir vertrauen. Aber es ist euer Recht, zu zweifeln, das ist sogar gut so. Zu oft seid ihr in die Falle gelockt worden."

„Kannst du uns noch mehr erzählen?", fragte Anna und Bhindi-Lama antwortete:

„Nein, ihr habt die Zeit nicht mehr, und die Energie hier kann ich nicht mehr allzu lange halten, sie macht mir schwer zu schaffen... allerdings... Soviel noch: Ihr werdet dort nicht mehr unter diesen extremen Temperaturschwankungen leiden. Durch die neue Energiegewinnung müsst ihr euch vor keiner Atomkatastrophe mehr fürchten, und durch die hohe Bewusstheit der Rasse, die in Zukunft auf dieser, sagen wir `Zwillingserde´ leben wird, werdet ihr kaum zu befürchten haben, dass es einen Atomkrieg oder überhaupt einen Krieg geben wird. Es wird natürlich nicht von einem Tag auf den anderen alles Liebe und Licht sein, aber ihr seid Anwärter darauf, in diese Schwingung zu kommen.

Jene Menschen und anderen Wesen sind auf euch vorbereitet. Ja, es gibt schon Menschen dort. Die alten Mayas sind auf der neuen Erde und viele Tibeter, sowie andere Völker, die auf der Erde ausgestorben oder fast ausgestorben sind, wie Stämme der Ureinwohner Australiens und der Mongolei und das antike Volk der `Hyperboräer´(G) aus dem Norden, sowie der von Thule, Lemurien, Mu, Atlantis und Agartha.

Sie haben Wohnsitze für euch gebaut, die jetzt noch leer stehen. Sie werden euch gefallen, denn sie sind aus echtem Holz und Stein. Die Wälder wurden bei ihnen nicht gerodet, und sie haben mehr als genug davon. Sie haben alles, was sie brauchen. Sie leben vegetarisch und haben Pflanzen, die ihr nicht kennt, und die ihnen hochwertiges Eiweiß und Mineralstoffe liefern. Sie haben keine Haustiere als Arbeitstiere, denn sie brauchen keine Fleischrinder und keine Milchkühe, sie brauchen auch keine Schweine, ja nicht einmal Hühner. Sie haben köstliche Ei-artige Produkte aus Pflanzen, die herrlich schmecken, sowie Pflanzen, die eiweißartige Substanzen liefern, die wie Meerestiere schmecken.

Das heißt, sie essen nicht einmal Fisch, denn das sind auch Tiere. Ich könnte euch noch vieles erzählen, was anders ist. Aber ein wichtiges Kapitel ist die Gesellschaftsform:

Es gibt eine Art Demokratie mit dem Schwergewicht auf den `Rat der Alten´, der sich aus Frauen und Männern gleichermaßen zusammensetzt. Jede Meinung wird respektiert. Es gibt keine großen Religionen. Jeder glaubt seinem Erkenntnisstand gemäß und ist bemüht, sich zu entwickeln. Jede politische Entscheidung wird überprüft, ob sie auch wirklich im Sinne der reinen Liebe und Weisheit geschieht. Männer respektieren die Frauen und umgekehrt. Es wird sehr liebevoll miteinander umgegangen. Da jeder nach seiner Berufung und nach seinen eigenen wirklichen Interessen und Begabungen leben kann, gibt es keine Gier und keine Machtspiele. Es gibt auch kein Geld. Jeder arbeitet das was er will und soviel er will. Alles, was ein Mensch aus seiner Arbeit anderen zur Verfügung stellen will, und das ist unglaublich viel, wird in großen Lagern gratis angeboten.

Kein Mensch ist besser oder schlechter als der andere, und das wissen hier alle. Auch der `Rat der Ältesten´ weiß, dass sie ohne den anderen nicht leben können und ihr Teil genau soviel oder wenig wert ist, wie die Arbeit eines jeden anderen.

Dann zeigte sie zum Himmel, von wo sich eine Lichthöhle öffnete, die ähnlich aussah, wie man es in manchen Fantasy-Filmen sehen kann und sagte:

„Ich warte auf eure Entscheidung. Kommt ihr?"

Anna ging näher zu ihr hin und sagte:
„Ich komme."

Es folgte Antonia und dann gingen alle Anwesenden durch das Tor. Bhindi-Lama folgte zuletzt. Nach dem Tor war eine

Lichthöhle, und ein langer spiralförmiger Wirbel raubte ihnen vorübergehend die Sinne.

Vor sich sahen sie schon die blau leuchtende alte Erdkugel wie aus einem Raumschiff. Mit rasender Geschwindigkeit gelangten sie immer weiter weg und sahen nun die Landschaft der neuen Erde wie aus einem Flugobjekt, bis sie durch ein Magnetfeld abgebremst wurden und sanft auf einem Grashügel landeten.

Sie standen noch etwas wacklig auf den Beinen. Es war taghell. Bhindi-Lama verabschiedete sich nach einigen Erklärungen und Informationen und war dann wieder schnell in ihre Dimension entschwunden.

Der Himmel war lila, und die Luft war rein und von einer angenehm warmen, aber nicht heißen Temperatur. Dann nahmen sie wahr, dass sie von einem Kreis von Menschen umringt waren, die näher und näher kamen und dann einige Meter vor den Neuankömmlingen stehen blieben.

Diese Menschen blickten sie freundlich an. Sie lächelten, und dabei konnte man ihre hellen Augen deutlich erkennen. Sie trugen lange weiße Gewänder, Frauen und Männer waren gemischt, und ein Paar unter ihnen, eine weißhaarige Frau mit langen Haaren und ein ebenso weißhaariger Mann mit einem langen spitzen Bart traten noch näher heran und streckten der Gruppe zum Gruß beide Hände entgegen.

Die neue Welt

Traumvision im März 2008

Es waren bereits 3 Jahre vergangen, und die neu angekommene Gruppe und alle, die in diese Welt durch andere Wächterinnen abgeholt worden waren, hatten sich sehr schnell an diese noch reine Atmosphäre gewöhnt. Ein leichter Schleier des Vergessens hatte sich über das Trauma der Trennung von der alten Erde geschoben, und im Angesicht der klaren Schwingung auf dieser neugeborenen Erdkugel empfand niemand Trauer darüber. Es war von jedem letztendlich eine freie Entscheidung gewesen, ob sie mitkommen wollten oder nicht.

Bhindi-Lama hatte den Menschen damals noch etwas gesagt, bevor sie sich verabschiedet hatte:

„Ab jetzt habt ihr auch eine andere DNS.[(G)] Es werden euch ab jetzt 12 Stränge gegeben, statt der üblichen Doppelhelix[(G)], die ihr auf Erden hattet. Vor eurem Abstieg auf die Erde hattet ihr auch 12 DNS-Stränge. Mit dieser Wiederherstellung eurer DNS habt ihr auch gleichzeitig die Möglichkeit, alle 144 Chakren[(G)] zu öffnen, die aber noch blockiert sind."

Nach Angaben vieler Hellsichtigen und vieler Lehren, besonders der aus Indien, gibt es nach aktueller Lehre sieben offene Hauptchakren, das sind Energiewirbel, denen verschiedene Drüsen und Begabungen zugeteilt sind. Manche Seher behaupten, es gäbe in der Zwischenzeit schon 12 geöffnete Chakren, was bei einigen Menschen durchaus der Fall sein könnte. Einige Medien, die mit aufgestiegenen Meistern Kontakt halten, meinen, dass in Zukunft 12 x 12, also 144 Chakren geöffnet werden. Aufgestiegene Meister sind Erleuchtete, die bereits in eine andere Dimension aufgestiegen sind, aber einst auf dieser Welt tatsächlich gelebt haben. Es gibt viel

Literatur dazu, zum Beispiel von Tatyana Nikolaevna Mickushina in ihrem Buch `Aufgestiegene Meister zum Karma´(Q)

Sie hatte erklärt:
„Wir haben das mit Absicht gemacht, andernfalls würde euch die plötzliche Öffnung eures Potenzials regelrecht umbringen. So haben wir euch Kristalle eingebaut, die wir aber nach und nach entfernen werden."

Die anwesenden Menschen schauten sie fragend an und sie sagte deswegen noch:

„Der Engel Metathron(G) hat auch schon in der `alten Welt´ einen Hinweis gegeben. Es ist ein Symbol, das ihr `Metathrons Würfel´ nennt. Dieser beinhaltet wiederum alle Figuren der `heiligen Geometrie´, das sind die `platonischen Körper´(G). Er ist eigentlich ein Vielflächner. In Metathrons Würfel erkennt man auch das `Rad des Lebens´, den `Baum des Lebens´ und die `Blume des Lebens´.
In der `Blume des Lebens´, die aus ineinander überkreuzenden Kreisen besteht, sind wiederum alle Formen des Universums enthalten."

Bild: Blume des Lebens – Mischtechnik, gemalt von Eva Lene Knoll

Jedenfalls streckte sie die Hand aus und erklärte weiter:
„Diese zwei ineinander gesteckten Dreieckspyramiden bilden
einen Vielflächner, den man auch `Sternenträger´ nennt! - Seht!"
Dabei ließ sie in ihrer Hand ein Bild erscheinen - ein Hologramm(G)
dieser geometrischen Figur. Er war wie ein multidimensionaler
Stern. Interessante Literatur habe ich hierzu in Buchhandlungen
gefunden, zum Beispiel `Blume des Lebens´, 2 Bände, von
Drunvalo Melichizedek(Q).
Sie sagte:
„Metathrons Würfel beinhaltet nicht nur den Sternenträger, der
zweidimensional gesehen als `Davidsstern´ bekannt ist, sondern,
wie schon erwähnt, auch die weiteren fünf platonischen Körper,
wie zum Beispiel den Würfel, den Tetraeder und den Oktaeder,
und in dieser heiligen geometrischen Figur verbirgt sich das
Geheimnis aller Formen.

Visualisiert diesen Vielflächner und denkt über die hermetische Physik(G) nach!

Um die Merkabah(G), euer Energiefeld, optimal zu aktivieren, stellt euch vor, dass ihr im `Sternenträger´ steht. Diesen Sternenträger stellt euch dreifach vor, einen für den Körper, einen für die Seele und einen für den Geist.

Dabei lasst ihr die eine Figur nach rechts drehen, die andere nach links und die dritte Figur, die für den physischen Körper steht, dreht sich gar nicht, sondern bleibt stabil. Wenn ihr das genügend visualisiert habt, wird euch das helfen, eure Chakren schneller zu öffnen.

Was dann entsteht, ist ein Kraftfeld, das als `Merkabah´ bezeichnet wird. `Bah´ heißt auch `Fahrzeug´. Die aktivierte Merkabah erinnert tatsächlich an eine `fliegende Untertasse´, wenn man sie sieht.“

Vielleicht sahen viele Menschen, die vermeintlich UFOs sahen und die sich gerade in einen anderen Bewusstseinszustand befanden und feinstofflichere Antennen hatten, die Merkabah eines Wesens? Die Anwesenden bedankten sich für diese Informationen.

”Wir haben euch schon öfter durch Symbolik Hilfestellungen gegeben”, erklärte Bhindi-Lama, und weiter:

„In gewissen alten Schriften, die ihr als `heilig´ bezeichnet, haben wir Codes versteckt. Ihr hättet nur lernen müssen, diese zu begreifen, und ansatzweise habt ihr verstanden, die Schriften zu entschlüsseln.“

„Gehört der Bibelcode zu diesen `Schlüsseln´, wie man es eine Zeit lang vermutet hat?“, fragte ein Anwesender und Bhindi-Lama antwortete darauf:

„Ja, aber diese `Schlüssel´ gibt es nicht nur in der Bibel, sondern auch in anderen `heiligen Schriften´ und nicht nur in Schriften, auch auf Monolithen(G), auf die höher entwickelte Wesen für die Menschen Hinweise eingraviert haben. Ebenso gibt es in der Natur solche Codes. Allerdings erfordert es große Weisheit, diese

`Schlüssel´ zu entdecken, um das, was geschrieben steht, zu verstehen."

Bild: `Codes-Entschlüsselung aus Schriften´, Acryl-Filzstift, Eva Lene Knoll, 2009

Zur Erklärung: Auf dem Bild kann man erkennen, dass man diagonal, senkrecht und waagrecht in einem Text etwas lesen kann, wenn man die Buchstaben zusammenreiht (entweder jeden 1., 2. oder 3. Buchstaben usw.; es gibt auch kompliziertere Reihen, siehe auch Michael Drosnin, `Der Bibel Code´[Q]. Solche Texte kann man meist nur anhand eines Computerprogramms entschlüsseln.

Es wird aber noch komplizierter: In diesem Bild habe ich noch dargestellt, dass man auch nach hinten oder von hinten nach vorne, quer oder gerade, Buchstabenreihen entdecken kann! Stellen Sie sich vor, Sie stechen mit einer Nadel durch das Buch und lesen dann aufgrund der Löcher die Buchstaben! Normalerweise stellt man dies in einem Computerhologramm dar. Michael Drosnin hat sich im oben erwähnten Buch nur mit der Bibel beschäftigt, und zwar mit der hebräischen Ausgabe und ohne Abstand zwischen den Wörtern zu beachten. Ich bin überzeugt, dass man auch in anderen heiligen Schriften solche Codes finden kann. Das Beispiel, das ich gezeichnet habe, ist allerdings nur ein erfundener, ganz gewöhnlicher Text von mir, den ich lediglich zur Veranschaulichung erstellt habe.

Es gibt auch Literatur bezüglich verschlüsselter Codes. Bekannt ist vor allem `Der Bibel Code´ von Michael Drosnin[Q]. Eine besondere Art, Codes aus der Natur zu entschlüsseln, ist es auch, die Zeichen und Omen verstehen zu lernen, zum Beispiel zu sehen, was man aus den eigenen Beobachtungen erkennt. Besonders im Schamanismus, auf den ich später noch genauer eingehe, wird das gelehrt. Auch unsere europäischen Mysterienschulen weisen darauf hin, unter anderem die Lehre von Rudolf Steiner `Die Geheimwissenschaft im Umriß´.[Q] Ein neueres Buch von Christiane und Kaya Müller mit dem Titel `Wie man die Zeichen liest – eine Einweihungspsychologie´ beschreibt ebenfalls, wie man verstehen lernt, Zeichen und Omen aus der Natur zu lesen [G]

Dann fügte sie noch hinzu:
„Diese Decodierung der Schriften sind schon deshalb nicht gelungen, weil ihr nur auf eine zweidimensionale Technik zurückgegriffen habt. Die Mathematiker nahmen zwar Computerprogramme zur Hilfe, hätten aber diese Schriften wie ein Hologramm in Blockform grafisch darstellen sollen, also dreidimensional. Von diesem Block ausgehend, hätten sie den Schlüssel dreidimensional und nicht nur zweidimensional benutzen können."

Viel mehr erklärte sie ihnen nicht, denn die umstehenden Menschen hatten sowieso nur das Wenigste verstanden. Es würde noch lange Zeit brauchen, um die Geheimnisse der Natur zu begreifen. Aber mit jedem Öffnen eines neuen Chakras kam es bei den Menschen zu einem sogenannten `Aha´-Erlebnis.

Diese Welt, auf der sie nun waren, war wirklich sehr ähnlich aufgebaut wie die Erde. Sie war wirklich wie eine Zwillingserde. Das Klima war nicht so extrem, da die Sonne den Planeten gleichmäßiger bestrahlte, das Wasser war klar und rein, und der Himmel war lila statt blau.

Es gab bei Weitem nicht so viele technische Anlagen hier, zumal die Menschen sie gar nicht in dem Maße brauchten, wie in der vorigen Dimension. Nach kurzer Zeit beherrschten fast alle die Telepathie, wenn sie sich fest auf eine Sache konzentrierten. Telefone und Faxgeräte brauchte man also nicht, und das Internet war auch hinfällig, da sie zu allen Informationen durch den mentalen Weg bildlichen Zugang hatten. Allerdings fiel es den meisten Menschen noch leichter, sich auf verbale Weise mitzuteilen, und das war auch einer der Gründe, warum es noch `Botschafter´ und Mediatoren(G) gab.

Es gab keine Kriege und daher auch keine Kriegstechnik, aber die technischen Errungenschaften hier ermöglichten einen globalen Reiseverkehr mit größeren Gefährten oder Luftschiffen, die durch ein spezielles Kraftfeld geschützt und gesteuert wurden. Ebenso wurde anstatt der Elektrizität diese Quelle für die Versorgung von Wärme, Licht und vielem mehr benutzt. Durch diese fast kostenlose Energiequelle, die auf der alten Erde noch unbekannt war und durch ein magnetisches Kraftfeld, konnten sich alle auf kürzeren Strecken auch mittels Flugscheiben bewegen, die so durch einen `magnetischen´ Mantel geschützt waren, sodass es keinen Unfall gab. Auf langen Strecken und für größere Transporte von Waren und Personen benutzten sie die oben erwähnten Fluggeräte, welche auf gleiche Weise funktionierten. Die Umwelt wurde durch diesen Verkehr nicht verschmutzt und kaum belästigt, da es auf diesen Planeten auch wesentlich weniger Menschen gab, und die, die reisen wollten, doch sehr oft nur ihre

Flugscheiben benutzten. Es gab aber auch Tiere, die dieses Kraftfeld nutzen konnten. Als Beispiel seien `Pegasus´-Pferde genannt.

Die Architektur der Bauten war kunstvoll und meist aus natürlichem Material gebaut, vor allem aus Holz und Steinen. Die Bevölkerungsdichte war, wie schon oben erwähnt, sehr gering, und daher gab es keinen Nahrungsmangel. Die Vegetation war üppig, und es gab auch keinen Mangel an Bauholz. Geheizt wurde ebenfalls über dieses Kraftfeld, das dem Magnetismus gleichkam. Natürliches Feuer wurde hauptsächlich zum Räuchern und als Kerzenlicht verwendet. Mit `Räuchern´ meine ich nicht Fleisch räuchern, sondern räuchern mit Weihrauch, Myrrhe, Salbei, Rosmarin, Lavendel und anderen Kräutern.

Auf dieser Welt gab es keine Schwingungen von Neid, Habgier, Geiz und Missgunst. Alle hatten genug und konnten so leben, wie es ihren Talenten entsprach. Niemand musste arbeiten, aber jeder trug etwas für die Gemeinschaft nach seinem eigenen Interesse und seiner eigenen Energie bei. So gab es viele, die sich gerne und mit Leidenschaft handwerklich betätigten, andere wieder sorgten gerne für die Lebensmittel und deren Zubereitung und wieder andere sorgten für gute Schwingungen und Heilenergien, und manche von ihnen gaben diese Fähigkeiten anderen weiter, sodass sie als Lehrer fungierten.

Dann gab es noch Geschichtsschreiber und Künstler und natürlich Forscher, Naturwissenschaftler und Menschen, die sich nur mit Geisteswissenschaften befassten. Die einen lebten ihre Fähigkeiten und Talente in hohem Maß aus, die anderen nicht. Es gab auch einige, die fast gar nichts machten, und sie mussten auch nichts machen, wenn sie nicht wollten. Es war genug für alle da: Nahrung, die niemals tierischen Ursprungs war, Kunstgegenstände und Möbel, Stoffe und Kleider, die übrigens auch aus den edelsten Naturmaterialien gewirkt und gewebt waren, Gebrauchsgegenstände und Genussmittel. Was die

Genussmittel betraf, wie Kaffee, Tee und Wein, muss extra erwähnt werden, dass es hier auf dieser Welt zu keinem Suchtverhalten kam, denn das Gehirn funktionierte hier ebenfalls anders, was die Schaltzellen und die Ausschüttung der Hormone betraf.

Alles, was produziert wurde und über den Eigenbedarf und den Bedarf der Familie hinausging, wurde in große Lagerhallen befördert und jeder, der Bedarf an irgendeiner Ware hatte, brauchte sie nur zu holen. Man musste nur die Art der Ware und die Menge dem Verwalter mitteilen, der das dann schriftlich festhielt. Solche Leute, die organisierten und verwalteten, gab es natürlich auch. Das waren Persönlichkeiten mit besonderer Gabe zur Ordnung und Talent für Zahlen. Das war notwendig. Auch wenn es an nichts mangelte, wenn nicht eine gewisse Verwaltung des Haushalts organisiert wurde, würde es zu einer unabsichtlichen Verschwendung von wertvollen Materialien kommen und damit zu einem Raubbau, den es auf jeden Fall zu verhindern galt. Es wurde – im Gegenteil – sorgfältig darauf aufgepasst, dass nicht zu viel Vorrat der Erde weggenommen wurde, auch in Bezug auf die Landwirtschaft, so wie es bei uns beim biologischen Anbau in der `Dreifelderwirtschaft´ gehandhabt wird oder wurde. Bei einer Dreifelderwirtschaft liegt immer ein Feld brach, um sich wieder zu `erholen´.

Automatisch kamen hier nur so viele Kinder zur Welt, wie es für die Gesellschaft optimal war. Die Geburtenregelung wurde mental durch eine höhere Instanz geregelt, die in der nächsthöheren Dimension lebte. Frauen und Männer waren gleichberechtigt, da sie aufgrund ihrer edlen und liebevollen Gesinnungsweisen alles tun und lassen konnten. Weder kam es aus diesem Grund zu Unstimmigkeiten, Ängsten oder Minderwertigkeitsgefühlen, noch zu Neid und Eifersucht, diese negativen Schwingungen gab es hier nicht, zumindest nicht auf Dauer. Dafür sorgten ganz besonders die Heiler und Priester in dieser Dimension.

Jeder war in der Gesellschaft eingebunden, ohne dass es wirklich eine Hierarchie gab. Die politische Struktur war weder hierarchisch noch anarchisch. Es gab auch keine wirklichen Regenten. Wenn es um eine allgemeine Entscheidung ging, die die Gesellschaft betraf, dann entschied das `der Rat der Alten´. Der Rat bestand aus gewählten Frauen und Männern, die über größte Erfahrungen in Expertenfragen verfügten und die dadurch die Repräsentanten des Volkes bildeten. Von diesen wiederum wurde dann eine Frau oder ein Mann gewählt, die oder der das Volk repräsentierte, aber jederzeit wieder durch eine andere Person ersetzt werden konnte, wenn die Mehrheit das so wollte.

Es fanden viele Feste statt, denn auf das wurde sehr viel Wert gelegt. Man kam so miteinander in Kontakt und konnte sich in seiner `Rolle´ in die Gesellschaft einbringen. Jedem war klar, dass jedes Wesen nur eingebunden in der Gesellschaft leben konnte, je harmonischer, umso glücklicher, und da es keine Schwingungen von Neid und Eifersucht gab, kam es immer wieder sehr schnell zu wahren Liebesbeziehungen, denn niemand war hinterhältig, niemand intrigierte und da sich jeder seines Wertes bewusst war, gab es auch keine Lügen, denn niemand musste sich anders darstellen, als es seinem wirklichen Wesen entsprach. Jeder war gleich wert, ob es nun einer der Räte war oder ein normaler Bürger.

Liebesbeziehungen wurden in dieser Welt zwar nicht unbedingt in der Form von offenen Beziehungen gehandhabt, zumindest meistens nicht, aber schon aufgrund der Langlebigkeit hier, war es eher so, dass es Partnerschaft auf Zeit gab. Allerdings, wenn sich ein Seelenpaar fand, konnte die Liebe ein Leben lang dauern, manchmal sogar noch über den physischen Tod hinaus.

Anna war auf diesem Planeten tatsächlich wieder jünger geworden, was das biologische Alter betraf. Sie sah nicht älter aus als Ende dreißig. Nur ihre weißen Haare verrieten, dass sie sehr viel älter sein musste.

Sie erinnerte sich an das Jahr 2012, als sie auf dieser Zwillingserde angekommen war. Sie war umringt gewesen von einem Kreis Menschen. Die älteste Frau und der älteste Mann dieses Kreises waren auf sie zugekommen und hatten zum Gruß die Hände gereicht. Seitdem empfand sie sofort die Worte, die sie sprachen – lautlos – rein mental. Es war die normale Form von Telepathie in dieser Gesellschaft. Es waren freundliche, beruhigende Worte, die die Menschengruppe hieß, mitzukommen. Ihnen sollte die neue Welt gezeigt werden. So viele neue Eindrücke hatten sie und sahen soviel Neues, dass Sie es kaum erfassen konnten. Dann hatten die neuen Begleiter die Menschen in ein Haus eingeladen, in dem sie vorerst leben konnten. Es war sehr schön hier, und obwohl sie später eigene Häuser oder Wohnungen bekamen, würde Anna dieses erste Haus nie vergessen.

Schon die Architektur war ganz anders als auf der Erde. Das Haus war aus Holz, umkränzt von einem schattigen Wald, pagodenartig und kunstvoll geschnitzt, und grüne Pflanzen umrankten die Säulen. Die Architektur war offen, es gab keine geschlossenen Türen, denn das war nicht notwendig. Niemand ging ohne Erlaubnis über die Schwelle, und wendeltreppenartig schlangen sich Stufen bis zu einigen Stockwerken nach oben und erreichten damit die hohen Kronen der Bäume des Waldes. Die Einrichtung war einfach und kunstvoll zugleich, und Anna hatte ein großes Bett mit einer Wäsche, die so weich und zart und trotzdem kuschelig warm war, so wie sie es noch nie gesehen und erlebt hatte.

Sie war sehr müde gewesen in dieser ersten Nacht, und obwohl sie alle von dem Erlebnis sehr aufgeregt waren, schliefen sie sehr tief und fest, bis sie am Morgen von einem süßen Duft erweckt wurden. In einem gemeinsamen Speisesaal wurden feine Speisen und Getränke serviert.

Die freiwilligen Helfer, die für das Kulinarische zuständig waren, taten das sehr gerne. Sie freuten sich, neue Leute begrüßen zu können und gesellten sich dann gerne zu ihnen.

Es folgten viele Monate des Lernens. Nach einiger Zeit entschied Anna sich auch hier – so wie in ihrer alten Welt – mit Pflanzen und Kräutern zu beschäftigen und ließ sich über die einheimische Pflanzenwelt belehren.

Annas Haare wuchsen hier schnell, und sie trug sie noch länger als bisher. Bei der Arbeit hatte sie die Haare mit einem einfachen Lederband hochgebunden. Ja, es gab auch hier Leder, denn es gab alle möglichen Tiere. Da diese nicht gejagt wurden, starben sie eines natürlichen Todes. Auch die Menschen starben, den Tod gab es auch hier, wenn auch sehr spät. Die meisten wurden über 400 Jahre alt, manche wurden noch viel älter, aber es kam auch vor, dass ein Mensch in ein anderes Leben eintreten wollte, und dann ging er zum Sterben in die Natur.

Dort traten sie dann bei vollem Bewusstsein und ohne Schmerz in das jenseitige Leben. Das ist mit einem Freitod nicht zu vergleichen, denn sie gingen ja voll bewusst in eine andere Dimension des Lebens. Wenn sie noch nicht reif dazu waren, konnten sie auch nicht willentlich sterben beziehungsweise in die nächste Dimension übertreten. Das war aber nur selten der Fall, dass einer doch zurückkam, um hier noch eine Weile weiter zu leben und zu lernen, bis er endgültig von dieser Welt gehen konnte.

Bei der Arbeit mit den Pflanzen lernte Anna einen Heiler und Lehrer kennen, den sie sofort in ihr Herz schloss. Als sie ihn zum ersten Mal sah, bewunderte sie seine schlanke, aufrechte Gestalt. Er war groß und hatte warme, hellblaue Augen und einen hellen Teint mit rosafarbenen Wangen. Die langen weißen Haare, die er offen trug und die über seine Schultern hinunterfielen, ließen sein schmales Gesicht noch schmaler erscheinen. Er hatte ebenfalls lange, schmale Hände, und als sein Blick ihre Augen traf, ging ein Strahl von Herz zu Herz.

Von diesem Tag an sahen sie sich täglich, und das nicht nur, um miteinander zu arbeiten, aber das ist eine andere Geschichte.

Samara

Nur ein paar Tage später hatte ich eine Fortsetzung dieser Vision. Allerdings erlebe ich Fortsetzungsgeschichten in der anderen Welt nur selten. Es war eine etwas spätere Zeit in der neuen Welt, es könnten 50 Jahre Differenz sein oder aber mehr als ein paar Jahrhunderte.

Das Volk, bei dem Anna einst lebte, pflegte den Wald und das Wasser. Die Bewohner waren ganz besonders verantwortlich für die Erhaltung des Gleichgewichts in der Natur. Sie gaben das Wissen über die Geheimnisse der Pflanzen, die hier wuchsen und ihre Erfahrungen mit Steinen und Kristallen, an ihre Nachfahren weiter.

Zu dieser Zeit lebte dort das junge Mädchen `Samara´. Sie war Schülerin der Naturheilkunde und lernte viel über die Heilkräfte der Pflanzen, der Kristalle und auch des Wassers. Sie erfuhr auch, dass es gewisse Gesänge gab, die das Wachstum der Pflanzen beeinflusste und Gesänge, die die Reinigung des Wassers beschleunigten, und so wurde sie schon in jungen Jahren eine Gelehrte.

Sie wurde älter, und bald entwickelte sie sich zu einer schönen jungen Frau. Ihre Augen waren grün, und ihre Haare waren blond und seidig. Auch sie trug ihre Haare sehr lang, denn in dieser Welt, wie schon erwähnt, wuchsen Haupthaare ganz besonders schnell.

Samaras Haare fielen glatt und lang bis zu ihren Hüften. Nur von einem Diadem aus Silber, das mit Kristallen verziert war, wurde es über den Ohren zusammengehalten. Bei der Arbeit trug sie ihr Haar aber nur mit einem schlichten Band hochgebunden, so wie die Meisten.

Als Samara älter wurde, beschloss sie, auf Wanderschaft zu gehen. Sie befand sich in einem wichtigen Prozess, und alle waren damit einverstanden, denn sie wussten auch, dass dieser Loslösungsprozess für sie sehr wichtig war. So machte sie sich auf die Reise.

Es war eine Reise mit leichtem Gepäck, denn das, was sie zur Nahrung brauchte, war hier auf dieser Welt überall gratis zu haben. Auch Zimmer für Übernachtungen und Kleider zum Wechseln gab es überall. Zur Reinigung der Wäsche und des Körpers brauchte man auf diesem Planeten nur zwei besondere Kristalle, die man in einem bestimmten Winkel zusammenhalten musste. Damit wurde alles rein und klar, sogar Wasser. In diesem Fall wird das Wasser von `gewöhnlichem´ Schmutz gereinigt, also von Bakterien und Ausscheidungsprodukten wie Salzen, natürlichen Oxidationsprodukten, meist Metallverbindungen, Säuren und Basen.
Sie ging mit einem langen, wallenden Kleid aus grüner Seide und mit Sandalen aus Baumpflanzen bekleidet. Um die Hüften hatte sie einen Gürtel mit einem leichten Beutel, in dem sich persönliche Kleinodien befanden, und um die Schultern hatte sie eine Flugscheibe geschnallt. Die Flugscheibe benutzte sie nicht immer. Wenn sie sich in einer Gegend genau umschauen wollte, ging sie stundenlang zu Fuß. Die Flugscheibe selbst bestand aus einem ganz leichten Edelmetall, das wie Gold aussah. Dieses Metall gab es nur hier auf diesem Planeten innerhalb des Sonnensystems. So war die Flugscheibe extrem leicht, aber widerstandsfähig. Da sie wie Gold glänzte, sah Samara auf den ersten Blick aus, als hätte sie eine strahlende Aura um Kopf und Schultern.

Sie traf auf ihrer Weltreise viele Menschen und lernte vieles, mit dem sie in den vergangenen Jahren beim Waldvolk noch nicht in Berührung gekommen war.

Es verging ein Jahr und sie hatte schon viele Kontinente besucht und so manche Orte gefunden, zu denen sie gerne zurückkehren würde.

Eines Tages kam sie in ein Land, das von einem großen Meer begrenzt wurde. Es war sehr warm dort, aber die Meeresbrise ließ die Temperatur angenehm erscheinen. Die Atmosphäre auf diesem Planeten schützte die Bewohner vor den schädlichen Strahlen.[1] Man kannte hier keinen Sonnenschutz in dem Sinne - wie auf der alten Welt.

Die alte Welt war (ist) zwar ebenfalls durch einen atmosphärischen Mantel geschützt, auch wenn er durch das Ozonloch bereits nicht mehr so dicht ist, aber die UVA- und UVB-Strahlen kommen ziemlich ungehindert durch. Das sind ultraviolette Strahlen, die auf der neuen Erde durch die Atmosphäre besser gefiltert werden. Ein Teil der Strahlung ist jedoch lebensnotwendig, sowohl für Menschen als auch für Tiere und Pflanzen.

Die Menschen wohnten hier in Siedlungen, deren Häuser flach und rundlich gebaut waren. Die Mauern waren mit weißer Farbe gestrichen, und die Fenster und Vorgärten waren mit exotischen Blumen geschmückt. Die Architektur würde man auf der alten Welt `den maurischen Stil´(G) nennen, der sich dadurch auszeichnet, dass er durch westislamische Kunst- und Architekturform geprägt ist. Der maurische Stil ist aus der spanischen Herrschaft hervorgegangen, die aus Mauretanien (Arabien) stammte, als sich das Zentrum der Macht von Spanien nach Marokko verlagerte. Er zeichnet sich aus durch reich verzierte Bogenformen, Kuppeln und Wölbungen. Entlang der Promenaden gab es Palmenalleen, und Felsen waren so angeordnet, dass man darauf wie auf gemütlichen Sesseln sitzen konnte. Auch

---

[1]   Schädliche Strahlen sind nicht nur Röntgen- und andere Gammastrahlen, sondern auch UVA- und UVB-Strahlen.

Abstelltischchen aus Felsen befanden sich überall neben den Sesseln.

Die Menschen hier waren besonders freundlich, und sie hatten viel Humor. Lachen und Singen standen im Alltagsleben besonders oft auf dem Tagesplan.

Samara wurde von einer Familie eingeladen, bei ihnen zu wohnen. Sie nahm die Einladung gerne an und bekam gleich zwei Zimmer, die sie nach ihren persönlichen Bedürfnissen einrichten konnte.

Abends saßen sie gerne bei Kerzenschein und unter dem Licht der Sterne und der zwei Monde, die sie hier auf diesem Planeten hatten. Oft erzählten sie auf der Terrasse Geschichten von der alten und der neuen Welt; unter anderem, dass ihre Vorfahren auf der alten Welt in einem Kontinent namens `Gondwana´ gelebt hatten. Auf der `alten Erde´ sei das der südliche Erdteil gewesen. Dort, in Australien, waren sie die älteste Menschenrasse und hatten dunkle Haut und dunkle Haare, aber im Laufe des Lebens auf der neuen Welt wurden sie etwas heller.

Hier hatten sie meist braune bis rötliche Haare und einen hellbraunen Teint. Die Haare trugen sie meist zu einem kurzen oder langen Pagenkopf geschnitten, sodass ihr Aussehen an das der `alten Ägypter´ erinnerte. Die Frauen trugen lange wallende Gewänder oder sie trugen wie die Männer Hosen mit langen Tuniken. Die Männer hatten glatte Gesichter ohne Bärte.

Ab und zu kam es vor, dass auch nach dem Jahr 2012 nach der Zeitrechnung der `alten Erde´ Menschen ein `Tor´ zu der neuen Welt fanden. Meist waren es kleine Kinder, aber alle befanden sich in Begleitung von Wächterinnen und Wächtern des Lichttores wie Bindhi-Lama. Einmal, es waren wohl zwei oder drei Jahre, bevor Samara geboren wurde, kam ein Mann namens Sogyal-Li zu ihnen und überbrachte einer Familie zwei Kinder: Es waren ein Mädchen und ein Junge. Auch Sogyal-Li war ein Wächter des Lichttors und brachte diese Kinder in die neue Welt. Denn diese Kinder waren keine Eindringlinge, sie waren für die neue Welt noch bestimmt; ihre `Seelen´ haben sich dafür entschieden, in die nächste Ebene aufzusteigen. Alle, die sich dafür entschieden, in die `neue Welt´ zu kommen, durften durch das Tor treten. Diejenigen, die sich das zu spät überlegten, waren nicht reif für die neue Dimension und wären daher gestorben, denn Sie hätten den Prozess der Energietransformation, der dabei stattfinden musste, nicht überlebt. Der Wächter durfte sie nicht mehr durch das Tor lassen.

Allerdings gab es auch Ausnahmen, besonders bei den Kindern. Das zu sehen, war die Aufgabe des Wächters. Ein Lichtwächter begleitete die Menschen durch ein Tor und half ihnen, es überhaupt zu finden und zu sehen, und ohne seine Begleitung konnten sie nicht durch die Tore gehen, von denen es allerdings sehr viele in der ganzen Welt verstreut gab.

Meistens befanden sich die Tore an den `Kraftorten´, die eine besondere Ausstrahlung hatten. Kraftorte sind Plätze mit besonders starken energetischen Feldern, die schon alte Eingeweihte nutzten. Dort wurden meist religiöse Plätze errichtet, bei den Schamanen genauso wie bei den späteren Kirchen- und Tempelgründern. Sehen können diese Felder meist nur Hellsichtige, aber mit nur einigem Einfühlungsvermögen vermag jeder Mensch zu spüren, wo sich so ein Kraftplatz befindet.

Die Kinder waren drei und vier Jahre alt. Die Familie adoptiere die beiden Kinder gerne, denn in der neuen Welt waren Kinder eher selten. Sie nannten das Mädchen Nala und den Jungen Aragonas.

Inzwischen waren die Kinder längst erwachsen und etwa im gleichen Alter wie Samara, als sie in das Land im Süden kam. Sie befreundeten sich.

Nala und Aragonas waren dunkelhäutig und hatten fast schwarze Haare. Sie waren aus Südafrika, wie man das Land auf der alten

Erde nannte, gekommen. Beide hatten eine sehr anmutige Gestalt, waren aber etwas kleiner gewachsen, so wie auch die meisten der Menschen, die hier lebten. Dafür hatten sie sehr muskulöse Körper mit breiten Schultern, denn sie trieben viel Sport und Spiel, wie Tanzen, Schwimmen, Wellenreiten. Aber auch andere körperliche Tätigkeiten führten sie gerne aus, wie Ernten der Früchte und Bauen von Häusern.

Beide, Nala und Aragonas erinnerten sich noch an die Geschehnisse der `alten Welt´, bevor sie hierhergekommen waren, besonders Aragonas. Sie waren zu klein, um zu verstehen, was genau vor sich ging, als sie noch auf der alten Erde gewesen waren, aber sie erinnerten sich an Explosionen und Feuer und hatten auch sehr viele Trümmer um sich herum gesehen und viel Rauch. Die Menschen hatten am Boden gelegen, auch ihre Eltern. Sie waren tot, aber das verstanden sie damals nicht. Doch dann war ein großer Mann erschienen, und hatte ihnen liebevoll zugesprochen. Er hatte sie von der Erde aufgehoben. Sie erinnerten sich noch, wie sie durch ein Tor gegangen waren; in ein angenehmes weißes und grünliches Licht.

Daraufhin folgte ein Wirbelwind und sie tauchten darin ein. Es dauerte einige Zeit, bis sie vom `Auge´ des Sturms wieder `ausgespuckt´ wurden und schließlich standen sie alle drei auf einer Wiese, umgeben von einigen Bäumen und Gräsern. Das Wetter war warm, aber nicht zu heiß, denn das war auf diesem Planeten generell nicht der Fall, ebenso wie es eine eisige Kälte nicht gab, und es war angenehm friedlich.
Es gab keinen beißenden Rauch hier und auch kein Feuer und nirgends sahen sie böse Leute. Nur der liebe Mann war da, der sie noch immer auf seinen Armen trug. Er sagte ihnen, dass ihnen jetzt nie wieder etwas so Schlimmes geschehen würde, und dass er sie jetzt in ein neues Zuhause bringen würde. Diesen neuen Ort und dieses neue Zuhause würden sie gewiss sehr lieben. Dann ging er mit ihnen einen kurzen Weg und kam in dieses Dorf.

Nala und Aragonas schauten auf die schönen weißen Häuser, dann sahen sie Menschen, die lachten und so ganz anders ausschauten wie die Menschen, die sie bisher kannten. Sogyal-Li brachte sie zu einem Paar mit freundlichen Augen, und die nahmen die Kinder liebevoll in die Arme. Dann gaben sie ihnen etwas ganz Köstliches zu essen und brachten sie in einen Raum, der hell und freundlich war. Sie kamen dann in weiße Bettchen. Über dem Bett hing etwas mit bunten Federn, das, wie sie später wussten, Traumfänger waren. Sie waren inzwischen sehr müde geworden und schliefen sogleich ein.

Langsam wurden die Erinnerungen an die alte Welt immer schwächer, und sie vergaßen die schlimmen Sachen, die damals auf der alten Erde passiert waren.

Wie schon erwähnt, waren die Kinder inzwischen zu einer jungen Frau und einem jungen Mann herangewachsen, nachdem sie von liebevollen Eltern hier adoptiert worden waren und dachten kaum mehr an die Erlebnisse auf der alten Erde.

Als sie Samara kennenlernten, die nur um weniges jünger war als sie beide, tauschten sie ihre Erfahrungen aus. Samara erzählte von ihrer Jugend in der Welt, wo es viele Wälder und Naturwesen gab. Sie erzählte ihnen von ihren Eltern, die aus der alten Welt kamen, und was sie von ihnen darüber gehört hatte, und Nala und Aragonas erzählten von ihren Erfahrungen und von diesem Land im Süden, was es hier gab und wovon sie lebten und wie sie lebten.

Oft machten sie gemeinsam lange Strandspaziergänge. Abends wurde auf den Terrassen, die meist einen Ausblick zum Meer boten, Essen aufgetischt, und später wurde musiziert und getanzt. So verbrachte Samara mehrere Jahre in diesem Land mit den herzlichen Menschen, die so lebensfreudig waren.

Aragonas hatte ein spezielles Talent. Er war sehr musikalisch und beherrschte einige Musikinstrumente, wie Flöte und

Saiteninstrumente. So spielten und tanzten sie alle, und erst spät am Abend legte Aragonas seine Instrumente auf die Seite.

Eines Tages begab sich dann Aragonas in ferne Länder auf `Wanderschaft´, um von der Welt etwas zu lernen. Dabei kam er in ein fernes Land hoch im Norden. Dort gab es eine ganz andere Landschaft und Vegetation. Er kam auf einen kleinen Erdteil mit hohen Bergen und sah schon von Weitem hohe Kristallburgen wie aus Eis, obwohl es dort keine Temperaturen mit Graden unter dem Nullpunkt gab.

Er ging durch das große Stadttor und bat um Gastfreundschaft. Das war eher eine rhetorische Bitte, da kein Gast abgewiesen wurde, es lag nicht in der Natur dieser Menschen. Er wurde von einem Torhüter freundlich in die Burg geleitet und dem `Rat der Alten´ vorgestellt.

Er bekam zwei schöne Zimmer in der so genannten `Kristallburg´. Es gefiel ihm hier, und er blieb ein Jahr dort. Er wurde gelehrt, dass die Kristalle, aus der die Burg bestand, künstlich erzeugt wurden und entweder sehr hart waren oder sich plastisch anpassen konnten, je nach Bedarf. Er staunte über diese Kunst. Die Bewohner erklärten ihm, dass sie über dieses Verfahren von ihren Ahnen, einem Volk aus einer anderen Galaxis gelehrt worden waren. Sie waren einst vom Sternbild Orion gekommen.

Hier lernte er viele Menschen kennen, und bald gewann er Freunde. Unter ihnen war eine junge Frau namens Ryanna, die ganz besonders von seiner Musik begeistert war. Sie war die Tochter des Königspaares, das das Volk nach außen hin repräsentierte.

Er lehrte Ryanna und einigen anderen, wie man auf Saiteninstrumenten spielen konnte, und bald klang die Musik von Harfen durch die Hallen der Kristallburg. Ryanna und Aragonas

wurden bald ein Paar, und nach einem Jahr zog sie mit ihm in den
Süden zu seiner Familie.

Samara suchte ihre eigenen Wege, und nachdem sie so viele
Geschichten über die Heimat Ryannas gehört hatte, war sie
neugierig geworden; und sie ging schließlich mit den
Empfehlungen Ryannas und vielen Geschenken selbst in das Land
in den hohen Norden.

Silvan

Einige Jahrzehnte später näherte sich im Land in der Mitte, dort wo Samara geboren wurde, ein großes Jahreskreisfest. Dazu wurden viele Gäste eingeladen.

Zu der Zeit, als eine Versammlung des Rates bezüglich des herannahenden Festes abgehalten wurde, klopfte es an der Tür. Eine `Hüterin der Tore´ kündigte an, dass drei Frauen um Einlass baten. Pharon, der `Älteste´, deutete mit einer Handbewegung an, dass die Besucher eingeladen sind und eintreten sollten. Es war ein Akt der Höflichkeit nicht uneingeladen in ein Fest `hineinzuplatzen´.

Es kamen drei weibliche Schönheiten herein. Eine war älter und wohlbekannt, die anderen zwei waren noch ganz jung. Sie waren am Anfang ihres Erwachsenwerdens. Die etwas ältere war Samara, die einst hier als Kind gelebt hatte. Sie musste jetzt um die sechzig Jahre alt sein, aber in dieser Welt war das noch kein Alter. Samara kannte nicht sehr viele hier bei Hofe. In ihrer Jugend war sie meistens bei den Feen in den Wäldern und Gärten gewesen, wo sie alles über Kräuter gelernt hatte. Sie war damals noch sehr jung gewesen und noch nicht in der Gesellschaftswelt vorgestellt worden. Sehr früh hatte sie sich für ihre Reise durch die Welt entschieden und jetzt, nach so vielen Jahrzehnten, kam sie zurück in das Land, wo sie ihre Jugend verbrachte hatte.

Sie sah noch keinen Tag älter aus als dreißig Menschenjahre. Sie trug ein hellgelbes Kleid, eine von ihr bevorzugte Farbe, die ihre Augenfarbe betonte. Ihre Haare waren lang und goldblond und reichten bis zu den Hüften. Um die Stirn trug sie ein goldenes Band, und das Kleid war mit Goldfäden reich bestickt. Die jungen Frauen hatten sehr zierliche Figuren und platinblonde, lange, gerade Haare, die in viele Zöpfchen geflochten waren. Diese waren mit Silberfäden durchzogen. Sie hatten beide eisblaue Augen und trugen lange blaue Kleider.

Die ältere der Frauen sagte:
„Ich bin Samara und habe hier meine Jugend verbracht. Viele von euch kennen mich noch. Ich bin durch die Welt gereist und war in den letzten Jahren im Norden, bei Ryannas Stamm. Dort habe ich viel lernen dürfen und habe meine derzeitige Aufgabe gefunden. Es ist die Kunst der Architektur, vor allem die des Nordens, so wie sie die `Orioner´ einst den Menschen schon auf der alten Erde lehrten.

Nun reise ich von Zeit zu Zeit wieder durch die Welt, um diese Kunst zu lehren. Zwei Mädchen vom Stamme Ryannas wollen wiederum die Kunst der Waldbewohner im Land `der Mitte´ lernen. Sie interessieren sich für die Heilkräfte der Pflanzen und Steine und bitten, bei euch für einige Jahre leben zu dürfen und dies alles bei euch zu lernen.“

Dann deutete sie auf die beiden jungen Frauen und stellte sie vor:
„Ihre Namen sind Charonna und Ryan-La.“

Der Mann, der `Pharon´ hieß, kam näher zu den Frauen und antwortete:
„Ich bin Pharon, der Älteste des Rates.“

Er wandte sich zu den jungen Frauen und lächelte charmant.

Samara sah den Mann, der vor ihr stand, bewundernd an. Sie war offensichtlich von seinem Charisma beeindruckt. Pharon war ein großer Mann mit einer besonderen Ausstrahlung. Er leuchtete von `innen´.

Bestimmt war er schon mehrere Hundert Jahre alt, obwohl man ihm das nicht ansah. Seine dunklen Haare waren von einer silberfarbenen Strähne durchzogen. Dieser Streifen sah aus wie

Schmuck, bedeutete aber, dass er mit mystischen Erlebnissen große Erfahrungen hatte. Pharon war bekannt als Meister der magischen Kenntnisse. Er blitzte Samara mit seinen blauen Augen an und nahm tatsächlich ihre Hand zum Kuss, so wie es einst auf der ` alten Erde´ unter vornehmen Leuten Brauch gewesen war.

„Ich kann das im Namen aller sagen.", antwortete er auf die Bitte Samaras. „Ihr alle könnt gerne bei uns wohnen, so lange ihr wollt. Und wir nehmen Charonna und Ryan-La auch gerne als unsere Schülerinnen auf. Sie werden einer entsprechenden Familie zugewiesen, die ihnen unsere Künste lehren wollen."

Dann ließ er sie in die Burg, die sich in den Hochwäldern befand, begleiten, und alle bekamen ein hübsches Appartement, eine Wohnung hoch oben in den Bäumen. Die Bauten waren, wie hier üblich, aus besonderem Holz geschnitzt, und die jungen Mädchen aus dem Norden bewunderten diese, zumal sie ganz anders waren als ihre Kristallbauten und ebenso schön; nur eben anders.

Charonna und Ryan-La fühlten sich sofort wie zu Hause und fühlten sich in der Gesellschaft der Waldmenschen sehr wohl.

Für Samara war es wie eine Rückkehr nach Hause, und sie war sehr glücklich über ihren Entschluss, zumindest für eine Weile wieder hier zu leben. Pharon war ihr sofort sehr zugetan und er lud sie oft zu sich ein. Die beiden gingen durch die Wälder, und er zeigte ihr viele verborgene Plätze. Dort waren sie allein, aber in seinem Palast war er immer von vielen Frauen umgeben, die ihn alle liebten.

Als Samara damals, vor vielen Jahren, in den Norden gekommen war, hatte sie sich in dieses Land verliebt. Sie war besonders von der Baukunst begeistert gewesen und wollte diese erlernen. So war sie geblieben und hatte von den Bewohnern des Nordens alles gelernt, was sie über diese Kunst wissen musste. Jetzt war sie selbst Lehrerin der Architektur und reiste von Land zu Land. Sie blieb dann immer ein oder zwei Jahre in einem fremden Land und kehrte dann in den Norden zurück.

Nun aber war sie wieder im Land der Wälder, wo es Feen und Elfen gab, und sie wollte wieder an diesem Ort leben, von dem sie so schöne Jugenderinnerungen hatte. Sie blickte oft zurück auf die Tage ihrer Kindheit.

In der folgenden Zeit erlebte sie sehr schöne Stunden mit alten Freunden und Bekannten, und der Tag des nächsten Jahreskreisfestes rückte immer näher. Schließlich kam der Festtag, und die Hallen der Burg wurden ganz besonders attraktiv geschmückt. Die Waldbewohner kleideten sich auch in außergewöhnlich schöne Gewänder und legten Gold- und Silberschmuck an.

Gäste kamen aus vielen Ländern. Samara kannte die Gedanken der Menschen, die sich eine Verbindung zwischen ihr und Pharon wünschten, der von seiner Seite aus auch sehr interessiert an Samara war. Sie aber konnte sich nicht dazu entschließen, da sie auf die `Stimme ihres Herzens´ wartete.

Am Tag des Festes schmückte sie ihr langes Haar mit ihrem silbernen Diadem und steckte vereinzelt nachtblaue und gelbe Blüten in ihr Haar. Sie hatte sich für ein nachtblaues Kleid entschieden, das in einem aufwändigen Stil verarbeitet war. Sie trug einen aus silbernen Fäden geflochtenen Gürtel und ebensolche Sandalen. Um den Hals legte sie eine lange Steinkette aus Lapislazuli.

Anschließend betrat sie mit Charonna und Ryan-La, die ebenfalls blaue Kleider trugen, den Festsaal. Sie bekamen einen Platz ganz in der Nähe von Pharon.

Dann kamen die Gäste. Sie wurden alle einander vorgestellt. Getränke und Speisen wurden serviert, die wie üblich, nur aus Pflanzenbestandteilen gewonnen wurden.

Es gab spezielle Pflanzensäfte, die sehr anregend und aufmunternd wirkten, aber nicht die schädlichen Nebenwirkungen hatten wie Alkohol oder Drogen aus der `alten Welt.´ Menschen, die nicht hier geboren waren, konnten sich das niemals vorstellen, wie so vieles andere nicht, da so manches hier sehr verschieden war.

Für die Menschen und anderen Wesen – ja es gab auch andere Wesen hier, die viel feinstofflicher waren, und die schon hier gelebt haben, als es noch keine Menschen gab – waren die Erzählungen der Menschen von der alten Erde sehr ungewöhnlich, denn sie hatten keine Erinnerungen aus der `alten Welt´. Sie hörten nur Geschichten, die sie als grausame Legenden ansahen.

Auf der neuen Erde gab es selten Streit und Auseinandersetzungen, und wenn, dann auf einer anderen Basis. Natürlich gab es auch Emotionen, die man durchaus als aggressiv bezeichnen könnte, diese hielten aber nicht an, da ganz anders damit umgegangen wurde.

Samara trank eines von den anregenden Säften. Sie wusste, an diesem Tag würde sich etwas Besonderes ereignen. Sie spürte es. Sie trank den Nektar, der sich in einem silbernen Kelch befand, ganz aus und nahm sich eines von den Früchten. In diesem Augenblick trat ein Mann herein, worauf sich Pharon erhob und dem Gast entgegeneilte:

„Silvan!", rief er. „Mein Bruder, komm' an meine Seite! Ich bin überrascht, dass du doch noch kommen konntest."

Sie nahmen sich zum Gruß in die Arme und küssten sich links und rechts auf die Wangen.

Samara war überrascht. Der junge Mann, der den Saal betreten hatte und anscheinend ein Bruder Pharons war, glich ihm fast wie ein eineiiger Zwillingsbruder. Sie unterschieden sich nur dadurch, dass Silvan die silbergraue Haarsträhne auf der anderen Seite trug und durch die Farbe. Er hatte die Haare – zumindest an diesem Tag – zu einem Zopf geflochten und trug sie mit einem Band zusammengehalten.

Pharon trug die Haare offen. Samara bemerkte, dass Silvan um etwa zwei Zentimeter kleiner als sein Bruder war, und als er näher kam und an der Seite Pharons Platz nahm, sah Samara zu ihrer weiteren Überraschung, dass die Iris seiner Augen grün war, so wie ihre eigene. Als sie seinen Blick erhaschte, war es, als schaute sie sich in ihr eigenes Spiegelbild.

„Das ist ein Zeichen.", dachte sie und: „Die Stimme meines Herzens hat gesprochen. Seltsam, so ein Gefühl hatte ich schon lange nicht mehr."

Als sich ihr Blick mit dem Silvans traf, geschah so etwas wie ein sofortiger Gedankenaustausch, und simultan traf sie eine Welle des Gefühls, wie sie sich nicht erinnern konnte, je erlebt zu haben. Er spürte offensichtlich dasselbe, denn er war von da an unkonzentriert.

Pharon bemerkte das, denn die Fähigkeiten der Wesen hier auf diesem Planeten waren äußerst sensitiv. Sie konnten die Gedanken spüren, und auch was die Gefühle betraf, waren sie einer außergewöhnlichen Empathie fähig. Er erhob sich und nahm seinen Bruder an der Hand. Er führte ihn zu Samara, wo er ihn ihr dann offiziell vorstellte, so als ob sie das nicht schon in Sekundenschnelle telepathisch selbst gemacht hätten - bei dem starken Seelenkontakt, den beide vom ersten Moment an verspürten, war dies automatisch geschehen.

Es erklang eine Musik, die zum Tanz aufspielte und Pharon eröffnete die Veranstaltung, indem er eine der Frauen an seinem Tisch bat, mit ihm zu tanzen. Samara und Silvan betrachteten sich lange, dann bot er ihr seine Hand an, die sie wortlos ergriff, und ebenso wortlos führte er sie zum Tanzboden. Sie bewegten sich zum Rhythmus der Musik und konnten ihre Blicke nicht voneinander lösen.

Es gab keinen Gedanken, keine Frage, nichts. Es gab nur Gefühle zwischen den beiden, Gefühle, die man als sehnsüchtiges Verlangen bezeichnen könnte. Aber es war ein leidenschaftsloses Verlangen. Es war eher ein Gefühl des Glückes, denn beide fühlten, dass in diesem Moment alles gut war. Es war ein Gefühl der Zeitlosigkeit, der Ewigkeit und der Raumlosigkeit. Man kann dieses Gefühl nicht beschreiben. Alle Anwesenden konnten spüren, dass sich in diesem Augenblick zwei Energien miteinander verbanden wie zu einem einzigen Lichtstrahl in einem anderen Sein.

Silvan war Botschafter und kam nur von Zeit zu Zeit für eine Weile in dieses Waldland. Meistens war er ein paar Jahre in einem fremden Land, um dort zwischen den Kulturen Verbindungen zu schaffen. Er hatte sich extra eine Auszeit genommen, um an diesem Fest teilnehmen zu können.

Ihm kamen schon seit einiger Zeit Gedankenformen, dass mit dieser Reise in seine Heimat eine längst fällige Veränderung in sein Leben kommen würde. Nun, jetzt, da er Samara sah, ahnte er die Art der Veränderung. Er hatte sich verliebt in diese noch so junge Frau, denn das war sie auf diesem Planeten.

Samara erging es nicht viel anders. Als sie ihn sah und noch mehr jetzt, wo sie auch seine Gefühle spürte, fühlte sie sich so, als ob sie auf ein vorläufiges Ziel einer Reise angekommen wäre.

Sie tanzten die ganze Nacht und blieben bis zum Schluss des Festes. Als der Morgen graute, ging Samara in ihr Appartement der Waldburg, und Silvan ging mit Pharon mit, aber nicht ohne für den nächsten Tag mit Samara ein Treffen zu vereinbaren. Sie hatte die Hoffnungen der Leute nicht erfüllt, sich mit Pharon zu verloben, aber selbst er war ihr deshalb nicht gram. Er bemerkte selbst sofort, dass sich ein Seelenpaar getroffen hatte: Samara und Silvan!

Silvan holte Samara am nächsten Tag von der Waldburg hoch oben in den Wäldern ab, und sie gingen barfuß durch die Mooshügel am Waldesrand, während er ihr aus seinem Leben erzählte. Ein anderes Mal flogen sie mit einem Pegasus hoch über die Baumwipfel, dann ritten sie mit ihm am Boden durch die Wälder. Sie badeten in den Seen und im Wasserfall, der sich in einer Waldlichtung befand.

Dann brachte er seinen Pegasus in einen eigenen Stall und begleitete sie nach Hause. Die Waldbewohner pflegten noch immer, lieber auf diesen Pferden zu reiten als Flugscheiben zu benutzen.

Samara dachte lange an Silvan und fragte sich, was mit ihnen passierte. Immer, wenn sie ihm begegnete, hatte sie das Gefühl, ihm ganz tief in die Seele sehen zu können, und sie wusste, er fühlte dasselbe.

Sie trafen sich ab diesem Zeitpunkt sehr oft und hielten sich dabei an den Händen, ganz leicht, aber es schien zwischen ihnen elektrische Funken zu sprühen, und beide spürten ein angenehmes Gefühl am ganzen Körper. Er küsste sie manchmal an den Händen und schaute dabei in ihre Augen. Ihre Gedanken setzten aus, und Samara und Silvan spürten nur mehr in sich hinein und empfanden, was ihre Seelen und ihre Körper sagten.

So ging es weiter, Tag für Tag und Woche für Woche. Silvan war nun schon lange Zeit hier und dachte langsam daran, wieder abzureisen, aber er wollte noch nicht. Der Grund war offensichtlich. Er liebte Samara, und sie liebte ihn. Eines Tages küsste er sie leidenschaftlich auf den Mund. Sie sank in seine Arme und erwiderte seinen Kuss. Er blieb bei ihr, und sie waren von diesem Tag an bei allen Gelegenheiten zusammen.

Ihre Beziehung lief anders als bei allen anderen, die sie vorher kannte, und die er vorher kannte. Es war ein sprachloses Verstehen, eine besondere Harmonie, die beide noch nie vorher erlebt hatten. Sie hatten gleiche Interessen, gleiche Aufgaben, gleiche Lebensvisionen, und trotzdem ergänzten sie einander in Eigenschaften, die dem einen oder anderen noch fehlten.

Sie hatten gemeinsame Freunde und lachten und feierten viel miteinander. Ihr Glück war perfekt. Es vergingen viele Monate, und die Jahreszeiten wechselten. Dann kam der Tag, an dem Silvan wieder in ein anderes Land ziehen wollte, um seiner Aufgabe als Botschafter gerecht zu werden. Er hatte viele Informationen gesammelt und viele Pläne und wollte in den Westen, in ein weites Land, hoch im Gebirge.

Er bat Samara, ihn dorthin zu begleiten. Das lag auch in ihrer Absicht, und so stimmte sie freudig zu, denn als hochgebildete Lehrerin der Architektur, besonders der nordischen, würde sie in jedem Land ihre Aufgaben haben.

So reisten sie in das hohe Gebirgsland im Westen. Dort lebten noch nomadische Kulturen, die von Zeit zu Zeit ihre Jurten auf anderen Plätzen aufschlugen. Auf der alten Erde waren das die mongolischen Völker und hier, auf diesem Planeten, wollten diese die alte Kultur noch weiter ausleben. Allerdings gab es schon sehr viele, die sich sesshaft machten und Häuser bauen wollten. Sie beabsichtigten Bautechniken zu lernen, die der Landschaft angepasst waren.

Samara entwarf für sie wunderschöne Bauten, die sich wie natürliche Strukturen in die Landschaft einfügten. Sie sahen aus wie überdimensionale Schneckenhäuser.

Silvan hatte in Samara auch schon damals beim Fest im Land der Mitte als seine Herzenspartnerin erkannt. Bald, nachdem sie sich in jenem Land im Westen eingelebt hatten, fragte er sie, ob sie sich auch rituell verheiraten wollten. Sie willigte ein, allerdings mit der Bitte, die Feier an ihrem Geburtsort abhalten zu dürfen. Das war auch in seinem Interesse, und so kündigten sie dort ihre Absicht an.

Sie flogen in das Land der Mitte, und man organisierte den beiden eine wunderschöne Feier. Alle ihre alten Freunde und Bekannten wurden eingeladen, und alle freuten sich über ihr Glück, und sie bekamen den Segen von Pharon.

Im magischen Moment des Gelübdes vor dem Hohepriester sprühten Abertausende Silberfunken wie Sternschnuppen durch den Himmel. Samara und Silvan sahen das als Zustimmung der hohen `Spirits´ für ihre Verbindung. Es war, als hätten sich zwei Seelen gefunden, und nichts auf der Welt konnte ihnen mehr etwas anhaben. Der Himmel hatte sie gesegnet.

Dann reisten sie wieder in den Westen. Silvan zeigte ihr geheime Plätze in den Wäldern dieses Landes, die er ihr vorher noch nie gezeigt hatte, und er ritt mit Samara in entlegene Gegenden. Schließlich kam er eines Tages zu einem besonders interessanten Berg mit dichter Vegetation und roten Felsen und Steinen dazwischen, die zum lilafarbenen Himmel einen interessanten Kontrast bildeten. Er führte sie zu einer Lichtung, umsäumt von sehr alten Bäumen.

„Hier gibt es manchmal seltsame Lichterscheinungen.“, erklärte er Samara, und sagte:

„Wir nennen diese Plätze `Orte der Geister´, aber es gibt solche Plätze auch in anderen Ländern, und dort werden sie `Orte der Engel´ genannt. Der Sinn bleibt aber der gleiche."

Dann erklärte er Samara weiter:
„Wir leben noch immer in einer Welt, in der wir noch viel zu lernen haben, und diese Lichtwesen, die uns erscheinen, helfen uns bei der Entwicklung weiter, wenn wir soweit sind."

Samara fragte:
„Warum helfen sie uns?"

„Wir sind noch lange nicht in einer Dimension, in der wir von allem negativen Denken und vom Egoismus befreit sind. Wir sind noch immer jederzeit der Versuchung ausgesetzt, wieder nur an uns selbst zu denken und dementsprechend zu handeln. Die Gefahr wäre, dass wir uns nicht nur **nicht** weiter entwickeln, sondern dass wir wieder in eine tiefere Schwingung fallen könnten, und was dann geschehen kann, hören wir noch immer aus der Geschichte der `alten Erde´."

Wir fragten sie auch, wie sie durch diese Lichttunnels reisen können. Sie sagten uns dann:
„Wir gehen durch Dimensionen von Raum und Zeit zugleich. Wir leben in keiner dualen Welt so wie ihr, für uns ist alles eins. Wir sind auf höchster Ebene und trotzdem jederzeit und überall bei euch. Wir können überall gleichzeitig sein. Wir sind auch jenseits der göttlichen Matrix, wir sind in IHM selbst. Wir SIND!

Aber ihr seid Geschöpfe, denen ein Lernen möglich ist. Gott hat euch erschaffen, um sich selbst zu spiegeln. Das ist uns nicht möglich. Hier bei uns gibt es kein `Gut´ und kein `Böse´, kein `Positiv´ und kein `Negativ´. Wir sind schon das gewesen, was ihr seid, und wir helfen euch, zu erfahren und zu lernen, und wenn ihr der `Erleuchtung´ nahe seid, braucht ihr nur mehr einen `Schubs´ von uns. Das ist unsere Hilfe an euch.

Es ist uns eine Freude zu sehen, wie schnell ihr dann den richtigen Weg erkennt. Wir sind keine Götter, vor denen ihr knien müsst. Ihr verkörpert uns selbst – in der Vergangenheit."

Wir fragten sie weiter, wie das denn möglich sei, und sie erklärten uns:
„Zeit und Raum sind ewig, und alles ist in allem zugleich. Die Sprache reicht nicht aus, euch das zu erklären, aber wir versuchen es: Ihr könnt dreidimensional denken, also stellt euch einen Raum-Zeit-Block vor. In diesem Block sind Gott, sind wir und auch ihr. Wir alle sind in ihm.

Bild: Raumzeit, Arcyl, gemalt von Eva Lene Knoll

Die in diesem Bild links gezeichneten Buchstaben bedeuten:
U.K. Umriss der Kanten
K.n.s. Kanten, nicht sichtbar

Z.l. Zeit, linear (zeitlich distanzlos)
Z. normale Zeitlinie
Zsp. Zeitlinie mit Zeitsprung
Z.R. Linie eines Reisenden durch Zeit und Raum

WIR sind die höchste Bewusstheit und mit unserer Aufmerksamkeit, unserer Wahrnehmung überall und jederzeit da. Ihr seid auch überall und jederzeit da, aber nicht mit eurer Wahrnehmung. Euer Bewusstsein ist auf einer Raum-Zeit-Linie gefangen, ihr läuft sozusagen auf einem `Band´. Große Denker unter euch haben das schon auf der alten Erde erkannt.

Normalerweise bewegt ihr euch auf dieser Linie weiter bis zum vorläufigen Ende eures Lebens. Da ihr selten von dieser Linie abweicht, kommt euch das Leben wie ein `Schicksal´ vor. Manchmal weicht ihr aber von dieser Linie ab, und manchmal verlasst ihr die Linie ganz und geht in eine andere Richtung. Das ist auch der Grund, warum Zukunftsvorhersagen so wenig funktionieren und warum sich viele Prophezeiungen nicht erfüllen.

Das heißt nicht, dass diese `Seher´ falsch gesehen hätten, sondern, dass sie in eine Zeitlinie Einblick hatten, von der ihr entweder persönlich oder eine Gruppe oder die gesamte Menschheit abgewichen seid.

Es ist tatsächlich möglich, dass sich nur eine Gruppe von einer `Welt´ absondert. Das ist schon oft geschehen. Die Menschen auf der Erde konnten selbst erleben, wie einst das Feenreich `Avalon´ in den Nebeln verschwand.

Es verschwanden noch einige Kulturen von der Erde und ihr wisst, wohin diese gegangen sind. Sie sind jetzt hier. Im Jahre 2012 sind viele Gruppen von Menschen hierher gekommen, ohne das Bewusstsein zu verlieren, ohne durch den so genannten `Tod´ zu gehen. Sie gingen mit dem vollen Bewusstsein ins `Jenseits´ und hierher.", erzählte Silvan und fügte noch hinzu:

„Manchmal zeigen uns diese Lichtwesen auch Monolithe auf unserem Planeten, auf denen geheimnisvolle Schriftzeichen und Symbole stehen."

„Was steht auf diesen Monolithen geschrieben?", fragte Samara ihn weiter.

„Wir können noch nicht alles lesen, aber doch schon sehr viel. Je nach unserer geistigen Reife entdecken wir immer mehr und entschlüsseln langsam die Schriftarten und die Symbole.", sagte er und betrachtete Samara.
Dabei sah er ihren erstaunten Blick, erzählte ihr aber dennoch weiter:
„Das ist noch nicht alles. In dieser Schrift selbst sind noch weitere Codes verborgen, die wir überhaupt noch nicht entdeckt, geschweige denn entschlüsselt haben."

„Warum weißt du das dann?", fragte Samara ihn wieder.
„Das haben uns die Lichtwesen erzählt. Sie wiesen uns darauf hin, aber sie sagten gleichzeitig, dass die Zeit der Entdeckung der weiteren Codes noch nicht reif sei. Die Entschlüsselung des bereits entdeckten Codes würde uns aber zur gegebenen Zeit weiterhelfen.

Sie erklärten uns auch, dass es ähnliche Schriften auch auf der alten Erde gegeben hätte, und auch in diesen waren Codes verborgen."

Anmerkung der Autorin:
Das bestätigte auch eine meiner Visionssuchen.

„Und?", fragte Samara: „Was haben die Menschen damals daraus gelernt?"
„Leider nicht viel", antwortete Silvan und sagte: „Unter den Erdenmenschen gab es zu diesem Zeitpunkt sehr viele Verschwörungstheorien. Manche stimmten und manche nicht. Es gab eine große Verunsicherung, und da die Menschen alles gerne

in eine Schublade stecken wollten, schoben sie auch die Theorie der Codes der `heiligen Schriften´ in eine Kategorie, die als unglaubwürdig betitelt wurde.

Sie erklärten alles mit dem Wort `Zufall´, und selbst die bewusstesten Menschen unter ihnen ließen sich beeinflussen und glaubten ihnen. Dabei hatten sie doch schon längst entdeckt, dass die Welt `analog´ funktioniert: Das Universum verhält sich im Großen, so wie im Kleinen. Die Theorie von Makrokosmos und Mikrokosmos war doch längst bekannt."

Silvan sah die vielen Fragezeichen auf Samaras Stirn und fuhr fort: „Ja, genau so, wie du jetzt einigermaßen verwirrt bist, so waren es die Menschen. Sie konnten diese Weisheit nicht richtig vernetzen. Der Sprachschatz auf der alten Erde und das mentale Aufnahmevermögen der Menschen damals waren zu klein.

Und damit du das verstehst, werde ich aufhören zu sprechen. Ich werde dir diese Gedanken als Bild mittels Gedankenübertragung vermitteln, dann siehst du bildlich, was ich meine."

Er sah sie an und konzentrierte sich, schließlich rief sie mit einem Ausdruck der Erkenntnis:
„Aaah!"

Das war alles, was sie dazu sagen konnte. Sie verstand schweigend:

Antworten gab und gibt es überall: Codes in Schriften, auf Blättern, in den Rillen der Bäume, in den Schrammen der Steine, einfach überall. Man musste nur den Schlüssel kennen, um die Zeichen auch lesen zu können, und das erforderte eine gewisse Art von Erleuchtung (siehe auch `Fractal Time´ von Gregg Braden [Q]).

Die Menschen und anderen Wesen auf diesem Planeten waren den Erleuchtungsschritten bei Weitem zugänglicher als auf der alten

Erde, da sie unter anderen den Vorteil haben, auch direkt – ohne Anwendung von Sprachen – zu kommunizieren, so wie es Samara soeben erlebte.

Silvan erzählte, was er noch von den Lichtwesen wusste:
„Wie gesagt, wir sind noch immer nicht ganz von allen negativen Schwingungen befreit. Auch hier, auf diesem Planeten, ist es noch möglich zu steigen oder zu fallen. Wenn wir es schaffen, können wir eines Tages weitergehen, in eine Dimension, von der wir nicht mehr fallen können. Das ist schon die nächste Dimension.

Wir werden dann auf einem Planeten sein, der zum Sternbild Sirius gehört. Viel mehr wissen wir nicht, außer, dass dort der Himmel lachsrot sein soll."

Anmerkung der Autorin:
Auch das hatte ich schon in einer Traumreise gesehen.

Samara fand diese Geschichten sehr spannend, und später erlebte sie oft selbst, wie an diesen Orten des Lichtes ab und zu ein Wesen erschien, wenn sie darum bat.

Die beiden lebten Hunderte von Jahren miteinander hier. Als Samara ungefähr fünfhundert Jahre alt war – sie sah noch immer aus wie vierzig – starb sie. Sie wurde geholt, als sie aufgehört hatte, auf dieser Welt und in diesem Körper weiter zu lernen, und ein `Hüter des Lichttores´ begleitete sie in eine andere Welt.

Dieser Engel brachte sie liebevoll an einen Ort der Ruhe und begleitete sie Tausende Jahre später durch eine `Zeitlinie´ in die nächste Geburt.

Silvan ging ungefähr hundert Jahre später ebenfalls durch ein `Lichttor´. Er ging dazu in die Berge zu einem `Ort der Geister´ und wartete, bis ihn ein Lichtwesen abholte und ins `Jenseits´ begleitete, wo er einige Zeit ruhen durfte, bevor er ebenfalls wieder geboren wurde.

Muriel – ein anderer spiritueller Mentor

29. Mai 2008

An diesem Tag ging ich an meinen Kraftplatz in den Hochwald, wo es kühl und angenehm war. Ich hatte die Absicht, meinen Lehrer in der Anderswelt zu treffen, um mir eine wichtige Frage zu beantworten. Es war dunkel hier und der leichte Modergeruch eines typischen Waldes umhüllte mich. Efeuranken schlängelten sich um die Bäume und Farne befanden sich überall zwischen den Bäumen und Sträuchern, wie Berberitzen und Heckenrosen. Es war ein Urwald. Weiße Anemonen und Zyklamen wuchsen im Moos. Der Waldboden war weich, jedoch von Baumwurzeln durchzogen, sodass ich beim Gehen schon Achtgeben musste, nicht zu stolpern. Es führten geschlängelte, schmale Erdwege in allen Richtungen.

Ich atmete den Duft der Blumen und der Kräuter ein und blickte mich um. Einige weiße Gestalten kamen auf mich zu. Es waren schlanke, hochgewachsene Gestalten mit langen, hellen Haaren. Sie waren derart durchlichtet, dass man ihre Gesichter nur unscharf sehen konnte. Sie waren eher weiblich oder androgyn(G), ich konnte es nicht ganz ausmachen, aber die meisten trugen lange wallende Gewänder. Einige männliche Gestalten konnte ich allerdings auch ausnehmen(G). Alle trugen Fackeln in der Hand und gaben mir zu verstehen, dass ich ihnen folgen sollte.

Es war mir eine Freude, diese schönen Gestalten anzusehen und ohne Furcht tat ich, was sie mir andeuteten. Ich folgte ihnen und wir kamen zu einem breiten Fluss, der sich durch den Wald schlängelte. Am Ufer legte eine elegante Gondel an, schwarz mit golden angestrichener Reling und einer Kabine, die mit Stoff überdacht war. Der Boden der Kabine war mit einem goldgelben Seidenstoff ausgekleidet und war reichlich gepolstert, sodass ich mich gemütlich hinlegen oder setzen konnte. Die Lichtgestalten luden mich ein, es mir hier bequem zu machen und begleiteten mich auf das Boot. Ich tat das gerne und war neugierig, wo sie mich hinbrachten. Ein Lichtwesen ging als Fährmann nach vorne, während alle anderen wieder ausstiegen und mir zuwinkten. Ich ging also auf eine Reise.

Die Gondel setzte sich langsam in Bewegung und gab dabei einen eigenen, nicht beschreibbaren Ton von sich. Es klang fast wie ein Gesang. Mit der angenehm schaukelnden Bewegung eines Wasserfahrzeuges glitt sie durch die zunächst sanften Wellen des Flusses im Wald. Der Fluss kam langsam aus dem Wald heraus, und links und rechts befand sich eine hügelige Landschaft mit Wiesen, auf denen ich einige Tiere weiden sah. Es waren Schafe und Ziegen. Dann wurde der Fluss enger, aber tiefer und fuhr durch einige Wasserwirbel. Das Boot fuhr jetzt zwischen einer felsigen Landschaft. Hohe Steinberge türmten sich vor uns und dazwischen gab es so einige Felsen zu umrunden. Der Fährmann machte das aber sehr geschickt, und ich konnte mich darauf verlassen, dass kein Unglück geschehen würde. Ich setzte mein volles Vertrauen in ihn.

Der Fluss veränderte sich wieder und wurde ruhig und seicht und breit, fast wie ein See. Dazwischen befanden sich kleine Blumeninseln, die ich näher ansehen wollte. Der Fährmann ließ die Gondel um die Inseln kreisen, und ich sah im Wasser viele Nymphen und Delfine. Das Boot glitt sanft weiter und wieder geradeaus nach vorne. Der Fluss wurde wieder enger, blieb aber ruhig, bis einige Flüsse links und rechts einmündeten. Der Fluss wurde zum breiten Strom. Manchmal sah ich im Wasser auch Raubfische und Alligatoren.

„Hier will ich sicherlich nicht schwimmen.", dachte ich.

Der Fährmann lächelte mir zu und gab mir zu verstehen, dass die Fahrt gleich noch interessanter werden würde. Tatsächlich, der Fluss weitete sich wieder zu einem breiten See, und während uns wieder Delfine begleiteten, schloss sich die Gondel wie mit einer Automatik mit einem Dach und wurde tatsächlich zu einem U-Boot. Es tauchte unter, immer tiefer und tiefer. Unglaublich, in welcher Tiefe wir jetzt schwammen. Die Delfine tauchten vor uns, und wir kamen in eine Unterwasserwelt, welche ich in meinen kühnsten Träumen noch nicht gesehen habe:

Vor mir sah ich eine ganze Stadt mit einer Kuppel überdacht. Wir kamen in eine Art Schleuse und durften mit der Gondel in diese Stadt hineinfahren. Die Delfine machten ihren typischen Gesang und sprangen dabei um das Boot. Sie wollten damit sagen, dass wir am vorläufigen Ziel waren. Der Fährmann ließ den Ausstieg ausfahren und blieb aber selbst im Boot.

Draußen sah ich wieder eine wunderschöne Lichtgestalt, diesmal eindeutig weiblicher Natur. Sie deutete mir, auszusteigen. Ich befolgte ihren Wunsch und kam ganz nah auf sie zu und begrüßte sie. Sie erwiderte den Gruß herzlich. Ich fragte nach ihrem Namen, und sie sagte:
„Scheerasad! - Folge mir, ich werde dich zu deinem Lehrer begleiten, nachdem du gefragt hast, bevor du die Reise angetreten hast."
„Gerne.", antwortete ich und dachte: „Endlich, nach dieser langen Reise, darf ich meinen Lehrer sehen."

Scheerasad führte mich in einen Palast, gebaut im griechisch-römischen Stil. Sie führte mich durch Säulenhallen zu einer Wendeltreppe und wies mich an, sie hochzugehen. So ging ich die Treppe hoch, während Scheerasad unten auf mich wartete. Ich ging hoch und höher. Ich befand mich in einem Turm. Endlich war ich ganz oben auf der Turmspitze. Am Plateau sah ich wieder eine helle Gestalt, aber diesmal eindeutig männlich. Er hatte einen langen weißen wallenden Spitzbart und lange weiße offene Haare und trug ein ebenso weißes Gewand. In der linken Hand hielt er einen großen Stock, auf dem sich ein leuchtender Kristall befand.

Wir begrüßten uns, und ich fragte wieder nach seinem Namen. Er antwortete mir:
„Muriel!"
„Bist du mein Lehrer?", fragte ich ihn weiter, und er bejahte dies.
„Ich habe so viele Fragen.", setzte ich fort.
„Heute zeige ich dir etwas, ohne dass du eine Frage stellen musst", entgegnete er und zeigte mir ein Bild, dass wie ein Hologramm vor uns erschien.

Es war ein Steinkreis mit Obelisken, auf denen ich viele Zahlen und alte Schriftzeichen erkannte. Auf meine Frage diesbezüglich sagte er mir:

„Ich sage dir Folgendes: Das Geheimnis dieses Steinkreises zu lüften, ist für euch Menschen noch zu schwer. Aber nachdem du auf der Suche nach der Wahrheit der Natur des Universums bist, werde ich dir eine kurze Geschichte dazu erzählen:

Ein Mann ging am Anfang der Zeiten zu jenem Steinkreis. Er sah die Obelisken(G), aber sonst nichts. Er kannte weder Buchstaben noch Zahlen.

Viele Äonen(G) später ging wieder ein Mann zu jenem Steinkreis und sah die Obelisken. Er erkannte bereits die Schriftzeichen darauf und konnte sie teilweise lesen.

Wieder viele Äonen später ging ein Mann zum Steinkreis und sah die Obelisken, erkannte die Schriftzeichen und die Zahlen und konnte sie lesen. Er lehrte die Menschen, was er las.
Viele Äonen später kam abermals ein Mann zu besagtem Steinkreis, sah die Obelisken, erkannte die Schrift und die Zahlen und konnte sie nicht nur lesen, sondern fand auch Codes kreuz und quer in dieser Schrift verborgen. Er lehrte die Menschen ebenfalls, was er las, aber sie glaubten ihm nicht.

Auf dieser Stufe seid ihr Menschen derzeit. Später werdet ihr wissen, dass dieser Mann recht hatte. Das wird sein, wenn ihr die vierte Dimension erreicht habt. Viele Menschen verstehen schon mehr, so wie jener Mann, der diese verborgenen Codes entdeckte, aber noch nicht alle. Allerdings wird es bald geschehen, dass die Menschheit den Bewusstseinssprung schafft, um die vierte Dimension zu verstehen.

Die 4. Dimension ist in Wirklichkeit für den Menschen (noch) nicht erfassbar. Man stellt sich manchmal die Zeit als 4. Dimension vor, als eine Art Raumzeit. Wie erkläre ich aber dann die nächste Dimension? Rein mathematisch gibt es unendlich viele.
Mit der Raumzeit kann ich die vierte Dimension nicht wirklich erklären, hier gilt sie als räumliche Dimension. Das menschliche Gehirn ist (noch) so beschaffen, dass wir räumlich nur dreidimensional denken können. Man kann sich das nicht vorstellen: Die vierte Dimension und jede weitere ist jenseits des Sichtbaren, jenseits unseres Verstandes, jenseits unserer bekannten Welt, vielleicht parallel, aber das stimmt auch wieder nicht. Es liegt jenseits des Fassbaren und damit ist es bereits eine `Jenseits´-Welt.

Es wird später noch eine andere Frau oder ein Mann kommen, die oder der einiges mehr in diesen Schriften entdecken wird: Man wird dann erkennen, dass Codes nicht nur kreuz und quer, sondern auch diagonal nach hinten, gerade nach hinten, von hinten nach vorne und so weiter verborgen sind. Sie werden also eine Schrift hinter der Schrift finden. Dreidimensional wie bei einem Würfel also.
Aber dieses Geheimnis gibt es erst in der fünften Dimension zu lüften, verstehst du?"

Ich konnte mich erinnern, etwas Ähnliches schon früher gehört zu haben, darum gab ich ihm zu verstehen, dass er fortfahren möge.
Er sprach also weiter:
„Das Lernen wird nie zu Ende sein. Denn es gibt keine Zeit, so wie ihr es euch vorstellt und demnach keinen Anfang und kein Ende.

Aber ihr lebt in einer dualen Welt und versteht nur die Zeitlinie, die ihr euch geschaffen habt."

Das hatte ich ebenfalls schon gehört. Aus diesen Antworten nach der Wahrheit der Natur erkannte ich: Der Sinn des Lebens ist das Leben selbst. Der Sinn des Lebens ist das: „Ich bin!".

Ich bedankte mich bei ihm, denn es war Zeit zurückzukehren. Er gab mir zum Abschied einen Bund blauer Blumen, den ich den Naturwesen überbringen sollte, um sie zu erfreuen.
Ich verabschiedete mich also und ging wieder die Turmtreppe hinab. Unten wartete Scheerasad auf mich. Sie begleitete mich zurück und wir umarmten uns zum Abschied, bevor ich wieder in das Boot stieg. Die Delfine begleiteten uns wieder bis zum Stausee, wo das U-Boot aufstieg und zur normalen Gondel wurde.

Der Fährmann brachte mich jetzt stromaufwärts denselben Weg zurück bis in den Hochwald. Dort warteten die lichten Naturwesen schon auf unsere Rückkehr. Ich stieg aus, ebenso der Fährmann. Ich bedankte mich bei ihnen und übergab ihnen den Blumenbund meines Lehrers. Sie freuten sich sehr darüber und schmückten sich damit ihre Kränze, die sie in den Haaren und an den Handgelenken trugen. Sie sprachen einen Zauber auf die Blumen, sodass sie nicht welkten.

Dann verabschiedete ich mich auch von ihnen und ging zurück.

Ein Bote aus Metathrons Heer

09. Juni 2008

Diesmal schweife ich bei meiner Erzählung zuerst etwas in die Vergangenheit ab, wenn auch nicht sehr weit:
Mein Kraftort in der Waldlichtung lud mich ein. Ich saß unter einem Baum auf einer moosbewachsenen Wiese. Dabei blickte ich in die Abendsonne und erhob mich langsam. Dann ging ich einen Weg entlang. Links und rechts waren Wiesen und Felder, der Weg schlängelte sich und ich kam zu einem Meeresstrand. Der Sand schimmerte hell und die Felsen, die am Ufer hoch herausragten, waren dunkelviolett. Der Himmel war jetzt bereits in einem dunklen Indigoblau eingefärbt, nur am Horizont glänzte ein hellgoldener Streifen des restlichen Sonnenlichtes. Vor mir am Strand erschien ein hochgewachsenes Wesen, ich würde sagen, es sah aus, wie ich mir einen Engel vorstelle. Es war bekleidet mit einem langen weißen Gewand und einem dunkelblauen Umhang, und sein Gesicht strahlte so, dass ich nur die Umrisse erkennen konnte. Der `Engel´ kannte anscheinend meine Frage schon, denn er kam auf mich zu und zeigte mir eine strahlende, kristallweiße, geometrische Figur.

Ich wusste aber damals nicht, was diese Figur als Antwort meiner Frage nach dem Anfang und dem Ende allen Seins zu tun hatte, aber nachdem der Engel mir schweigend dieses sternähnliche Gebilde überreichte, nahm ich es dankend an. Er verabschiedete sich wieder und ich stand vor dem Meeresstrand im hellen Abendlicht der Sterne und des Mondes. Ich hörte die Wellen an das Ufer klatschen und atmete die frische Meeresbrise ein. Dann drehte ich mich um und ging denselben Weg zurück.

So suchte ich anschließend in der Literatur nach dieser sternähnlichen geometrischen Figur und kam auf sehr viele interessante Informationen zur `heiligen Geometrie´. Ich fand meinen `Stern´ in Form von zwei ineinander gesteckten Tetraedern, dem sogenannten `Sternenträger´, der unter anderen geometrischen Körpern in einem Ikosaeder[2] enthalten ist, und der ist `Metathrons Würfel´. Dieser Würfel beinhaltet auch alle anderen geometrischen Figuren des Universums, wie zum Beispiel den Würfel, den Oktaeder und den Tetraeder. Literatur hierzu finden sie in `Blume des Lebens´ von Drunvalo Melchizedek, 2 Bände[Q].

Wenn sich der Sternenträger dreht, zeigt er auch die Form der `Merkabah´, die das Energiefeld des Menschen darstellt, und das an eine `fliegende Untertasse´ erinnert. (Ich erinnerte mich, dass ich diese Informationen schon einmal in einer Traumvision erhalten habe.)

Lässt man von bestimmten Richtungen Licht in Metathrons Würfel einfallen, sieht man auf der gegenüberliegenden Seite in Form der Schatten Schriftzeichen aus dem hebräischen Alphabet. Lässt man das Licht von einer anderen Seite einfallen, sieht man in den Schattenzeichen das Alphabet in Sanskrit[G] usw.

Ich fand bei meiner Suche die Urform des Universums, die `Blume des Lebens´, mit der `Saat des Lebens´, dem `Rad des Lebens´ und dem `Lebensbaum´, so wie er in der Kabbalah[G] abgebildet ist.

---

2   Zwanzigflächner

Bild: Metathrons Würfel – Mischtechnik, gemalt von Eva Lene Knoll

Die `Blume des Lebens´ beinhaltet auch `Metathrons Würfel´ sowie das `Rad des Lebens´ und den `Baum des Lebens´. Das fand ich allerdings auch in anderen nativen Weltbildern. Auch den Lebensbaum entdeckte ich zum Beispiel in nordischen Überlieferungen. Das `Welten-Ei´, das auch `Lebensapfel´ genannt wird, fand ich ebenfalls in vielen Paradigmen der westlichen und nördlichen Mythen. Das Welten-Ei[G] oder der Lebensapfel ist eigentlich unser Planet Erde, dargestellt mit seiner Aura, dem magnetischen Energiefeld.

184

Der Lebensbaum ist zum einen eine Darstellung aus der Kabbalah[G], so wie die Welt gesehen wird, und zum anderen ist der Lebensbaum auch als Baum dargestellt. In der nordischen Mythologie als eine Esche, die mit ihren Wurzeln, dem Stamm und seinen Ästen mit all den Verzweigungen, das Werden, das Entstehen und das Leben an sich von der unteren Welt (Wurzeln) bis zur Oberwelt (Krone) darstellt.[G]

Bild: `Welten-Ei´ - Acryl, gemalt von Eva Lene Knoll

Die Lebensblume kannte ich schon aus indischen Bildern und sehr vielen anderen Zeichnungen aus der ganzen Welt. Jetzt ist mir auch klar, warum ausgerechnet der Apfel als Frucht des `Baumes der Erkenntnis´ in der Bibel angeführt ist. Er ist der `Lebensapfel´!

Genau genommen, wird in der Bibel nur von einer `Frucht´ geschrieben, aber diese wird immer als Apfel angenommen und dargestellt. Die Quelle ist diesbezüglich ungeklärt, vielleicht hat sich der Apfel dadurch eingeprägt, dass in der Zeit um 1500 n.Chr. Protestanten erstmals den Weihnachtsbaum mit Äpfeln schmückten. Aber da es auch viel ältere Darstellungen gibt, ist es möglich, dass man die Vorstellung des Apfels aus Mythen und Legenden anderer Religionen übernommen hat. Nach der griechischen Legende von Paris und dem Apfel, musste Paris zwischen drei Göttinnen eine auserwählen und überreichte ihr dabei einen Apfel als Siegeszeichen. Die Auserwählte war Aphrodite, die Göttin der Schönheit.

Den Zusammenhang sehe ich darin, dass der Lebensbaum, als `Baum der Erkenntnis´, so wie er in der Kabbalah beschrieben ist, als Symbol der Weltentstehung (Entstehung des Kosmos) aufgezeigt wird, und das `Welten-Ei´ oder der `Weltenapfel´[G] als Darstellung unseres Planeten samt dem Energiefeld. Der Apfel ist also ein Bild der Erkenntnis, die Ansicht unseres Planeten samt seiner Aura, also ist der Apfel die Frucht der Erkenntnis. Diese Textstellen aus der Bibel sind ja Stellen aus den jüdischen Geheimschriften, und ganz sicher sind sie nicht richtig übersetzt worden. Nachdem die Kabbalah bis heute nur von ganz wenig Eingeweihten verstanden wird, sind Missverständnisse bei diesen alten Texten wohl unumgänglich.

Im Internet stieß ich auch auf `gechannelte´[G] Figuren, die von Engeln und anderen Lichtwesen und Devas[G] übermittelt werden, nämlich auf so genannte `Metahologramme´. Das sind grafische Darstellungen, die etwas Besonderes bewirken und ungefähr wie ein Gebet wirken. Diese Figuren wirken sehr heilsam und werden von vielen Energethikern[G] bei deren Arbeit für Erde und Menschen zur Lösung von Blockaden und zur Energethisierung verwendet. Als Beispiel sind die Werke von Ama.Ryilla und El.An.Rea `Metatron´ anzuführen. [Q]

Anfangs war ich sehr misstrauisch demgegenüber, habe aber inzwischen positive Erfahrungen bei der Anwendung dieser Metahologramme gemacht. Ich weiß zwar nicht, wie sie funktionieren, habe aber die Vorstellung, dass diese Figuren aus der Urmatrix sich sehr wohltuend und harmonisierend auf unsere physischen sowie auf unsere feinstofflichen Körper auswirken.

Später malte ich ein Metahologramm mit Ölkreide auf ein Stück weißes Papier und benutze es auch heute noch, indem ich es an meinem Arbeitsplatz stehen habe. Darüber hinaus gibt es auch noch andere Symbole wie Piktogramme, die ich in der Literatur fand. Sie sollen eine musterauflösende Wirkung haben, wenn man sie eine Weile betrachtet. Das kann sogar über unser Unterbewusstsein geschehen, und muss also nicht einmal konzentriert beachtet werden. Es liegt auf der Hand, wie sehr man mit Symbolen einen Menschen manipulieren könnte – auch im negativen Sinne!

Bild: `Metahologramm: Liebe´ Acryl, gemalt und gechannelt von Eva Lene Knoll

Ich persönlich habe bei Auflösung von Mustern die beste Erfahrung mit der `Journey ™´-Methode von Brandon Bays. Sie übertrifft bei mir sogar die Wirkung von E.F.T. oder sonstiger hilfreicher Methoden. E.F.T. oder Emotional Freedom Techniques, sind Meridian-Klopf-Methoden(G), ähnlich wie bei der Kinesiologie(G). Beide sind aus der traditionellen chinesischen Medizin (TCM) entstanden. Auf die Erfahrungen mit der Methode von Brandon Bays gehe ich in einem späteren Kapitel noch im Besonderen ein. Wer sich näher dafür interessiert, für den empfehle ich ihr Buch über diese Methode (`Journey ™´) (Q), sowie ein Buch über E.F.T. von Erich Keller: `Endlich frei!´

Reise mit der Merkabah

17. Juni 2008

Ich begann seit Kurzem meine Merkabah zu aktivieren, indem ich täglich visualisiere, mich stehend im `Sternenträger´ zu befinden. Das Wort Merkabah stammt aus dem ägyptischen und bedeutet `Körper-Geist-Fahrzeug´. Es ist ein Energiefeld, das den menschlichen Körper umgibt. Der Sternenträger ist ein platonischer Körper (heilige Geometrie) und besteht aus 2 ineinander gesteckten Tetraedern. Ich visualisiere drei dieser Figuren, zwei für Seele und Geist, die sich gegengleich schnell drehen und eine für den Körper, die stabil steht.

Bild: `Merkabah´ - Acryl, gemalt von Eva Lene Knoll
Was man am Bild sehen kann, ist die gelbgold gefärbte Umrandung des Sternes, das an der Seite weit auseinandergeht. Die Merkabah ist in der Mitte im sich drehenden Zustand.

Vermutlich ist sie durch die Fliehkraft bis zu 18 m (!) weit und sieht dann tatsächlich aus wie eine fliegende Untertasse.

Zuerst atme ich siebenmal und visualisiere mir dabei, wie ich in diesem geometrischen Körper stehe. Dann atme ich wieder tief von oben und unten ein (6x) und lasse dabei in meiner Mitte mental eine Lichtkugel entstehen, die mit jedem Atemzug größer wird. Beim 7. Mal atme ich die Lichtkugel in das Herz hinein und aktiviere dabei das Zentrum der allumfassenden Liebe. Anschließend visualisiere ich, wie sich der eine Sternenträger dreht, während der andere sich gegengleich genauso schnell bewegt und der dritte stabil bleibt.

Ich kam auf die Idee, nur mit meiner aktivierten Merkabah eine Reise in die `Anderswelt´ zu unternehmen und flog wie mit einer fliegenden Untertasse (die sich drehende Form der Merkabah hat diese Gestalt) hoch in den Himmel durch eine Wolkendecke. Ich traf dort zahlreiche lichtvolle Erscheinungen, während ich in eine zauberhafte Landschaft tauchte. Es war eine der `oberen Welten´.

Die Blumen und Gräser dort hatten kräftige Farben, aber waren dennoch nicht zu grell. Da war auch ein Fluss, und ich stieg in ein Auslegerboot, das dort geankert war und einladend auf mich wartete, es zu nutzen. Ich band das Boot los und bewegte mich mit einem leisen Plätschern mehr zur Mitte des Flusses. Das Wasser war hoch. Ich sah keine Steine am Ufer, nur saftiges Gras. Obwohl der Fluss aussah, als hätte er Hochwasser, war er dennoch rein und klar, und ich sah das Wasser in hellem blauem Ton, das die Farbe des Himmels widerspiegelte.

Der Fluss hatte eine leichte Strömung, und ich fuhr mit dem Boot elegant durch seine sanften Wellen. Schließlich kam ich zu einem Wasserfall, aber wie durch Meisterhand gelenkt, schaffte ich die Hürde gekonnt, ohne zu kentern. Nach einigen Einmündungen von Bächen, verbreitete sich der Fluss zum Strom, und ich konnte das Auslegerboot wieder sanft durch die Wellen lenken. Dabei beobachtete ich die Wiesen und Felder, die an mir vorbei zogen.

Schließlich wurde der Strom etwas enger und tiefer, und ich kam in eine Buschlandschaft. Dort bemerkte ich große durchscheinende Steine: Es waren riesengroße Kristalle. Auf dieses Landschaftsbild folgte eine Umgebung mit rotem Wüstensand. Dann sah ich schwarzen Lavasand mit schwarzen glatten Lavasteinen dazwischen. Jetzt wurde die Situation doch noch gefährlich. Nicht weit von mir sah ich, wie rot glühende Lava sich durch die Landschaft wälzte.

Der Strom wurde bald wieder ganz weit und seicht und mündete ins Meer, und der Lavastrom war jetzt wieder weit weg. Ich konnte noch sehen, wie er ebenfalls ins Meer mündete. Ich fuhr mit dem Boot in die offene See hinaus, und vor mir sah ich eine kleine Insel, die langsam immer größer wurde.

Ich fuhr zu einer Bucht, bei der ein anderer Fluss, von der Insel kommend, ins Meer einmündete. Ich blieb stehen, und hoch über mir bemerkte ich ein langes Felsenplateau. Links oben stand ein Wolf, es war mein Krafttier, und in der Mitte des Plateaus sah ich eine Frau mit langen, wehenden Haaren und einem verzierten Wanderstab in der Hand. Sie lud mich ein, auf die Insel zu kommen. Ich nahm die Einladung an und vertaute das Boot sorgfältig am Ufer, bevor ich zu ihr auf den Felsen emporstieg.

Die Frau, die mich erwartete, war eine `Verbündete´. Nachdem sie mich um mein Anliegen gefragt hatte, bat ich sie, mir bei meiner `Seelenheilung´ zu helfen, da ich momentan wieder in einem persönlichen Entscheidungskonflikt lebte, den ich nicht zu lösen vermochte. Sie gab mir zuerst klares Bachwasser zum Trinken, um mich zu stärken. Sofort fühlte ich mich besser, und ich konnte mich voll konzentrieren. Dann fragte ich sie, ob sie mir Informationen bezüglich meiner Situation geben konnte. Sie machte eine anmutsvolle Bewegung mit ihrer rechten Hand, und ich bemerkte unverzüglich einige weiße Rauchschwaden, die sich anschickten, sich in bestimmte Formen zu bilden. Sie hatte sie einfach so `hervorgezaubert´.

Dabei stellte sie mir folgende Fragen:
„Wen siehst du, wenn du an eine Person deines Vertrauens denkst? Und wen siehst du, mit dem du deine geplanten Unternehmungen machen willst? Und wen siehst du, wenn du an das Gefühl der Sicherheit denkst? Wen siehst du, mit dem du um die Welt reisen möchtest und wen siehst du, mit dem du an dein Ziel kommst?"

Ich erkannte schließlich ein Gesicht im Rauch. Es war eine eindeutige Botschaft. Ich wusste jetzt, an wen ich mich vertrauensvoll wenden konnte. Die Verbündete gab mir noch den Segen für mein geplantes Unternehmen. Ich bedankte mich. Anschließend verabschiedeten wir uns, und sie drehte sich um und ging in die untergehende Abendsonne.

Der Wolf begleitete mich zum Strand, wo ich mich auch von ihm trennte und wieder ins Boot stieg. Ich fuhr, wie üblich, denselben Weg zurück. Von dort ließ ich mich mit meinem Sternenträger von der `Oberwelt´ durch die Wolkendecke einfach sanft hinunterfallen und landete genau an dem Ort, von dem ich gekommen war.

Wie so oft stellte sich die Vision innerhalb von nur zwei Tagen ein. Ich begegnete dieser Person des Vertrauens – es war ein Mann – auf einer Kunstmesse. Von ihm konnte ich dann noch einiges lernen, dass mir zu einer Entscheidung bezüglich meiner geplanten Reise verhalf.
Das Ganze war natürlich auch eine Art schamanische Reise, die ich im letzten Teil des Buches genau beschreiben werde. Allerdings finden Sie auch genaue Anleitungen im Buch von Paul Uccusic `Der Schamane in uns´ (Q).

Eine Reise in die Vergangenheit

Diesmal begab ich mich zu einer Freundin an einem realen `Ort der Kraft´. Sie hatte ein eigenes Meditationszimmer und forderte mich auf, mich auf ein Sofa niederzulegen. Anschließend deckte sie mich mit einem großen Stofftuch zu. Dann führte sie mich in einen tiefen Entspannungszustand. Sie zählte rückwärts und hieß mich, mir die Zahlen bildlich vorzustellen. Dabei suggerierte sie mir einen immer tieferen Entspannungszustand.

Gedanklich begleitete sie mich zu einem großen `Sternentor´ auf einer Wiese. Davor lag ein kleines Gefährt, so wie ein Rennauto ohne Räder. Sie hieß mich einsteigen, und ich legte mich hinein. Ich war völlig entspannt. Dann erhob sich dieses Fahrzeug in die Lüfte und glitt durch das `Sternentor´. Dabei wurde ich durch einen langen Schlauch gezogen. Ich sah fantastische Farben und geometrische Figuren. Ich sah Spiralen, die sich in kleinere Spiralen unterteilten und wieder in noch kleinere, bis hin zu den kleinsten Fraktalen der Figuren. Ich spürte die Schwingungen des Gefährtes und der Bewegung, aber es war angenehm berauschend.

Schließlich landete ich sanft auf einer Wiese. Ich stieg aus dem Gefährt aus und sah mir die Umgebung genau an. Ich konnte nichts Gefährliches oder Feindliches bemerken. Der Himmel war lachsfarben, und ich sah zwei Sonnen am Firmament. Die Temperatur war angenehm, und ich konnte gut atmen. Ich blickte auf mich herunter und sah, dass ich ein weißes, zartes Kleid anhatte. Braune Locken fielen hüftlang an meinem Rücken herab, und ich fühlte mich jung und kräftig. Die Wiese war mit hohen Gräsern bedeckt, und die Erde dazwischen war terracottafarben.

Etwas weiter weg sah ich Gebäude wie Muschelschalen oder Schneckenhäuser nach oben ragen. Ich ging zu den `Häusern´ und wusste, hier wohnte ich. Ich wusste auch, dass es ein anderer Planet war, auf dem ich mich befand. Es war ein Planet aus dem Sternensystem `Sirius´(G) und ich hieß `Losinda´. Es waren noch andere `humanoide(G) Wesen´ hier. Sie waren weiblich und männlich zu ungefähr gleichen Anteilen, und ich sah auch einige Kinder. Sie sahen wie wir Erdenmenschen aus, und alle schienen freundlich zu sein. Sie bewegten sich anmutig und sanft und sprachen mit leiser Stimme, aber es gab auch eine Form von Gedankenübertragung.

Sie begleiteten mich zu meinem Haus, das wie eine liegende, spitze und überdimensional große Muschel aussah. Ich ging hinein und war erstaunt, wie gemütlich es hier war. Alle Räume waren durch die Muschelform abgerundet, die Gänge spiralförmig, die Türen waren oval und die Räume waren nur durch Vorhänge getrennt. Durch Wendeltreppen gelangte man wie bei einem Turm in mehrere Stockwerke.

Das Leben war einfach hier. Es gab hauptsächlich Pflanzen, die auch die nötige Nahrung lieferten. Sie lieferten Säfte und gelartigen Nektar, der sehr nahrhaft war. Es gab auch viele andere Früchte und Gemüsesorten, die süß oder würzig schmeckten und einfach zuzubereiten waren – ohne Feuer. Ich hatte auf der Erde nie solche Früchte gesehen. Die Wohnungen brauchten nicht geheizt werden, denn die Temperaturen hier waren immer angenehm, und man brauchte sich auch sonst nicht viel um seinen Lebensunterhalt sorgen. Die Muscheln waren zuerst natürlich gewachsen, so wie Berge auf jenem Planeten, später baute man sie nach. Dazu verwendete man Rohstoffe, die man auf der Erde für die edle Porzellanmanufaktur verwendete, die es hier im Übermaß gab. Das Material war so beständig, dass es jahrtausendelang hielt.

Die `Menschen´ hier hatten allen Grund, glücklich zu sein. Sie brauchten nur wenig körperlich zu arbeiten, daher konnten sie sich wirklich um ihre Familie kümmern, um die Mitmenschen, um das soziale Wesen, die Politik überhaupt und konnten über die Natur des Universums forschen und sich Gedanken über die Spiritualität machen. Dabei wurden keine Religionen, so wie wir sie haben, gegründet, jeder konnte hier wirklich seinem eigenen persönlichen Weltbild nachkommen. Diese Weltbilder waren alle gleich richtig, man konnte sie nur sprachlich – so wie auch bei uns auf der Erde – und gedanklich nicht korrekt ausdrücken. Da alle nicht richtig waren oder nicht komplett, denn auch diese Menschen waren nicht perfekt und daher nicht allwissend, wurden alle Weltbilder als ungefähr `gleich falsch´ oder `gleich richtig´ angesehen. Ihre Paradigmen unterschieden sich je nach Bewusstsein der jeweiligen Menschen oder Menschengruppen.

Die Menschen auf jenem Planeten hatten allerdings ein leichteres Leben, und im Allgemeinen wurden sie auch sehr viel älter als wir Erdenmenschen es je werden können, sodass sie bis zum Ende ihres Lebens viel weiser waren als wir. Damit wurde ihr Bewusstsein viel höher als das der Erdenmenschen.

Es wurde mir gesagt, dass ich eine sehr weite Reise durch Raum und Zeit zurückgelegt hätte, und dass ich vor Myriaden von Jahren einmal hier gelebt hatte. Nicht nur ich, antwortete man mir auf meine Frage, warum mein jetziges Dasein auf der sehr viel `schwereren´ Erde sein musste, alle Menschen von Sirius mussten den Planeten aufgrund eines Unglücks verlassen. Ich wollte eigentlich noch viel mehr wissen, aber ich konnte meine Konzentration nicht mehr länger aufrecht halten und ging daher zu meinem Luftgefährt zurück, nachdem ich mich dankend verabschiedet hatte. Ich stieg ein und reiste zurück durch das `Sternentor´ und landete wieder auf der Wiese, auf dem sich diese Dimensionsöffnung befand.

Dort stieg ich aus, und meine Freundin begleitete mich wieder zurück in meine reale Welt.

Solche Rückführungstherapien werden inzwischen schon sehr häufig angeboten, meistens von Psychotherapeuten. Es gibt auch einige Bücher darüber, zum Beispiel von Michael Newton `Leben zwischen dem Leben: Die Hypnotherapie[G] zur spirituellen Rückführung´ [Q].

Ein Reptiloid – ein Alien?

19. Juli 2008

Seit mehreren Wochen ging es mir wieder nicht so gut, und ich schlafe schlecht, obwohl meine emotionalen und physischen Kräfte sehr erschöpft sind. In der Nacht höre ich ein tiefes `Brummen´ oder `Summen´, und ich weiß nicht, woher das kommt.

Ich träume immer wieder schlecht – von Kriegen und Kämpfen, und natürlich war ich immer im Mittelpunkt des Geschehens. Als ich eines Tages in der Früh aufwachte, sah ich eine Gestalt in einer Kutte mit Kapuze neben mir, erkannte aber darunter das Gesicht eines Reptils. Es war grün und runzlig, wie das eines Salamanders, und ich erschrak. Da ich aber in meinem Leben schon so einiges gewohnt bin, fasste ich mich rasch und dachte: „Nein, ich will dich nicht hier haben, ich erlaube es dir nicht."

Denn sprechen konnte ich nicht in diesem Zustand. Sofort verschwand die Erscheinung. Obwohl es mir heute wie ein Albtraum vorkommt, war das, was ich sah, real. Ich fühlte mich beobachtet, und ohne die Paranoia deswegen zu bekommen, beachtete ich das Gesehene nicht weiter. Es gibt ja sehr viel Literatur zum Thema Reptiloide[G], Dracoide[G] und so weiter (z. B.: von Armin Risi `Machtwechsel auf der Erde´ oder auf der Homepage von quantumfuture.net.

Am 14. August hatte ich wieder einen klaren Traum: Ich befand mich in einer anderen Zeit, aber hier in dieser Welt. Ich denke, der Traum zeigte mir eine weitere Zeit in der Zukunft.

So stand ich auf einer Straße am Rande einer Großstadt mit einigen anderen Menschen - und ich war diesmal ein Mann, umgeben von einigen Gefährten. Wir blickten alle auf die grauen Gemäuer dieser trostlosen Gebäude dieser Stadt, wo jedes Grün schon lange fehlte, und nur die Technik das Leben der Menschen bestimmte. Nicht, dass diese Tatsache das Leben der Menschen erleichtert hätte, denn die Machthabenden versklavten die Menschheit und hatten sie unter totaler Kontrolle.

Nur wir, diese Gruppe, in der ich mich befand, kämpften gegen die Machthabenden im `Untergrund´. Das war, wie in jedem politischen Regime wo Diktatur herrscht, ziemlich gefährlich. Wir kämpften aber nicht wie die Ritter im Mittelalter, sondern wir hatten ein Appartement, das mit den modernsten Computern ausgestattet war. Unsere Spezialisten, Systemanalytiker und Mathematiker, konnten Codes entschlüsseln und Weiteres. Wir `hackten´ uns in die Computersysteme der Machthabenden ein und versuchten so, das derzeitige Regierungssystem zu zerstören.

Als wir gerade wieder einmal voll dabei waren in diesem Sinne zu arbeiten, hörten wir plötzlich Polizeisirenen. Wir flüchteten alle sofort auf die Straße, und ich hoffte, dass meine Kameraden rechtzeitig mit ihren schnellen Autos entkommen können.

Ich flüchtete auf die andere Straßenseite und wurde von einem Polizeiauto verfolgt. Es kam zu einer Szene wie aus einem Actionfilm. Ich lief quer durch enge Gassen und dann links und rechts wie ein Hase, sodass ich die Fahrer verwirrte und sie mich nur sehr langsam verfolgen konnten. Schließlich waren sie ja mit ihrem Wagen viel schneller als ich beim Laufen. Dann lief ich durch einige Passagen und Hinterhöfe, aber immer, wenn ich auf der anderen Seite herauskam, kam auch der Wagen wieder. Trotzdem gewann ich immer wieder einen Vorsprung durch den direkten Weg, während der Wagen um den Häuserblock fahren musste.

Während ich durch die Gebäude und Gassen lief, beobachtete ich blitzschnell alle Gegebenheiten, die sich für mich für ein eventuelles Versteck boten, aber schließlich erwischten sie mich doch, und sie schleppten mich regelrecht ab und in die Mitte der Stadt in ein modernes Gebäude direkt vor dem obersten Machthabenden.

Dieser zeigte sich vor dem Volk nur von einer Seite, die von Güte und Mitgefühl geprägt war. Sie schleppten mich vor ihn hin und warfen mich auf die Knie. Aber ich stand auf und sah in sein Antlitz. Mit meinem `dritten Auge´(G) sah ich sein wahres Gesicht! Es war das eines Reptils, furchterregend und dämonisch, und als er mir anbot, mich freiwillig einer so genannten `Reinigungsaktion´ zu unterziehen, die eine Art `Gehirnwäsche´(G) war, um die Seite zu wechseln, verneinte ich resolut und trat ihm trotzig entgegen.

Nun sollte ich in das Gefängnis gezerrt werden, das schon viele andere beherbergte, die sich rebellisch gegen dieses Machtregime aufgelehnt haben. Es gab an diesem Tag mehrere Gefangennahmen, wahrscheinlich aufgrund von Großraumrazzien. Vor mir wollte ein Mann über die Brücke springen, über die wir in das Gefängnisgebäude gezerrt wurden. Der Mann wusste, was ihm blühte. Vor Folter wurde hier nicht zurückgeschreckt, und der Tod war besser als das Leben in diesem Gefängnis. Aber der Suizid(G) wurde verhindert, denn der Abgrund wurde durch ein spezielles Magnetfeld geschützt, das einen freien Fall unmöglich machte und ihn wie ein Netz auffing.

Es gab keine Fluchtmöglichkeit. In diesem Leben musste ich aber spezielle magische Kenntnisse besitzen, denn nicht nur, dass ich das `dritte Auge´ der Wahrnehmung geöffnet hatte, ich besaß auch andere magische Techniken. Ich rief meinen `Lichtmeister´ an und tatsächlich, er kam aus einer anderen Dimension und gab mir die Fähigkeit zu levitieren[G]. Ich riss mich mit einem Nahkampfgriff, den ich auch im realen Leben beherrsche, aus den festen Griffen der Wachen, und Kraft meines Geistes schwebte ich hoch in der Luft. Wo diese Leute Technik brauchten, genügten mir meine Geisteskräfte. Die Männer staunten mit offenen Mäulern über meine Fähigkeiten.

Leicht schwebte ich über die Dächer der Stadt, bevor mich irgendein Hubschrauber verfolgen konnte, und ich entfernte mich weit von diesem Ort und von diesem Land.

Dann kam ich endlich in eine grüne Naturlandschaft mit ländlichen Häusern und freundlichen Menschen, weit entfernt von jenem Regime, aber trotzdem in Gefahr, eines Tages verhaftet zu werden. Sie empfingen mich freundlich, und ich konnte schnell Gleichgesinnte finden. Wir hofften es zu schaffen, das Regime von außen her zu stürzen und ein Regime von gütigen Menschen mit humanen Vorstellungen zu gründen.

Vor einiger Zeit hatte ich zuerst im Internet und später auch in Büchern tatsächlich einige Informationen bezüglich reptiloider Wesen gefunden. Ich war wohl nicht die Einzige, die von solchen Wesen träumte oder Visionen hatte.

Reise in mein `Inneres´ - Seelenreisen

Emotionale Seelenreise

Herbst 2006

Erst vor relativ kurzer Zeit – etwa seit zwei Jahren – habe ich gelernt, meine negativen Gefühle zuzulassen. Dabei stellte ich fest, dass sie nie sehr lange anhielten. Ein Buch von Brandon Bays `The Journey™ – Der Highway zur Seele´ hat mir dies bestätigt. Zu dieser Zeit hatte ich emotionale Probleme, die sich in Hoffnungslosigkeit ausarteten. Was man bei diesen `Seelenreisen´ macht, sind also ebenfalls eine Art `Reisen´ im Wachzustand, weniger im Traum, aber durch einige Ebenen der `Realität´. Im weiteren Sinne kann ich sie also auch so bezeichnen, da ein Traum für mich eine Reise in eine andere Realität darstellt.

Ich wollte diese Methode (The Journey ™) verwenden, um mit mir selbst wieder klarzukommen und fand in meiner Nähe eine Frau, die genau diese Technik praktizierte.

Als ich zu ihr kam, begleitete sie mich in einen freundlichen Raum und wies mich an, es mir auf einen Liegestuhl bequem zu machen und mich zu entspannen.

Dann ging ich im Geiste durch eine Tür und eine Treppe hinab, immer tiefer, bis ich eine optimale Entspannung erreichte. Meine Mentorin wies mich an, mich auf das Gefühl der Hoffnungslosigkeit total einzulassen. Ich versuchte das, während sie mich fragte:
„Was steckt hinter diesem Gefühl?"

Es war nicht leicht, weiterzukommen, so bat ich um Hilfe von meinem Geistführer(G), und ich kam alsbald in eine nächste Ebene und in eine andere Emotion. Die Mentorin ließ mich von Gefühl zu Gefühl in eine andere Ebene schreiten, schließlich kam ich auch zu einer Ebene, wo ich `Wut´ empfand. Erst dann konnte ich ihr eine Antwort auf ihre oben gestellte Frage geben. Die Mentorin fragte mich bei jedem Schritt in eine andere Ebene und andere Emotion, ob ich dabei eine Verbindung mit einer Person erkannte. Bis zu dieser Stufe war das nicht der Fall, aber hier, bei der Emotion `Wut´ brachte ich eine Person in Verbindung. Meine Mentorin merkte sich diese Stufe und diese Emotion, und sie wies mich weiter an:
„Schau genau hin, was ist hinter dieser Wut?"
Hier konnte ich wirklich nicht mehr weiter. Ich war wie in einem `schwarzen Loch´ und empfand überhaupt nichts mehr. Aber aus dem Buch, das ich vorher gelesen hatte, wusste ich, dass das eine wichtige Stufe vor der Begegnung mit der `Quelle´ ist.

Ich bemühte mich, hindurch zu schreiten, aber wie eine Wand blockierte mich jeder weitere mentale Schritt. Ich bat wieder meinen Geistführer. Aber ich blieb weiter in dieser Ebene stecken. Die Mentorin ließ mir Zeit, und geduldig ermutigte sie mich, durch diese Blockade hindurchzugehen. Endlich schaffte ich es, und ein Gefühl der Freiheit und Erweiterung meines Selbst' überströmte mich. Das war die `Quelle´. Ich hatte endlich eine Begegnung mit der Quelle!

Andere könnten dieses Gefühl auch als `Liebe´ oder `Ruhe´ oder `Frieden´ bezeichnen, aber ohne dieses Gefühl der Weite, der Offenheit und des `Einsseins´ mit allem, ist die Quelle noch nicht erreicht. Es ist also wichtig, dieses `weite´ Freiheitsgefühl zu haben, und dass wir alle mit allem verbunden sind.

Eine kurze Weile ließ sie mich in diesem Gefühl `baden´, dann begleitete sie mich wieder in die Ebene davor und wies mich an, die Quelle mitzunehmen durch alle Ebenen, denn mit ihrer Hilfe sollten alle Emotionen `reingewaschen´ werden. Schon in der Ebene davor ließ sie mich ein `Lagerfeuer´ aufstellen, da hier die erste Emotion kam, die mit einer Person verbunden war. Um das Lagerfeuer setzten wir uns nieder – ich, die Quelle, mein jüngeres Selbst, die Person, die ich mit dem Gefühl meiner Wut in Verbindung brachte und mein Geistführer.

Nun ließ die Mentorin uns miteinander sprechen, und dabei musste alles gesagt werden, was gesagt werden musste. Solange, bis wir alle – mein jüngeres Selbst und auch mein gegenwärtiges, sowie die Person, die hier im Geiste als `höheres Selbst´ sprach – uns verzeihen konnten. Das war gar nicht so leicht für mich, denn auf die Frage der Mentorin:
„Kannst du jetzt dieser Person verzeihen und wirklich in aller Liebe loslassen?" Musste ich immer wieder feststellen, dass ich noch einen geringen Groll hegte. Da war noch kein Verzeihen möglich, und obwohl ich schon müde war, mussten wir weiter und weiter diskutieren, wobei der Geistführer als Mediator[(G)] oft eingeschaltet werden musste.
Am Ende musste ich auch noch mir selbst verzeihen und die anderen ebenfalls um Verzeihung bitten. Das war ganz wichtig!
Endlich war es soweit, und ich konnte loslassen. Dann durfte die Person in das `Feuer der Liebe´, in die Quelle gehen, und das jüngere Selbst und ich verschmolzen miteinander.
Die Mentorin ließ mich weiter alle Stufen mit der Quelle, die jede Emotion `reinwusch´, zurückgehen, bis zur ersten, der `Hoffnungslosigkeit´, – und mit der Quelle an meiner Seite wurde auch diese Emotion geläutert.
Langsam ließ sie mich die Stufen wieder hinaufsteigen, bis ich die erste Stufe erreicht hatte und wieder ganz wach war und ein

normales Körpergefühl hatte. Ich ging durch die Tür und war
wieder ganz da.
Nach einiger Zeit schon wirkte sich diese `Reise´ auf mich aus,
sodass ich wieder klarkam.

Seelenreise in den Körper

31. Juli 2008

Nachdem ich die `Quelle´ bei dieser Methode (The Journey ™) schon erfahren hatte, traute ich mir zu, sie auch alleine zu machen, obwohl die Methode nicht dazu gedacht ist. Ich hatte diesmal vor, eine `physische Reise in mein Inneres´ durchzuführen.

Seit einem Jahr hatte ich am Kopf, und zwar genau am Kronenchakra, eine hornige Erhebung, an der ich immer wieder kratzte. Aber egal, was ich an Mittelchen aus der Apotheke probierte, sie verging nicht. Ich verwendete ätherische Öle, Steine, Bachblüten, aber die Verhornung heilte nicht.

An diesem Herbsttag erinnerte ich mich daran, eine physische Reise in mein Inneres allein versuchen zu wollen.

Ich legte mich entspannt auf meinen Lehnstuhl und ging mental durch eine Tür und die Treppen hinab. Es war eine dunkle Kellertreppe und ein dunkler Raum. Im Raum befand sich ein kleines Raumschiff, und darin saß mein Geistführer. Er machte die Tür auf, begrüßte mich und lud mich ein, in das Fluggerät einzusteigen.

Ich kam seiner Einladung nach und stieg ein. Das Raumschiff setzte sich selbsttätig in Bewegung und fuhr in meinen eigenen Körper. Es landete in der Haut und unter meinem Kronenchakra. Dann machte ich die Tür auf, und wir stiegen hinaus. Ich sah mich um und bemerkte über mir hornig weiße und schuppige Wände. Der Geistführer fragte mich nach meinen Emotionen, und ich hatte tatsächlich ein schlechtes Gefühl, das ich mit einer Person verband.

Durch diese Emotion ging ich durch und empfand die Nächste. Ich ging weiter und kam zu einer weiteren Emotion und dann wieder zur nächsten. Es tauchten keine anderen Personen mehr auf und schließlich stand ich wieder vor dem mir schon bekannten `schwarzen Loch´. Eine Weile konnte ich nicht weiter, und ich bat wieder meinen Geistführer, mir zu helfen. Schließlich kam ich durch die unsichtbare `Wand´ durch, und ich fühlte Befreiung und Weite. Eine Zeit lang ließ ich mich in diesem Gefühl `suhlen´, dann ging ich in Begleitung der `Quelle´ wieder zurück durch alle Ebenen. Dabei bat ich die Quelle, jede Emotion zu läutern. Schließlich war ich wieder bei dem Gefühl, bei dem ich zu Beginn der Reise war, wo schon die Person auftauchte, und ich entzündete geistig ein Lagerfeuer.

Es wurde zwischen mir und meinem `jüngeren Selbst´ und dieser Person alles ausgesprochen, was zu sagen war, und schließlich konnten wir uns einander verzeihen und loslassen.

Ich ließ sie in die `Quelle´ gehen, in das `Feuer der Liebe´ des Lagerfeuers, und dann verschmolz ich mich mit meinem `jüngeren Selbst´.
Jetzt schaute ich mich abermals in meiner Umgebung um und sah, wie die schuppige Wand meiner Haut langsam abbröckelte. Dann fühlte ich mich in mein `zukünftiges Ich´ hinein und sah eine reine Haut. Ich war zufrieden.
Mit meinem Geistführer betrat ich nun wieder das Raumschiff und fuhr aus meinem Körper heraus und wieder in den Raum, von dem ich gekommen war. Dort blieben wir stehen und stiegen aus. Ich verabschiedete mich und ging wieder die Treppe hoch bis zur ersten Stufe und durch die Tür.
Es vergingen nur einige Tage, seit ich diese `Reise in mein Inneres´ unternommen hatte, und die hornige Erhebung auf meinem Kopf war verschwunden.

„Was sollte die
Seele etwas
Wahreres finden
als das Wahre selbst?

Sie täuscht sich
nicht darin,
dass sie selig ist.

Alles, woran sie sich
früher erfreute:
Herrschaft, Macht,
Reichtum, Schönheit,
Wissenschaft, sie sieht es
als geringschätzig an.

Auch fürchtet sie kein
Unglück, wenn sie mit
jenem vereint ist;
ob gleich alles um sie
her verginge,
so wäre ihr das
gerade recht,
dass sie mit dem
Einen allein sei."

Plotinos

Das Land Gondwana und seine Höhlenwelt

Gondwana

04. August 2008

An diesem Tag machte ich mich in Begleitung von Trommeln auf eine schamanische Reise in die Unterwelt. Ich befand mich sogleich an meinem `Kraftort´ am Meeresstrand und ging diesmal in eine andere Richtung als sonst. Nahe beim Meer fand ich hohe Felsentürme, die anfangs ein wenig zerklüftet waren. Zum Landesinnere hin wurden diese immer mehr zu einem durchgehenden, felsigen Gebirge.

Ich ging durch einen torähnlichen Felsenbogen in die Gebirgsformation hinein und kam in eine Säulenhalle aus natürlichen Felsen. Über mir sah ich den freien Himmel, vor mir sah ich einen größeren Spalt. Ich ging hinein durch diese türähnliche Öffnung und bemerkte, dass die Räume dahinter eigentlich gar nicht dunkel waren, obwohl über mir kein Himmel mehr zu sehen war, sondern nur steinernes Gewölbe.

An den Wänden und am Boden sah ich Spiegel und Kristalle, wo sich das Licht, das durch einige Öffnungen in die Felsengemäuer einfiel, brach und so reflektierte, dass die Hallen und Gänge der Höhle beleuchtet waren.

Entlang den Wänden fand ich einige Markierungen, die mir nichts sagten, aber ich ging weiter in einen der Gänge und stieg über stufenartige Steinplatten hinunter. Ich stieg immer weiter abwärts, bis ich zu einer Erweiterung des Ganges kam. Dort befand sich über mir wieder eine Öffnung, durch die ich den blauen Himmel sehen konnte. Da sah ich in der Ferne einen Vogel, und ich erkannte meinen `Adler´. Er landete vor mir auf einem vorstehenden Felsen, und wir begrüßten uns.

Dann ging ich weiter die steinigen Gänge hinunter, und mein Adler beobachtete mich. Von unten her kam mir dann ein weiteres Krafttier entgegen. Es war der Wolf, und er lief auf mich zu und sprang an mir hoch, um mich zu begrüßen. Ich griff ihm in sein Fell und kraulte ihn. Dann ging ich mit ihm weiter abwärts. Die Steintreppen schlängelten sich steil hinunter, und ich kam immer tiefer und tiefer in das Gebirge hinein. Der Gang erweiterte sich zu einer riesigen Halle, und vor mir lag ein Felsendom, hoch wie eine Kathedrale; überall war das felsige Gewölbe mit steinernen Säulen und Säulen aus edlen Kristallen gestützt, die vorwiegend weiß, rosa und lila leuchteten.

Ich sah sehr interessante Höhlenzeichnungen mit Schlangen, Eidechsen, anderen Tieren und Hände. Auch waren einige Menschen abgebildet, die sehr groß und lang schienen und eine strahlende Aura um den Kopf hatten.

Jetzt wusste ich, dass ich im alten Gondwanaland war. Ich ging weiter, und dann beobachtete ich vor mir eine Szene:

Dunkelhäutige Menschen waren vor mir versammelt und tanzten. Die meisten waren mit Fellen und Leder bekleidet, aber das Gewand war nicht einfach übergezogen, sondern sorgfältig genäht. Sie trugen Schmuck und waren mit weißer Farbe, dass wahrscheinlich aus Kaolin bestand, und mit rotem Ocker bemalt. Überall an den Wänden befanden sich bunte, kunstvolle Gemälde von Tieren und Menschen. Viele Fettlampen standen rundherum, und einige Menschen saßen und trommelten, rasselten und sangen in einer fremdartigen Melodie. Dann erhob sich der Klang eines Didgeridoos, und die Hallen gaben den Klang durch ihre besondere Akustik auf geheimnisvolle Weise weiter und verstärkten diesen.

Es war wohl eine religiöse Zeremonie, die ich hier beobachtete. Im Schein der Lampen schienen sich die Tiere an den Wänden zu bewegen. Es war zauberhaft und mystisch, dies zu beobachten, sodass ich direkt Gänsehaut bekam. Die Menschen waren in Trance, es war das, was man später als `Dreamtime´ bezeichnen wird.

Die Gondwanier waren die späteren `Aborigines´(G) und ihr Land, Gondwana, wurde von den späteren Entdeckern dieses südlichen Kontinents `Australien´ genannt. Ein Großteil Gondwanas erstreckte sich auch über Südafrika.

Das wusste ich schon, aber ich habe noch nie so eine geheimnisvolle Szene in den rosig-orange-farbenen Höhlen dieses Landes beobachten können (auch nicht in Dokumentationen), denn kein Weißer hatte normalerweise Zutritt zu den unterirdischen Höhlen des Ayers Rock(G) oder `Uluru´(G), wie ihn die Einheimischen nennen; die unterirdischen Höhlen des Mount Kosciusko, der `Snowy Mountains´ und des Gebirges im Arnhem Land sind bekannt, sowie die des Windjana-Gorge-Nationalparks und sind für viele Touristen ein begehrtes Ausflugsziel. Auch in den Höhlen der anderen Gebirge in der Mitte und im Norden Australiens befinden sich diese wundervollen Höhlenzeichnungen, die wahre Künstler einst geschaffen haben.

Ich erkannte, dass diese Menschenrasse die Zeremonie zu Ehren ihrer Vorfahren aus Agartha abhielten. Ihre Ahnen hatten am Nord- und Südpol in der unterirdischen Welt, wo sie ein wahrlich großartiges Tunnelsystem ausgebaut hatten, wunderbare, schöne Städte angelegt, die sie bewohnten; bis zu dem Tag ihres

Rückfluges, denn ihre Ahnen kamen von einem fremden `Stern´ (einem Planeten des Oriongürtels).

So erklärte mir das schon vor längerer Zeit mein `geistiger Führer´, der mich bei meinen `Traumreisen´ stets in Form eines Lichtes begleitet.

Ich ging wieder zurück, verabschiedete mich von meinen Krafttieren und trat aus der unterirdischen Welt wieder ins Tageslicht. Von dort ging ich zum Meeresstrand zurück zu dem Ort, von dem ich gekommen war und in meine `reale Welt´ hinein.

Diese Szene zu sehen, war wundervoll, und es gab kurz darauf eine Fortsetzung dieser Reise, nämlich ungefähr Mitte September, wo ich ebenfalls durch unterirdische Höhlen wanderte.

Die Höhlen von Lascaux

September 2008

Bild: Felsmalereien – Acryl-Filzstift, gemalt von Eva Lene Knoll

Abends ging ich in den Garten und setzte mich auf einen Liegestuhl. Dabei ging ich mit Hilfe von Rasseln in `Trance´ und suchte mental eine Höhle.

Ich begegnete meinem `Adler´, der mich mit seinen Klauen an meinem Gürtel hielt und hoch in den Himmel trug. So überflog er mit mir die abendliche Landschaft, und wir kamen in ein fernes Land mit einem Gebirgszug in Frankreich. Mario Ruspoli berichtet ähnliches in `Die Höhlenmalerei von Lascaux´. (Q)

Dort ließ er mich vor einem Höhleneingang nieder und wartete auf mich, während ich unverzüglich in das felsige Loch eintrat. Ich kletterte hinunter, immer weiter, und es eröffnete sich mir eine erstaunliche Höhlenwelt mit natürlichen Felssäulen und Steinplatten. Es war herrlich anzusehen, und schließlich kam ich in Hallen, die groß und geräumig waren, wie in einem Dom.

Wieder sah ich bunte Höhlenzeichnungen, bei denen die Farben schwarz und ockerrot dominierten. Sie zeigten Tiergestalten in künstlerischer Anmut, Symbole, die ich nicht kannte und immer wieder waren Hände abgebildet.[3] An den Wänden waren schwarze Rückstände von Fackeln. Ich hatte eine starke Taschenlampe in den Händen und eine auf meinem Hut. Damit konnte ich alles sehr gut ausleuchten. Vor mir tauchten wieder rituelle Szenen einer Dorfgemeinschaft auf. Schamanen, in Fell und Leder gekleidet und mit kunstvollem Schmuck behangen, und viele sonstige Frauen und Männer, wahrscheinlich Krieger[4]. Sie tanzten und wurden dabei mit Instrumenten wie Trommeln und Flöten begleitet.

Diese Menschen hatten anmutige Gestalten und Gesichter; sie waren etwas dunkel, aber nicht so dunkel wie die indigenen Völker in Australien. Sie kamen aber ebenfalls aus Gondwana, und zwar aus dem südafrikanischen Teil. Durch eine Völkerwanderung haben sie sich mit den Europäern vermischt und lebten jetzt in den Höhlen Südfrankreichs und Spaniens. Es waren die `Cro-Magnon-Menschen´, die Vorfahren unserer heutigen `modernen´ Menschen.

---

[3]   Es ist eine Tatsache, dass die Hände abgebildet sind. Da rätseln Ärchaologen auch darüber, ohne auf eine logische Lösung zu kommen
[4]   Auch Frauen waren Krieger. Das ist bewiesen.

Dieser Anblick war wieder sehr mystisch, und ich bekam wieder eine Gänsehaut dabei. Nach einer Weile des Staunens ging ich wieder zurück durch die steinigen Gänge und durch das Loch, durch das ich eingetreten war. Draußen wartete der Adler schon auf mich und ergriff mich.

Dann flogen wir hoch am Himmel wieder zurück in meinen Garten, und wir verabschiedeten uns vorläufig. Hier gingen wir nicht denselben Weg zurück, denn es gibt auch Ausnahmen: Von der Reise aus der Oberwelt kann man auch zum Ausgangspunkt einfach wieder zurückfliegen.

Ich kam zurück in meine `reale Welt´ und erwachte im Liegestuhl.

Eine Erfahrung mit Lichtarbeit

Schon lange hatte ich das Gefühl, dass meine Intuition nicht so funktionierte, wie ich sie eigentlich für meine Arbeit brauchte, und daher vermutete ich, dass sich auf gewissen Ebenen bei mir Blockaden befänden, die ich trotz aller Energiearbeit selbst nicht entfernen konnte.

Auf Empfehlung einer Freundin bekam ich eine Adresse einer Frau, die eine spezielle Lichtarbeit anwendet. Ich nenne sie `Andrea´. Bei dieser Erzählung verwende ich nicht ihren wirklichen Namen, um ihre Identität zu schützen.

Sie arbeitet mit hohen Lichtwesen und Devas(G) und benutzt dabei `geometrische Formen´, die `Metahologramme´ genannt werden (Q). Aber bevor sie das tut, `channelt´ sie diese Lichtwesen, und ich kann abfragen, wo meine Blockaden liegen - meine körperlichen und jene im feinstofflichen Bereich.

Ich bekam einen Termin und reiste zu diesem Ort am Stadtrand von Wien, ein Villenviertel.

24. August 2008

Pünktlich erschien ich bei ihr, und sie kam mir schon freundlich entgegen. Ich sah eine dunkelhaarige Frau mit weiblichen Rundungen. Sie bat mich herein und bot mir Wasser an. Dann begleitete sie mich zu einem Platz in einem besonderen Raum. Dieser Raum war voller Kristalle und Kerzen, ansonsten hell und freundlich, nicht überladen.

Wie schon erwähnt, `channelte´(G) sie zuerst, und mithilfe der Lichtwesen bekam sie die Antworten auf meine Fragen über meine Befindlichkeit. Es war leider tatsächlich so, dass sich meine Vermutung bestätigte: Es waren Blockaden vorhanden, die meiner Intuition hindernd im Weg standen, und unter anderem machten sich auch schon körperliche Beschwerden bemerkbar, vor allem durch starke Müdigkeit.

Sie bedeutete mir, mich auf eine Liege zu legen und stellte in Deltoidform faustgroße Bergkristalle um mich auf und auch auf meine Hauptchakren.

Was sich dann tat, konnte ich nicht wirklich nachvollziehen. Sie setzte sich neben mich, aber berührte mich nicht, und trotzdem fühlte ich einen tiefen Entspannungszustand. Ich hielt die Augen geschlossen, aber ich wusste, dass sie die begleitenden Lichtwesen um Hilfe bat.

Nach circa einer Stunde waren wir vorläufig fertig. Während des Prozesses nahm ich nur Ruhe wahr und einige Gerüche, die ich nicht ganz zuordnen konnte. Andere Leute sehen auch Farbenspiele oder hören Klänge, aber ich konnte das beim ersten Mal nicht erleben.

Ich war sehr müde nach diesem Prozess. Dann vereinbarten wir einen neuen Termin. Es war mir klar, dass ich in den nächsten Wochen auf bestimmte Loslösungsprozesse achten musste, ebenso auf meine Träume.

Eine anschließende Reise ins Weltall

21. September 2008

Ich hatte an diesem Tag einen Vormittagstermin bei Andrea und fuhr schon zeitig in der Früh weg, um pünktlich zu sein. Zum Glück hatte ich wieder schönes Wetter, und ich konnte den Weg zu ihr genießen.

Bei ihr angekommen, bat sie mich wieder in das freundliche Zimmer, und ich konnte es mir gleich auf der Liege bequem machen. Wieder legte sie Bergkristalle auf und um mich. Dann setzte sich Andrea neben mich und begann mit ihrer üblichen Anrufung. Ich entspannte mich sofort und war plötzlich an `meinem Ort der Kraft´.

Ich ging den Weg entlang zum Flussufer, wo ein Kanu ankam. Diesmal war es keine große Gondel, sondern nur ein kleines Kanu ohne Fährmann. Ich stieg ein und machte es mir gemütlich. Es ertönte ein schöner Gesang, und das Kanu setzte sich von selbst in Bewegung. Es folgte dem Flusslauf und kam in eine Dschungellandschaft.

Links und rechts am Uferrand sah ich hohe Urwaldbäume, und dazwischen sah ich bunt gemusterte Schlangen, die durch das Gestrüpp schlichen und einige Raubkatzen. Ich muss zugeben, dass ich von einer gewissen Angst heimgesucht wurde, aber ich blieb ruhig. Das Kanu fuhr weiter, und der Fluss verbreiterte sich und kam aus dem dunklen Wald heraus. Ich kam an einen Stausee, und inmitten des Sees befanden sich schwimmende Gärten mit Blumen und Gräsern. Die Landschaft sah jetzt freundlich und ungefährlich aus.

Das Kanu fuhr weiter, und der Fluss verengte sich wieder. Es bezwang einige Stromschnellen, und ich kam in eine sonderbare Landschaft. Alles schien durchsichtig wie aus Bergkristall. Die Landschaft neben mir bestand aus Bergen dieser durchscheinenden Kristalle, und der Fluss war ebenfalls durchscheinend bis auf den Grund, der ebenfalls aus Bergkristall zu sein schien. Der Himmel war fast weiß. Es war so licht, dass es normalerweise in meinen Augen hätte brennen müssen, aber dieses Licht tat mir nicht weh.

Hier gab es weder Flora noch Fauna. Schließlich wurde die Landschaft wieder lebendiger, es kamen erdige Flecken mit Gräsern und hohen, bunten Blumen zum Vorschein. Dazwischen waren immer wieder große Flächen aus Kristall. Nicht nur Bergkristalle, auch Amethysten(G), Rosenquarze(G) und andere Kristalle `wuchsen´ da. Es war faszinierend. Jetzt blickte ich vor mir in den Himmel, da ich aus den Augenwinkeln irgendetwas sehr Seltsames bemerkte. Und tatsächlich – vor mir, nur einige Meter entfernt, schwebte ein riesiges silbriges Hologramm in der Luft in der Form eines Sternes. Ein Naturwesen kam aus einem Strahl heraus und bedeutete mir, seine Hand zu ergreifen.

Nachdem ich erfasste, dass es mir gutgesinnt war, ergriff ich die Hand des Wesens, das wie eine Fee aus einem Märchen aussah und schwebte sofort mit ihr in den Strahl des Sterns hinein. Durch den Strahl hindurch gingen wir durch einige geometrische Räume, bis wir ungefähr in der Mitte des Sterns ankamen. Dort empfingen mich noch einige andere weibliche Gestalten, die ebenfalls alle Feen oder `Devas´(G) zu sein schienen. Sie bedeuteten mir, mich auf eine gepolsterte Landschaft zu legen. Das tat ich auch, und sie deckten mich mit einem seidenartigen Stoff zu. Sogleich entspannte ich mich, und ich erhob mich und ging jetzt ganz alleine durch einen Strahl des Sterns hinaus.

Ich war sehr überrascht, als ich mich im Weltraum befand. Es war dunkel, aber angenehm warm hier, und unter mir sah ich die blau leuchtende Kugel unserer Erde. Ich hatte keine Angst, sah ich doch auch das sternförmige Hologramm, durch das ich sofort zurückreisen konnte, wenn ich wollte. Aber ich war neugierig und sah mich um. Da sah ich auch den Erdtrabanten, den Mond, und ich schwebte fast in Lichtgeschwindigkeit zur Rückseite des Mondes, die wir normalerweise nicht sehen.

Wie erstaunt war ich, als ich hier eine riesige Raumstation über der Mondoberfläche schweben sah. Ich flog hin und kam durch einen Eingang hinein, der sich sensorisch[G] auftat, als ich ihn berührte. Ich kam in einen Zwischenraum, die Eingangstür schloss sich und so etwas wie Luft strömte wohl in den Raum hinein, denn ich hörte ein leises Strömen. Es öffnete sich eine Luke auf der anderen Seite, und ich trat ein. Ich ging durch lange Gänge und kam wahrlich in eine `Weltraumstadt´. Niemand störte sich an mir. Ich konnte mich überallhin frei bewegen. Dann ging ich wieder denselben Weg hinaus und flog weiter in den Weltraum. Mich interessierte jetzt ein besonderer Planet, der Mars.

Ich flog also zum `Roten Planeten´, wieder annähernd oder gleich der Lichtgeschwindigkeit, denn ich war sofort da. Ich sah aus der Vogelperspektive die unwirtliche rötliche Landschaft des Mars', dann suchte ich die Oberfläche ab und sah von oben geometrische Gebilde wie Halbmonde und Quadrate, die unmöglich aus natürlichen Formationen entstanden sein konnten.

Jetzt war ich noch neugieriger geworden und suchte die Gegend weiter ab. Schließlich kam ich zu dem bekannten `Marsgesicht´, das eine natürliche Formation sein soll.

Ich schwebte näher heran und sah ganz genau, dass es ein Gesicht darstellte. Ähnlich wie bei der Sphinx[G] in Ägypten war es beschädigt, aber nicht nur an der Nase. Hier fehlten auf der einen Seite die ganze Wange und ein Teil der Nase. Aber der Rest war eindeutig ein Gesicht für mich. Ich schwebte jetzt zum Boden und sah mir die Größe des Gebildes an.

Die ganze Skulptur war so groß wie ein kleiner Berg. Aus der Nähe konnte man die Form des Gesichtes nicht ausnehmen, so wie man die Linien von Nazca(G) in Peru nur aus entsprechender Höhe ausnehmen und Tierfiguren erkennen kann.

Mir war klar, dass ich hier Reste einer humanoiden Kultur gefunden hatte. Ich suchte nach einem Eingang. Irgendwo fand ich dann einen Bogen aus silberfarbenen Material, dass wie der oberste Teil eines Tors oder Fensters aussah. Ich hatte keine Chance, da hineinzukommen. Der Eingang war durch Bodenerosion verschüttet. Ich bewegte mich nach oben und suchte nach einer anderen Möglichkeit. Tatsächlich fand ich fensterartige Öffnungen, die aber ebenfalls mit diesem silberfarbenen Material fest verschlossen waren. Aber am oberen Bogenrand der ovalen `Fenster´ fand ich eine blumenförmige Markierung, und als ich sie berührte, wichen die Scheiben wie bei einer Schiebetür auseinander. Aber davor war wieder festes glasartiges Material. Ich hatte keine Möglichkeit, einzutreten.

So versuchte ich, von außen etwas zu sehen, aber ich konnte nicht viel ausnehmen(G), es spiegelte zu sehr, und es war auch zu dunkel in der Innenseite der Riesenskulptur. Daraufhin flog ich weiter, um eine andere Skulptur zu suchen. Von Weitem sah ich einige Pyramiden, wobei eine wie eine Stufenpyramide aussah. Als ich ankam, sah ich, dass die eine tatsächlich vergleichbar einer Stufenpyramide Mexikos aussah, und ich fand hoch oben eine Tür. Die unteren Türen am Eingang der Pyramide waren ja wieder durch Erosion verschüttet, aber hier oben, am Ende der Stufen, befand sich noch eine Tür aus diesem silberfarbenen Material, das wahrscheinlich Metall war.

Wieder berührte ich eine Markierung auf einer Seite der Tür, und sie öffnete sich. Davor war ein kleiner Raum, der wieder durch einen Eingang aus glasartigem Material vom nächsten Raum getrennt war. Ich betrat den Raum. Als plötzlich die Tür wieder zuging, erschrak ich. Aber als sich sofort ein Licht einschaltete, sensorisch, wie ich annahm, und ich auf der Innenseite der Tür die gleiche Markierung zum Öffnen wie auf der Außenseite bemerkte, blieb ich ruhig im Raum stehen. Luft strömte ein. Als die Tür wieder geschlossen war, öffnete sich nach kurzer Zeit die glasartige Schiebetür, und ich betrat den Innenraum der Pyramide.

Zuerst kam ich in einen Gang, der sich nach mehreren Seiten hin öffnete. Alles war aus feinstem weißem Marmor. Ich ging nach links und versuchte mir zu merken, wo ich hinging, bevor ich mich in diesem Labyrinth verirrte. Ich kam in einen großen Saal mit einem langen Tisch und bequemen Sesseln aus einem Material, das ich nicht kannte. Es war kein Holz und auch kein Gestein. Vielleicht war es Kunststoff, ich konnte es nicht erkennen. An den Wänden waren dreidimensionale Bilder - wie Hologramme[G]. Wenn ich mit meinen Augen die Bilder im Uhrzeigersinn verfolgte, fügten sie sich zu einem Film zusammen.

Ich sah Humanoide, die anscheinend zufrieden an einer Tafelrunde saßen und sich vergnügten. Davor war ein kunstvoll ausgearbeiteter Pool, der mit Wasser gefüllt war, und in dem einige nackt badeten. Die Figuren waren Abbilder von uns Menschen. Die Frauen waren etwas rundlicher als es heutzutage bei uns Mode ist. Sie waren ungefähr so, wie man es aus alten Fotos aus den zwanziger und dreißiger Jahren des vorigen Jahrhunderts kennt. Die Männer waren schlank, aber muskulös gebaut, und alle waren ausgesprochen jung und schön. Von den

Bildern der Oberfläche des Planeten sah ich eine fruchtbare Landschaft mit schönen Städten. Plötzlich änderte sich das Szenario des Films.

Engel mit dunklen Flügeln, so ähnlich wie bei uns Vampire dargestellt sind, stiegen vom Himmel herab. Sie hatten Stabwaffen in den Händen, und man konnte sehen, wie sie gegen die `Menschen´ am Mars kämpften. Dann kamen auch Engel des Lichts, abgebildet mit weißen Flügeln, aber ebenfalls mit Stabwaffen, die den Menschen zur Seite standen. Es wurden Kämpfe ausgetragen, bei dem einmal die `dunkle´ Seite der Dämonen und einmal die `helle´ Seite der Engel gewann. Schließlich sah ich aber eine zerstörte Oberfläche des Planeten. Die Menschen am Mars wehklagten.

Zuletzt verloren die dunklen Dämonen doch, und sie zogen ab. Die Menschen gewannen mithilfe der Engel. Aber zu welchem Preis! Man sah überall Trauer und Zerstörung. Der Himmel schwärzte sich, und der Planet wurde unfruchtbar. Ich sah im Film weiter, wie die Engel die Menschen in unterirdische Höhlen begleiteten.

Es war ein trauriges Szenario. Ich ging weiter in einen anderen Raum und kam in einen Saal, wo sich anscheinend ein riesiges Archiv befand. Überall standen Regale mit Metallplatten, so wie unsere CDs[G] und MP3s[G] und Kassetten wie unsere DVDs[G]sowie Disketten. Die dazu gehörigen Geräte und Computer befanden sich ebenfalls im Raum, sahen aber ganz anders aus wie unsere Geräte. Die Bildschirme waren ja noch zu erkennen, aber alle anderen Geräte bestanden aus Platten mit fremden Schriftzeichen. Ich rührte nichts an.

Die Schriftzeichen waren Hebräisch oder Aramäisch und in Sanskrit[G]. Ich kann zwar diese Sprachen nicht, aber ich kann die Schriftzeichen erkennen.

Dann kam ich in einen weiteren Saal und fand hier viele interessante Hologramme mit vielen Lebensformen, wie Tiere und Pflanzen, die es hier wohl einst gegeben hat. Das Gebäude war wie ein naturhistorisches Museum bei uns. Auch waren hier Städte abgebildet, Landschaften, Werkzeuge, Waffen und vieles andere.

Vor einem riesigen Hologramm blieb ich stehen. Es drehte sich und sah aus wie `Metathrons Würfel´, der ja alle Formen der `heiligen Geometrie´ enthält, samt dem kabbalistischen Lebensbaum. Der Lebensbaum der Kabbalah ist eine grafische Darstellung der 10 göttlichen Sein-Ebenen[Q].
In der Blume des Lebens ist Metathrons Würfel enthalten, und nicht nur der, sondern auch der Lebensbaum aus der Kabbalah. Der Lebensbaum der Kabbalah besteht aus 10 Verbindungslinien, die mit viel Fantasie einen Baum darstellen. Diese 10 `Wege´ sind die Emanationen Gottes, göttliche Daseinsebenen, die man `Sephiroth´ nennt. Sie sind deshalb wie Wege eingezeichnet. Dann sah ich auch den Zodiak[G] und darüber ein Rad, das wie das `Tiroler Zahlenrad´ aussah, auch was die Farben betraf. Nur war es spiegelbildlich angebracht, was für mich einen Sinn ergibt, da der Zodiak gegen den Uhrzeigersinn läuft. Das Tiroler Zahlenrad ist im Buch `Das Tiroler Zahlenrad´[Q] von Poppe / Paungger beschrieben. Es gab auch noch den `Lebensapfel´ zu sehen und viele andere Symbole, deren Bedeutung ich nicht kenne.

Ich kam aus dem Staunen nicht mehr heraus und spekulierte, ob die `Marsmenschen´ unsere Vorfahren oder zumindest Verwandte gewesen wären. Für diesen Tag hatte ich jedenfalls genug gesehen und ging wieder aus dem Gebäude heraus. Ich schwebte zurück durch den Weltraum, am Mond vorbei und zu dem sternförmigen Gebilde. Dann ging ich durch einen Strahl, und plötzlich befand ich mich wieder in der Mitte des `Sterns´ auf dem gepolsterten Boden, umringt von den Naturwesen. Sie betrachteten mich und lächelten. Alles, was ich erlebt hatte, hatten sie mit angesehen wie in einem Film, deuteten sie mir an, und dann begleitete mich die eine Fee wieder durch einen Strahl in die andere Welt zurück. Ich ging in das Boot und verabschiedete mich.

Sie winkte mir noch zu, als ich mit dem Kanu wieder den Fluss zurück fuhr. Das Kanu fuhr wieder durch die Kristalllandschaft und durch den Stausee, kam wieder in den Dschungel und schließlich an den Ort, von dem ich gekommen war. Dort stieg ich aus und ging zurück an meinen `Ort der Kraft´.

Andrea holte mich langsam zurück aus meinem tief entspannten Zustand. Diesmal war ich fertig bei ihr, und ich verabschiedete mich dankend.

In den nächsten Tagen erinnerte ich mich daran, das Wissen über das Zahlenrad auch anzuwenden und schnitt mir ein Papier in der entsprechenden Farbe zurecht die ich brauchte, und schrieb auch die Zahlen auf den Zettel, die mir bei meinen Geburtszahlen fehlen. Schon nach zwei Wochen erhielt ich den entsprechenden Gewinn daraus.

Die Zeit – multidimensional?

26. September 2008

Ich zündete eine Kerze und Räucherstäbchen an und machte es mir in meinem Liegestuhl bequem. Dann entspannte ich mich und ging auf eine `Traumreise´ in die `andere Welt´.

Obwohl es in der realen Zeit Herbst ist und schon relativ kalt, war ich an einem Ort der Kraft mit einer angenehm warmen Temperatur und frühsommerhaftem Aussehen. Einen Augenblick später befand ich mich am Flussufer, und meine Gondel samt meinem alten Bekannten, dem Fährmann, befanden sich in einer kleinen Bucht. Anscheinend wartete der Fährmann schon auf mich und half mir in das Boot steigen. Ich machte es mir wieder in der Kabine bequem. Dann fuhr die Gondel langsam los. Der Fluss war breit und glatt. Es schienen keine Stromschnellen in der Nähe zu sein. Ich konnte mich entspannen. Der Fährmann ließ die Gondel mit einem leisen Plätschern durch die sanften Wellen des Flusses gleiten und summte dabei mit seiner tiefen Bass-Stimme ein Lied, dessen Text ich nicht verstand.

Ich machte die Augen auf und sah eine Elfe auf dem Kiel des Bootes sitzen – scheinbar schwerelos. Sie hatte elfenbeinfarbene Haut und im Gegensatz dazu dunkles langes Haar. Sie trug ein durchscheinendes fliederfarbenes Kleid aus Seidenstoff, dass an den Seiten lange Schlitze hatte, um ihr Bewegungsfreiheit zu gewährleisten, denn es war lang und relativ eng geschnitten. Das Haar hatte sie mit Efeuranken zusammengebunden und zwischen ihren schwarzen Locken steckten einige Anemonenblüten. An den Füßen trug sie Riemensandalen aus geflochtenem Garn einer Pflanzenfaser.

Ein wohltuender Balsamduft lag in der Luft, seit ich sie wahrnahm. Mit der einen Hand hielt die Elfe sich am Kiel fest, und mit der anderen Hand schwang sie im Takt. Die Augen hielt sie halb geschlossen, sodass ich nur ihre langen schwarzen Wimpern sah. Dann fing sie selbst zu singen an, und der Fährmann hörte auf, sein Lied zu summen.

Sie sang im hellen Glockenton:
„Angels are singing in the sky..."

Seltsam, immer, wenn ich den Gesang von diesen Wesen aus der Anderswelt höre, ist es in englischer Sprache und nicht in Deutsch: "Engel singen im Himmel ..."

Dabei meinte die Elfenfrau den irdischen Himmel (Sky) und nicht den auf der höheren göttlichen Ebene (Heaven). Die Engel steigen also zu uns auf die irdische Sphäre herab, damit wir sie hören können.

Ich entspannte mich noch tiefer, und langsam schlief ich ein. Als ich erwachte, war es Abend geworden, und ich sah Wassergeister neben der Gondel, die auftauchten und wieder ins Wasser hinab glitten, elegant wie Delfine. Die Elfe hatte sich inzwischen verabschiedet, und die Landschaft um uns hatte sich auch verändert. Am Tag waren Wiesen und Felder zu sehen, offen und weit, nur am Horizont waren Baumgruppen eines nahen Waldes zu erkennen. Jetzt befanden wir uns zwischen einer Felsenlandschaft. Der Fluss wurde enger, und es gab einige leichte Stromschnellen, die der Fährmann geschickt passierte.

Vor uns befand sich hoch oben eine schmale Felsenbrücke. In einer Bucht legte er an, aber ich stieg nicht aus. Er zündete sich eine Tabakpfeife an und bot sie auch mir an. Ich machte einen langen Zug daran und empfand den rauchigen Geruch des Tabaks. Dazu hatte er wohl etwas Süßliches gemischt, denn ich roch etwas Vanille- und Mandelgeschmack. Dann fing mein Fährmann von dem Felsen rinnendes Wasser mit seiner Feldflasche auf und gab mir einen Schluck zu trinken.

Nach dieser Pause band er die Gondel wieder los, und wir fuhren weiter. Auf der rechten Seite vor der Brücke sah ich hoch oben einen großen Hirsch mit einem prächtigen Geweih. Ich glaube, es war ein Zwölfender. Dann wurde es dunkel, und die Landschaft veränderte sich wieder in ihrem Aussehen. Ich blickte zurück auf das Tier und erkannte in ihm ein mächtiges Geistwesen.

Schweigend fuhren wir weiter und kamen jetzt in einen Hochwald. Da der Fluss wieder sehr breit geworden war, konnte ich doch noch den Himmel sehen. Hoch oben hing ein strahlender Vollmond. Ich hüllte mich in eine Decke, da es jetzt merklich kühler war, und legte mich wieder in die Kabine.

Als ich die Augen aufmachte, erkannte ich in der Nachtluft, etwa 50 Meter vor uns, ein Lichtrad, und es traten 3 helle, menschenähnliche Gestalten heraus, von denen ich nur die Silhouetten erkennen konnte.
Sie sagten mir gedanklich, nicht zu erschrecken, und dass sie aus einer anderen Zeit gekommen seien. Ich begrüßte sie und fragte, wie sie das machen konnten, und sie antworteten:

Wir wollen Euch etwas über die Zeit wissen lassen: Zeit und Raum sind ewig, und alles ist in allem zugleich. Die Sprache reicht nicht aus, dir das zu erklären, aber wir versuchen es:

Ihr Menschen könnt räumlich denken, also stelle dir einen Raum-Zeit-Block vor. In diesem Block sind Gott, sind wir und auch ihr. Wir alle sind in ihm.

WIR sind die höchste Bewusstheit und mit unserer Aufmerksamkeit, unserer Wahrnehmung überall und jederzeit da. Ihr seid auch überall und jederzeit da, aber nicht mit eurer Wahrnehmung. Euer Bewusstsein ist auf einer Raum-Zeit-Linie gefangen, ihr lauft sozusagen auf einem `Band´. Große Denker unter euch Menschen wissen das.

Normalerweise haltet ihr Menschen euch auf dieser Linie fest und geht genau hier weiter bis zum vorläufigen Ende eures Lebens. Da ihr selten von dieser Linie abweicht, kommt euch das Leben wie ein `Schicksal´ vor. Manchmal weicht ihr aber von dieser Linie ab, und manchmal verlasst ihr die Linie ganz und geht auf eine andere. Das ist auch der Grund, warum Zukunftsvorhersagen nicht immer funktionieren und warum sich viele Prophezeiungen nicht erfüllen. Das heißt nicht, dass diese `Seher´ falsch lagen, sondern sie haben eine Zeitlinie gesehen, von der ihr entweder persönlich oder eine Gruppe oder die gesamte Menschheit abgewichen seid.

Es ist tatsächlich möglich, dass sich ein Mensch oder eine Gruppe von dieser, eurer `Welt´ absondert. Das ist schon mehrmals geschehen. Die Menschen auf der Erde konnten selbst erleben, wie einst das Feenreich `Avalon´ sowie `Camelot´, König Artus' `goldene Stadt´, in den Nebeln verschwanden. Avalon und andere Gebiete verschwanden in eine andere Raum-Zeit-Dimension. Es verschwanden noch viele Kulturen von der Erde, wie gewisse Native großer Kontinente und Inseln. Diese gingen mit dem vollen Bewusstsein in eine `Anderswelt´, in eine andere Dimension und in eine andere Zeit.

Anschließend gaben sie mir noch einen sehr praktischen Tipp für mich persönlich, bevor sie sich wieder verabschiedeten. Ich bedankte mich noch, und dann fuhr der Fährmann mich auf demselben Weg zurück. Er legte das Boot wieder an und wir verabschiedeten sich mit „Aloha!(G)“. Das ist für mich das liebste Abschiedswort, weil es eigentlich kein Abschied ist. Es heißt einfach nur (sinngemäß übersetzt):

„Liebe sei mit Dir!“

Kreative Arbeit - Spiegel der Seele

Krafttanz

04.Oktober 2008

In diesem Kapitel beschreibe ich Erfahrungen, bei denen ich keine Visionen herbeirufe, indem ich mich in eine `andere Ebene´ versetze, sondern ich bleibe im `Hier und Jetzt´, auf der `realen Ebene´ des Seins. Diese Methoden, die ich nachfolgend beschreibe, geben mir Kraft; einerseits unbewusst und anderseits bewusst, indem ich Einblicke in meine Seele erhalte beziehungsweise in mein `Selbst´, indem mir Bilder ins Tagesbewusstsein aufsteigen. Ein Beispiel ist der Krafttanz[G].
Einen Krafttanz mache ich fast täglich, allerdings eher langsam und ruhig und mit sanften Bewegungen. So leite ich den Tag ein.

Aber einen starken Krafttanz, der mich wirklich aktiviert und die Kräfte meines Inneren so richtig zum Ausdruck bringt, mache ich in Begleitung von Trommeln und Rasseln, und ich bewege mich intuitiv nach dem Rhythmus der Musik. Dabei versetze ich mich ganz in mein `inneres Selbst´, in mein `inneres Kind´ oder in die `wilde Frau´. Ich kann mich auch in mein `Krafttier´ versetzen, dann mache ich einen `Wolfstanz´ oder den `Tanz des Adlers´.

Andere machen den `Bärentanz´ oder den `Schlangentanz´, je nachdem, welches Krafttier sie haben. Man könnte diesen Tanz auch `Krafttiertanz´ nennen, aber es muss ja nicht immer ein Tier sein, das dabei zum Ausdruck kommt.

Ich bin allein, und daher lege ich mir eine CD mit Trommelmusik auf, die mir gefällt. Ich fange an zu tanzen und bewege mich nach dem Rhythmus der Musik. Ich schaue in mich hinein, und es steigen viele Bilder in mir auf. Ich tanze mit schnellen und starken Bewegungen, stampfe dabei mit den Füßen auf den Boden und bewege mich immer wilder. Manchmal heule ich dabei auf.

Ich tanze den Tanz der `wilden Frau´. Ab und zu schaue ich in den Himmel, stampfe dann wieder in den Boden und drehe mich, bis ich schwindlig werde. Ich fühle mich dabei immer stärker und urtümlicher. Meine Stimmung steigt. Die Trommeln werden immer schneller. Mein Gefühl steigert sich zu einem Hochgefühl des Körpers und der Seele. Ich fühle mich in eine bestimmte Naturlandschaft versetzt.

Dieser Tanz erinnert mich an `Hula´, das ist der traditionelle hawaiianische Tanz, der ursprünglich einem spirituell-religiösen Ritual diente. Durch den Hula-Tanz kam oder kommt immer eine besondere Geschichte zum Ausdruck. Früher wurde Hula durchaus auch von Männern getanzt, und die konnten sich dabei wild ausdrücken und von Kämpfen und Kriegsgeschichten erzählen.

Einmal zogen in meinem Innern Szenen vorbei, die an die Geschichte der Menschheit erinnerten. Es war wie ein bunter Film, und ich erinnerte mich an die Kraft meiner Ahnen.
Die Zeit verging. Ich weiß nicht, wie lange die CD spielte; es geschah wie in einer Zeitverschiebung. Zu meinem Erstaunen lief die Musik fast eine Stunde, wie ich später feststellte.
Die Kraft der `wilden Frau´ begleitete mich noch lange, und ich konnte feststellen, dass ich in der nächsten Zeit viele Erfolge hatte.

Zen-Malerei, umgesetzt in Farbe

09. Dezember 2008

Heute möchte ich mir etwas bewusst machen. Ich fühle mich seit längerer Zeit gerade so, als würde jemand mit seinen Füßen auf mir stehen. Trotz meiner augenblicklichen Kraft, oder gerade deswegen, spüre ich das besonders stark. Dieses Gefühl habe ich leider oft in der kalten Jahreszeit, und dann fühle ich mich regelrecht eingesperrt. Ich entschließe mich, eine Malerei in einem meditativen Zustand zu machen. Vor vielen Jahren habe ich die Japanische Tuschmalerei, so genannte Zen-Malerei, gelernt. Bei dieser malt man Bilder, ganz aus dem Inneren heraus, auf Papier.

Man setzt sich gerade hin und macht circa 20 Minuten `Sazen(G)´, das ist eine Praxis des Zen, nämlich das so genannte `Sitzen`. Mit Absicht sage ich nicht `Meditation´(G) dazu, denn eigentlich ist Zen keine Sammlung oder Konzentration der Gedanken, sondern ein `Nichtdenken´, das zum Ziel hat, das Unterbewusstsein so lange zu `füttern´, bis es hervor bricht – ins Bewusstsein. Dabei erhält man Einsichten, die einem helfen, von alten Vorstellungen los zu lassen. Dieser Zustand wird `Satori´(G) genannt. Es ist eine kleine Erleuchtung, die aber nur mit viel Training zu erreichen ist.

Eine Hilfe zur Bewusstwerdung ist, neben dem eigentlichen Zen eine der Zen-Künste, zum Beispiel Zen-Bogenschießen, Blumenstecken oder eben diese Tuschmalerei. Normalerweise wird nur in Schwarz gemalt, sodass die Bilder ausschließlich in Schwarz-Weiß mit allen möglichen Grau-Schattierungen entstehen. Ich kam auf die Idee, diese Technik abzuwandeln, und kaufte mir verschiedenfarbige Tinte, um ein richtig buntes Bild zu erhalten.

Dann legte ich mir auf einem Tisch weißes Reispapier und einen Tuschstein, angefüllt mit Wasser zurecht, sowie zwei verschieden große Pinsel, die ich parallel zum Papier legte. Anschließend entspannte ich meinen Geist. Schon nach etwa 15 Minuten nahm ich den Pinsel, tauchte ihn in die Tinte und malte ein Bild auf das neben mir liegende Papier. Es entstand intuitiv aus meinem Unterbewusstsein.

„Die Kunst ist Zeugnis,
dass die Sprache
einer höheren Welt
deutlich in der unsern
vernommen wird."

Bettina von Arnim

Bild: Zen-Malerei, umgewandelt in Farbe, abstrakt, Acryl auf Papier, gemalt von Eva Lene Knoll, 2009

Auf der folgenden Seite:
Bild: Zen-Malerei, schwarz/weiß, Tusche, gemalt von Eva Lene Knoll (abstrakt u. konstruktiv gemischt), 2009

235

Kristallmandala

14. Jänner 2009

D ie langen Nächte des Winters haben mich irgendwie müde und passiv gemacht, und auch dieses Jahr hatte ich keinen Urlaub am Meer verbracht. Sonst mache ich meistens um diese Zeit, wenn nicht schon vorher, eine Reise in den Süden, um die Kraft der Sonne und des Meeres zu tanken. So versuche ich, meine Stimmung mit dem warmen Licht von Kerzen und Düften von Weihrauch und Myrrhe aufzuhellen. Das mache ich eigentlich schon seit November.

Trotzdem, ich fühlte mich in meiner Kreativität blockiert. Obwohl ich viele Ideen hatte, fehlte mir die Kraft, sie umzusetzen. Ich hatte diese Blockade ja schon Ende Jänner bemerkt, aber ich konnte oder wollte sie damals nicht auflösen. Ich hätte sie mittels intuitiver Malerei oder vieler anderer Methoden bearbeiten können, aber ich war nicht bereit, dahingehend etwas zu tun.

Erst heute fiel mir ein, zur Lösung meiner Blockaden ein Kristallmandala[G] zu legen. Das geht mir normalerweise leichter von der Hand als Malereien und ist eine sehr effektive Methode, die Kreativität wieder zu erwecken. Ich arbeite darüber hinaus auch mit Energiekarten und Steinen, um mich zu motivieren, aber warum dachte ich nur so selten daran, ein Mandala aus Steinen oder Kristallen zu machen?

Die Muster, die dabei entstehen, wirken immer nachhaltig und in positiver Weise auf meine Seele.

An diesem Tag war ich endlich bereit für eine Veränderung meines Bewusstseins – wieder einmal – und entschloss mich, schon frühmorgens nach meinen üblichen Meditationen mit der Arbeit an meinem `Selbst´ zu beginnen.

Zuerst sorgte ich für eine angenehme Stimmung im Raum. Dann breitete ich ein schwarzes Seidentuch auf den Tisch. Ich nehme gerne ein schwarzes Tuch, da sich darauf die Kristalle besonders strahlend abheben.

Dann nahm ich die Schüssel, in der sich meine Edelsteine und Halbedelsteine befinden und leerte sie aus. Anschließend suchte ich mir die Steine aus und befühlte sie, bevor ich mich entschied, welche ich nehmen sollte, und wo ich sie hinlegen sollte.

Auf jeden Fall gehe ich bei der Bildung eines Mandalas immer von innen nach außen oder umgekehrt, niemals lege ich die Steine auf chaotische Weise. In diesem Fall ging ich von innen nach außen. Am liebsten nehme ich Trommelsteine, aber natürlich auch gerne völlig unbehandelte. Dann gehe ich in mich hinein und lege die Kristalle nach meinem Gefühl auf.

In diesem Falle nahm ich einen großen Bernstein und legte ihn in die Mitte. Daraufhin suchte ich mir für den nächsten Kreis, den ich legen wollte, Steine mit anderen Farben. An diesem Tag entschied ich mich für rötliche Steine. Ich nahm einen Rosenquarz[G], einen Rhodonit[G], einen roten Jaspis[G] und einen Karneol[G]. Dann nahm ich grünliche Steine, weiße und durchsichtige. Auch blaue waren dabei. Es entstand ein großer, vielstrahliger Stern, der symmetrisch war. Er gefiel mir, und so nahm ich das Muster mental in mein Unterbewusstsein auf.

Anschließend löste ich das Muster wieder auf. Ich entfernte Stein für Stein und legte sie in die Schüssel zurück.

Diese Methode der Arbeit mit Mandalas wirkte tatsächlich nachhaltig in mir weiter und leitete eine Veränderung ein. Ähnliches hätte auch das Malen von Mandalas bewirkt, wobei man ebenfalls beachten soll, dass man entweder von innen nach außen oder von außen nach innen malt.

Es gibt keine Erklärung für das Funktionieren. Schamanen erklären es auch nicht, sie sind keine Psychoanalytiker. Es funktioniert einfach. Das ist Erfahrungssache.

Andere sanfte Methoden zum Loslassen und zur Änderung alter Verhaltensmuster sind zum Beispiel das Herstellen von Traumfängern(G) und Fadenkreuzen(G).

Ich denke, aber das ist eben nur meine Annahme, dass Träumfänger und Fadenkreuze schützen, aber nicht direkt vor schlechten Träumen, sondern vor schlechten (von außen kommenden) Einflüssen, denen man im Schlaf wehrlos ausgesetzt ist und die man als schlechte Träume wahrnimmt. Also dienen sie eher als Amulett. Ein Amulett wirkt quasi wie ein schnelles Gebet um Hilfe und Schutz, weil es gedanklich präpariert wird. Es liegt im Prinzip alles in der Kraft der Gedanken.

Wenn Traumfänger nur schlechte Träume verhindern würden, wäre es wie Fieber verhindern. Doch Fieber ist an sich gut und hilft gegen eine Krankheit. Entsprechend sollten schlechte Träume - wenn sie hochkommen - verarbeitet werden und nicht unterdrückt oder generell abgewehrt. Ich bin mir sicher, dass die Schamanen wissen, dass man das, was hochkommt, auch aufarbeiten muss!

Dennoch, das `innere´ Wissen, dass diese Methoden zu einer Veränderung des Lebens führen, ist wohl der Grund, warum ich sie nicht zu oft anwende. Wer ist schon bereit, sich dauernd zu verändern?

Eine Veränderung ist unter diesen Umständen, nämlich der bewussten Arbeit an seinem `Selbst´, immer unter einem positiven Aspekt, allerdings ist der Mensch psychisch so konzipiert, dass er lieber leidet, als eine Veränderung zuzulassen.
Es gilt also, sich dieser Angst zu stellen.

Und was mich betrifft, ich stelle mich immer wieder gerne dieser
Angst, auch wenn ich manchmal meine Grenzen ziehe.

Bild: Kristallmandala, fotografiert von Eva Lene Knoll

Meine Reise durch die Zeit

1996

Diese Reise `durch Raum und Zeit´, wie ich sie empfunden habe, ist inzwischen schon lange her. Ich muss daher weit zurückgreifen. Das ist auch der Grund, warum ich mich nur mehr an das Jahr erinnere.

Es war wie ein klarer Traum, den ich eines Nachts hatte, oder besser gesagt, es war schon in der Früh. Ich hatte dabei ein so starkes Realitätsgefühl, dass ich das, was geschehen war, eine `Vision´ nenne. Es war nicht meine erste Vision, schon Jahre zuvor hatte ich welche, zum Beispiel bevor ich nach Australien und nach Indien flog. Ein Jahr später ungefähr erfüllte sich das Gesehene bis auf jedes Detail, auch wenn ich die Gegend und die Leute nur facettenweise(G) sah. Dass diese Visionen im psychologischen Sinne keine `Déjà vu's´ waren, konnte ich für mich selbst und andere beweisen, da ich jahrelang `Traumtagebücher´ führte.

Ich befand mich also an jenem Tage im Traum in einem südlichen europäischen Land. Die Städte sahen aus, wie ich sie aus den Bildern von Italien kenne und die Leute, auch so wie sie gekleidet waren, konnte ich ebenfalls eher als Italiener erkennen. Das war seltsam für mich, denn ich muss erwähnen, dass ich damals nur zweimal in Italien war, und das auf der Durchreise nach Spanien. Ich konnte spanisch sprechen, aber nicht italienisch, ich war lange und oft in Spanien und kannte die spanische Mentalität, aber nicht die italienische. Warum war ich ausgerechnet in Italien? Diese Frage wurde mir nicht beantwortet. Ich ging die Straßen entlang und bewunderte diese schöne Stadt, in der ich mich befand. Ich ging auf Fliesen, wahrscheinlich auf Marmorfliesen aus Carrara(G), und über mir war das Gewölbe eines Kreuzganges. Vor mir lag ein großer Platz, und rundherum waren jene typischen Kreuzgänge, wie man sie an vielen Orten in Südeuropa und auch in alten mitteleuropäischen Städten sieht.

Ich war ich selbst und nicht eine andere in einer anderen Welt und in längst vergangener oder zukünftiger Zeit. Rundherum waren kleine Geschäfte mit Holzportalen, und sofern es Delikatessgeschäfte waren, roch es nach Kaffee und Gewürzen. Aber es gab natürlich auch Modegeschäfte, Friseure, Juweliere und Immobilienmakler sowie kleinere Hotels.
In der Mitte des Platzes, der vor mir lag, stand eine Säule, geschützt durch eine schmiedeeiserne Kette, die rundherum angebracht war. Auf einer Seite war ein Parkplatz. Es durften hier in der Innenstadt tatsächlich noch Fahrzeuge parken, wenn auch nur kleinere. Es waren eine Menge Mopeds und Motorräder hier, und vor der Säule tummelten sich Touristen, die fotografierten. Hinter dem Platz, in einiger Entfernung, nahm ich einen eckigen Turm wahr.

Die Stadt war voller Leben und ich bewunderte die Architektur der Gebäude. Ich ging in ein Immobiliengeschäft und sah mir einen Katalog mit Villen an. Ich sah die Gebäude und die Grundstücke ganz scharf und genau bis ins Detail, und ich glaubte wirklich, ich sei ganz real in dieser Stadt. Dann hörte ich in meinem Kopf eine Stimme: „Hier wirst du einmal leben!"

Jetzt dämmerte mir, dass ich in einer `Vision´ war, und das ist immer ein Punkt, wo ich mit größter Wahrscheinlichkeit aufwache. Nun bin ich bereits geübt, nicht so schockiert über diese Tatsache zu sein, mich in einer Vision zu befinden und versuchte, meine Konzentration zu `halten´, andernfalls würde ich ja sofort in die Realität zurückkehren.
Es erforderte wirklich meine ganze Konzentrationskraft, auf dieser `Ebene´ zu bleiben, und ich fragte, wo ich denn sei. Normalerweise

frage ich meinen `geistigen Führer´, auch wenn ich ihn – wie in diesem Falle – nicht immer sehe, und wenn ich ihn sehen kann, dann höchstens als Lichtquelle. Es wurde mir bestätigt:

„In Italien", sagte die Stimme und weiter: „Du wirst hier leben, und das hat mit einem Mann aus deiner Vergangenheit zu tun."

Ich war darüber wirklich in Erstaunen versetzt, denn mit Männern aus meiner Vergangenheit wollte ich nichts zu tun haben. Mir wurde vor Anstrengung meine Konzentration zu halten schon leicht schwindlig. Da das ein sicheres Zeichen meiner baldigen `Rückreise´ in die Realität ist, beeilte ich mich also mit der Frage:
„Wo in Italien? Hier?"
Und die Stimme antwortete mir: „In diesem Bezirk ja, aber genau in Odina(G)."

Daraufhin ging alles sehr schnell. Ich hatte sofort wieder ein Körpergefühl und erwachte.
Anschließend schrieb ich alles auf, nur nicht das genaue Datum, und dachte mir:
„Warum wirklich Italien, und wo ist eigentlich Odina? Ich kenne diesen Ort nicht, vielleicht habe ich schlecht gehört, und die Stimme meinte vielleicht `Udine(G)´?"

Aber ich konnte mich selbst nicht täuschen. Ich wusste genau, was ich gehört hatte. Fieberhaft suchte ich im Weltatlas nach diesem Ort. Ich fand ihn nicht. Das konnte ich wiederum nicht glauben, und ich dachte, ob der Name vielleicht ein alter Ortsname aus längst vergangener Zeit sei. Aber warum dann dieses moderne Stadtbild? Jedenfalls spekulierte ich auch mit dieser Möglichkeit.
Jahrelang habe ich diesen Ort nicht gefunden. Zu dieser Zeit setzte sich langsam das Internet durch. Ich hatte zwar einen Computer, aber noch kein Internet. Das Jahr 2003 begann, und ich ließ mich

endlich an das Internet anschließen. Ein paar Monate später – ich hatte wieder viele Träume – entstand in mir ein klares Traumbild:

Ich sah einen Bildschirm, auf dem in großen schwarzen Lettern auf blauem Hintergrund stand: `ODINA´.

Das war alles! Ich wachte erstaunt auf. Dann ging ich zum Computer und ließ ihn hochfahren. Ich öffnete den Browser. Warum nur war ich nicht schon früher auf diese Idee gekommen? Ich hatte bis zu diesem Tag das Thema einfach vergessen. Mit Hilfe der Suchmaschine wurde ich fündig, als ich `Odina´ eintippte. Dennoch war ich überrascht, dass es den Ort wirklich gab. Allerdings ist es eher ein einziges landwirtschaftliches Anwesen, das zu Loro Ciuffena(G) gehört und liegt im Arnotal in der Toscana, Italien. Aber es gibt diesen Ort, und ich lud mir einige Bilder herunter. Lange grübelte ich darüber nach, was ich tun sollte. Ich war und bin sehr neugierig auf diesen Ort, aber es war mir zu umständlich ohne Auto allein dorthin zu fahren, denn so sehr ich auch jemanden als Reisebegleitung suchte, ich fand niemanden.

Es ist inzwischen Anfang 2009 geworden, und ich war noch immer nicht dort. Im Frühling 2008 habe ich allerdings drei Frauen aus Niederösterreich kennengelernt, die sich unbedingt in dieser Gegend sesshaft machen und dort ein Geschäft eröffnen wollen. Dabei denken sie eher an Lucca(G). Diese Stadt ist zwar auf der anderen Seite der Toscana, aber ich werde wahrscheinlich nicht im selben Ort wohnen.

Nun ist mir im Laufe des Jahres 2008 soviel dazwischen gekommen, dass ich noch immer nicht dort war, aber auch keine der Frauen. Es wird sich also noch erweisen, wann und ob das wirklich der Fall sein wird. Es könnte ja auch sein, dass ich mein Schicksal geändert habe. Ein Schicksal zu ändern, ist immer möglich.

Eine Mentorin

Es war im Sommer 1995, und ich war noch immer sehr viel in Gedanken bei meiner Nordindienreise, wo ich zum ersten Mal mit Reiki in Berührung gekommen war. Ich war im Himachal Pradesh(G), Daramsala(G), wo der Dalai Lama mit seinen Tibetern residiert, seit er Lhasa(G) verlassen musste.

Dieser Ort, hoch oben im Himalaya und gleich hinter der chinesischen Grenze, hatte eine besondere Ausstrahlung, und ich verbrachte eine gute Zeit dort. Es waren auch viele Europäer in dieser Stadt, mit denen ich interessante Gespräche führen konnte, und unter anderem führte mich dort der Weg zu einer Reiki-Meisterin aus der Schweiz. Ich war begeistert von dieser Art der Energiearbeit und ließ mich, nachdem ich wieder in Wien war, in den 1. Reikigrad einweihen. Später folgten weitere Reikigrade; ich machte die Ausbildung bis zum Meister und Lehrer.

Aber zu jener Zeit war ich eben noch nicht so weit. Ich saß in einem Straßencafé auf der Ringstraße in Wien und trank eine kalte Limonade, während ich ein Buch las. Es war sehr schönes Wetter, und ich saß daher im so genannten `Schanigarten´(G), der mit hohen Thujen, die als lebender Zaun dienten, umgeben war. Die Luft war feucht und warm, aber es war noch Vormittag, und daher war es auszuhalten, zumal ich im Schatten saß.

Kurz darauf kam eine Frau herein und setzte sich an den Tisch neben mir. Sie hatte eine interessante Ausstrahlung, das spürte ich sofort. Sie war groß und überhaupt von imposanter Gestalt und hatte lange hellblonde Haare, die weit über die Schultern reichten, und sie trug sie offen. Sie war sicher auch schon über vierzig, so wie ich damals. Nach einiger Zeit schaute sie neugierig her, um zu sehen, welches Buch ich gerade las. Es war ein Buch über

Lichtarbeit, und es schien sie zu interessieren, denn sie bat mich, sich zu mir setzen zu dürfen. Ich bejahte das natürlich, und das war der Beginn einer interessanten und sehr langen Freundschaft.

Sie stellte sich mit dem Namen Margot vor, und wir führten sofort Gespräche, die tiefgründig waren und nicht dem üblichen `small talk´ entsprachen, den ich eigentlich nicht mag.

Wir trafen uns anschließend regelmäßig entweder bei mir oder bei ihr oder eben in einem Café. Meistens waren wir bei ihr, denn sie hatte zwei Katzen, die umsorgt werden wollten. Margot war von erfrischender Intelligenz und leicht sarkastischem Humor. Das gefiel mir. Die Stunden vergingen immer wie im Flug bei ihr, und ich war fasziniert von ihrer Persönlichkeit und ihrem Wissen über Mystik, Magie und diverse alternative Heilverfahren. Ich bewunderte sie und erkor sie im Geheimen zu meiner Meisterin.

In ihrer Wohnung durfte man alles machen, das heißt, man durfte rauchen, mit den Schuhen hineingehen, Kaffee trinken, Wein trinken und essen, auch Fleisch, was bei den sonstigen Esoterikern nicht gern gesehen wurde. Die trinken meistens nur Tee und essen vegetarisch. In den wenigsten Fällen durfte man bei ihnen rauchen, was für mich als Nichtraucherin kein Problem ist, aber für Margot. Sie rauchte sogar sehr viel. Kurz gesagt, wir lebten nicht nach den üblichen esoterischen Regeln. Wir hatten es dafür oft sehr lustig. Zwischen der Arbeit tranken wir immer sehr viel Kaffee und Wasser. Margot rauchte so viel, dass ich manchmal auch anfing, mit zu rauchen.

Ich lernte sehr viel von ihr. Magische Praktiken und geheime Einweihungswege, über die Geschichte der Hexenverfolgung, über Angelegenheiten gewisser Orden und Logen, über Symbole und auch über Schamanismus. Sie war wahrlich meine `Hexenmeisterin´ über viele Jahre.

Natürlich konnte ich mit ihr auch über die Erkenntnisse der Quantenphysik und der Astrophysik sprechen. Das war sehr selten, denn wenige wussten darüber genügend Bescheid. So erzählte Margot mir unter anderem, was schon der bekannte Mathematiker Frank Tipler sagte:

„Thomas von Aquin(G) und übrigens alle Theologen des 20. Jahrhunderts haben schon zu erklären versucht, dass eines Tages die Theologie ein Zweig der Physik werden würde. Denn ohnehin ist es ein Anliegen der Religion, die Fragen nach dem Verhältnis zwischen Menschheit und Universum, sowie zu Gott zu beantworten."

Und ich fügte ergänzend mein Wissen hinzu, das ich von dem Biogenetiker Paul Davies hatte:
„Laut Wheeler, John Archibald, wird die Vakuumphysik der Kern aller Dinge sein. Wenn das Quantenvakuum ein energiegefülltes Plenum ist, dessen potenzielle Energien mit den vektoriellen(G) Energien des materiellen Universums wechselwirken, dann haben wir guten Grund, das fünfte Feld mit der interaktiven Seite des Vakuums zu identifizieren. Das fünfte Feld würde einen wichtigen Platz in unserer Erkenntnis der physikalischen Realität einnehmen, indem es die Gravitation, den Elektromagnetismus und die schwache und starke Kernenergie vereinigt. Dies wäre die grundlegende Voraussetzung einer neuen Physik der Co-Evolution, einer Physik, die die Wechselwirkungsdynamik beschreibt, die einen universellen Prozess erschafft, in dem vom Urknall bis zur Gegenwart die Ordnung in der Natur vom Quantenniveau bis zum Bewusstseinsniveau entsteht."

Er erwähnte auch, dass Aleister Hardy von der vermutlichen Existenz psychischer Blaupausen sprach. Ich habe diese Vermutung in anderen Texten, wie zum Beispiel in einigen Kapiteln vorher und nachher, ebenfalls erwähnt.

Davies schreibt weiter:

„Es erfolgt die Notwendigkeit eines Signal übertragenden multidimensionalen Feldes, das den Organismus in-formiert. Das multidimensionale musterspeichernde und übertragende Holofeld[(G)] erfüllt diese Anforderung und ist imstande, einen Organismus und sein Genom über verschiedene Organisationsebenen gleichzeitig zu in-formieren."

Er spricht, dass die Evolution des Lebens mit den physikalischen Ereignissen im Quantenbereich in Bezug steht. Wie ich schon von anderen Hirnforschern gehört habe, ist auch er der Meinung, dass die psychischen und neurophysiologischen[(G)] Phänomene in den Bereichen des Gehirns und des Geistes ebenfalls in Bezug dazu stehen.

Er erklärt weiter:

„Dass das Gehirn ausreichend empfindlich ist, um mit jenem Feld, dem Bindeglied zum Quantenvakuum, wechselwirken zu können. Dies ergibt sich aus den Postulaten unserer einheitlichen Wechselwirkungsdynamik. Oben erwähntes Feld und Quanten interagieren regelmäßig miteinander; in chaotischen Zuständen gibt es auch eine Wechselwirkung mit makroskopischen, biologischen Systemen. Es wäre unwahrscheinlich, wenn die neuronalen Netzwerke des menschlichen Gehirns, eines chaotischen und extrem empfindlichen Signalanalysen-Systems, eine Ausnahme bilden würden."

Das heißt, dass die Wahrnehmung entfernter Objekte über ein Kraftfeld vermittelt wird, aber nicht ausschließlich. Auch heißt das nicht, dass alle Inhalte, die wir nicht über unsere Sinne bekommen, nur Ergebnisse unserer Fantasie sind.

Davies sagt ebenfalls:

„Der Geist ist ein viel aktiverer Teil des Wahrnehmungsorgans, als man bisher angenommen hat.

Nach der klassischen empirischen Tradition muss alle Information, die das Gehirn erreicht, ihren Ursprung in Nervenimpulsen haben, die ihrerseits von den äußeren Sinnesorganen ausgehen. Neuere Theorien widersprechen diesen strikten Einschränkungen. Es hat sich gezeigt, dass das Gehirn viel mehr ist als ein passiver Analysator von Informationen, mit denen es arbeitet, und führt interaktive Analysen durch, die seine Signal unterscheidenden Kräfte bis hin zu der Quantenebene wirken lassen."

Er spricht noch mehr über die Beschaffenheit des Gehirns und erklärt weiter:
„Die holonome(G) Gehirntheorie könnte ein Licht darauf werfen, wie das Gehirn die aus dem Vakuumfeld stammenden Fluktuationen verstärkt und verarbeitet. Es scheint, dass sowohl Makro- als auch Mikroorganismen der kortikalen(G) Neuronen(G) der Struktur eines multiplen Hologramms ähnelt."

Damit steht er mit der These, dass die Ereignisse, Bilder und andere aus dem Langzeitgedächtnis geschöpfte Erinnerungen nicht im Gehirn gespeichert sind, sondern dass das Gehirn lediglich ein Gefäß ist und über den Geist zu diesen Erinnerungen kommt, nicht alleine da.

Ich stimm(t)e mit den Ausführungen von Margot überein und erklärte ihr wiederum die Ansichten Ervin Laszlos, der das so formuliert:
„Das Gedächtnis wird hier auf ein außerkörperliches Speichermedium für Informationen zurückgeführt, das heißt, auf

das Psi-Feld.[5] Alles, was sich im Gehirn abspielt, ebenso wie alles, was im Körper und in jedem anderen Materie-Energie-System in Raum und Zeit passiert, wird in diesem Feld gespeichert und aufgezeichnet – die multidimensionalen Welleninterferenzmuster, die sich dort ansammeln, prägen die gesamte raumzeitliche Geschichte der Materie ein."

Das heißt, er spricht von einer Blaupause oder Matrix. Dieses oben erwähnte Feld ist also ein außerkörperlicher Gedächtnisspeicher. Alle Lebenserfahrungen werden hier gespeichert – als Bewusstsein – und können von hier abgerufen werden. Das erklärt auch eine transpersonale(G) Erinnerung, eine Erinnerung, die gar nicht von einem selbst stammt, sondern von einer fremden Person, so wie es Muldoon und Carrington (Buchtitel: `Die Aussendung des Astralkörpers´) auch sehen. Es kann sein, dass sich jemand an die Erfahrung einer anderen Person anknüpfen kann, und dass dieser dann denkt, es wäre seine eigene.

Verschiedenste ungewöhnliche Fälle lassen sich durch transpersonale, also fremde Erinnerungen erklären, wie zum Beispiel:

Telepathie zwischen einzelnen Personen,
Erinnerungen an frühere Leben,
Alternatives Heilen,
Spontane Erlebnisse und Erkenntnisse, also
Eingaben bezüglich Personen oder Kulturen.

Das Gedächtnis kann gar nicht auf einen körperlichen Organismus zurückgeführt werden, selbst wenn es auf das Gehirn beschränkt

---

[5]   Anmerkung der Autorin: Ich nehme an, dass das ein anderer Ausdruck ist dafür, was Sheldrake als morphogenetisches(G) Feld sieht und Davies als das fünfte Feld.)

wäre. Denn das Gehirn altert ebenso wie der restliche Körper und stirbt schließlich auch ab.

Die oben erwähnten Phänomene erklären auch alle möglichen Techniken von Energiearbeit wie Reiki und Pranaheilen[G], systemische Aufstellungsarbeit[G] und viele andere Methoden.

Dieses Hintergrundwissen über die Arbeit, die Margot und ich machten, war wichtig für mich, um sie überhaupt zu verstehen. Margot war viel erfahrener als ich, sie hatte nie eine Familie, denn sie war nie verheiratet und hatte auch keine Kinder. Inzwischen war ja meine Eigene auch sehr zusammengeschrumpft. Meine Eltern wohnten relativ weit von mir entfernt, meine Kinder waren erwachsen, und ich selbst war ja auch schon sehr lange geschieden.

Wir hatten also sehr viel Zeit, um zu lernen und zu praktizieren. Ich kann mich gut erinnern, dass es oft 2 Uhr oder 4 Uhr wurde; dann musste ich mit dem Taxi nach Hause fahren, weil keine öffentlichen Verkehrsmittel mehr gingen.

Also, diese oben erwähnten Theorien erklären telepathische Kommunikation, die am leichtesten mit Menschen gelingt, mit denen man sich stark verbunden fühlt, zum Beispiel mit den Eltern oder den Kindern. Auch Tiere sprechen sehr an.

Erinnerungen an ein früheres Leben werden meist bei einer Regressionstherapie[G] oder Rückführungstherapie im Zustand tiefster Entspannung hervorgerufen. Bilder und Ereignisse werden wahrgenommen, als ob sie Erinnerungen an eigene Erlebnisse wären, und der Klient erfährt dabei etwas, was die Therapeuten als `karmische[G] Erfahrung´ bezeichnen. Diese Regressionen werden auch bei der Arbeit mit dem `inneren Kind´ gemacht, nur dass man dabei nicht so weit geht.

Zwei oder mehrere Personen, die sich im meditativen Zustand befinden, können eine direkte Verbindung zwischen ihren Hirnfunktionen herstellen. Solche Wirkungen sind auch als Ergebnis bewusster Manipulation denkbar. Der Sender – ein Sensitiver oder Heiler – könnte sich auf einen Empfänger konzentrieren und so mit seinem Willen auch spezifische Organvorgänge beeinflussen, wie es bei vielen Yogis[G] und Fakiren[G] der Fall ist. Viele Heiler erreichen ihre Ergebnisse völlig unabhängig von der Entfernung, die sie von ihrem Klienten oder Patienten trennt, wobei sich Heilungserfolge meist erst im Laufe der Zeit einstellen.

In einigen kontrollierten Experimenten wurde festgestellt, dass Heilenergie tatsächlich auf diese Weise übertragen werden konnte.

Einige Techniken der Energiearbeit (Energethik)[G] sind:

Gesundbeten
Handauflegen
Reiki
Pranic Healing[G]
Therapeutic Touch[G]
Emotional Freedom Techniques, E.F.T.
Touch for Health
Kinesiologie
Arbeit mit Blüten (Bachblüten), sowie
Kristallen, Steinen,
Metahologrammen, Piktogrammen usw.
Arbeit mit Engeln und höheren Wesen
Auraheilen (zum Beispiel nach Barbara Ann Brennan),
The Journey™ (nach Brandon Bays)
Huna[G]
Schamanische Rituale
usw.

Es gibt auch den sogenannten `Maharishi´-Effekt. Der bezieht sich auf den statistisch bemerkenswerten Effekt der Meditation einer Gemeinde. Maharishi Maheshyogi[G] wollte 1976 eine alte Hindu-Tradition wiederbeleben, und ging dabei von der Annahme aus, dass, wenn auch nur 1 % der Bevölkerung regelmäßig meditieren würde, die verbleibenden 99 % davon spürbar beeinflusst würden. Die statistischen Untersuchungen konnten dies bestätigen.

Um noch einmal auf Laszlo zurückzukommen, er hat in seinem Buch erwähnt, dass C.G. Jung[G] Folgendes in seinen späteren Lebensjahren sagte:

„Unser Gehirn könnte der Ort der Transformation sein, wo die relativ großen Spannungen und Intensitäten der Psyche zu wahrnehmbaren Frequenzen und Maßen umgewandelt werden. Aber die Psyche an sich wäre überhaupt ohne jede Dimension in Raum und Zeit. Folglich ist die Psyche als der Bereich des kollektiven Archetypischen, ewig und überall zugleich. Wenn sich irgendwo etwas ereignet, was das kollektive Unbewusste berührt, geschieht es auch gleichzeitig überall.“

Zen und am Weg bleiben

Einer meiner ersten Wege, einen guten Zugang zum Bewusstsein zu bekommen, war, als ich mit der Zen-Praxis begann. Das war im Jahr 1992. Die Zen-Praxis war und ist für mich immer eine gute Übung für Wahrnehmung und Achtsamkeit. Den Impuls dazu habe ich durch einen Zen-Vortrag erhalten. Was mich an dieser Tradition so faszinierte war, dass man nicht erst lange Theorien wälzen musste, sondern sogleich mit der Praxis beginnen konnte.

Ich erwartete durch Anleitungen einen direkten Zugang zu der Weisheit des Universums zu bekommen, indem ich stundenlang im Zendo[(G)] saß. Dort wartete ich auf so etwas wie Erleuchtung. Es verhielt sich aber völlig anders. Endlos scheinendes Sitzen und dabei sein Gehirn von allen Alltagsvorstellungen los zu lassen war alles andere als leicht, und Zen-Meister, die mit ihrer Weisheit nicht rausrückten, sondern einen lange Zeit nur meditieren und arbeiten ließen, das hielt ich damals für die reine Hinhalterei.

Sonst arbeite ich gerne nur mit meinem Verstand. Im Zendo war das anders. Natürlich braucht man zuerst eine logische Basis. Erst lernt man die philosophischen und naturwissenschaftlichen Lehren, dann befasst sich der Suchende mit der Metaphysik und mit Spiritualität, er sucht den Zugang zur Weisheit des Kosmos.

Ervin Laszlo sagt: „Unser Gehirn ist nicht nur ein Fenster zum Universum, es erscheint auch als ein Teil des Organismus und daher als Informationssender in das Universum hinein."

Das Gehirn ist also ein Organ, das sowohl wie ein Sender als auch wie ein Empfänger wirkt. Es nimmt Informationen aus dem `Geist´ des Feldes auf und kann auch welche in ein Feld hinein senden.

Er sagt weiter: „Unsere flüchtigsten Gedanken und unbestimmtesten Intuitionen bleiben in verschlüsselter Form im kosmischen Vakuum erhalten.

Unter der Voraussetzung des gegenseitigen Austausches von Informationen zwischen menschlichen Gehirnen und der Welt, sind Gedanken und Wahrnehmungen einer Person für ihre Umgebung einschließlich anderer Menschen unmittelbar bedeutsam."

Ein Austausch von Informationen findet also immer statt. Nicht durch die uns bekannte Kommunikation durch Wort, Schrift oder einer anderen körperlichen Ausdrucksform, sondern auch auf eine viel subtilere Weise, nämlich die der Gedankenübertragung durch den Geist über das Gehirn als Organ. Und so erklärt E. Laszlo weiter:

„Was wir denken und fühlen, kann nicht nur unsere Mitwesen beeinflussen, die uns hier und jetzt nahe stehen, sondern auch diejenigen an entfernten Orten und in kommenden Generationen. Für die menschliche Erfahrung resultiert daraus eine Art Unsterblichkeit. Wenn sich die Gedächtnisinhalte einer Person nach ihrem Tod zurückrufen lassen, können ihre Erfahrungen wieder erlebt werden. Es stimmt nicht, dass wir einen vom Gehirn abtrennbaren Geist besäßen; viel eher gilt, dass wir ein vom Universum untrennbares Gehirn besitzen."

Natürlich lässt sich der Geist vom Gehirn nicht trennen solange wir leben. Nach dem Tod geht der Geist in die große Seele ein und in das Bewusstsein. Der Geist lässt sich vom Universum allerdings nicht trennen, daher sind wir mit dem Gehirn als Träger des Geistes – auch solange wir leben - immer mit dem Universum verbunden, wenn auch meist unbewusst. Daher arbeiten viele Suchende daran, immer mehr bewusst zu werden, also das Unbewusste ins Licht des Bewusstseins zu bringen. Wir sollten annehmen, dass sich mit steigendem Bewusstsein die Menschheit so entwickelt, dass sie immer `humaner´, toleranter, verständnisvoller und friedlicher wird, aber so einfach sind die Wege der Bewusstwerdung leider nicht. Es werden zuerst auch viele Umwege und Irrwege eingeschlagen. Aber lasst uns das Beste hoffen. Im Tod geht unser Geist sowieso in das universelle Bewusstsein ein.

Laszlo sagt:

„Auch Sheldrake geht von der Annahme aus, dass man biologischen Feldern eine eigene Realität zugestehen muss. Obwohl sie von keinerlei Energieform begleitet werden, existieren sie getrennt von den Organismen, auf die sie einwirken."

Ob das Wort ‘Trennung’ das richtige Wort ist, ist eine Ansichtssache. Eher glaube ich, dass zwischen den Feldern und den Organismen eine subtile Verbindung herrscht, vielleicht durch ein noch umfassenderes Feld. Es kann auch durch fadenartige Gewebe vernetzt sein. Einige alte spirituelle Lehren erklären so die Verbindungen zwischen Menschen beziehungsweise anderen Entitäten(G).

Jedenfalls schreibt Laszlo in seinem Buch ‘Kosmische Kreativität’(G):

„Heute nehmen Physiker nicht länger an, dass die Natur mit einem System fundamentaler Strukturen erklärt werden kann, selbst dann nicht, wenn diese Strukturen nicht mehr Atome, sondern Quarks(G), Austauschteilchen, Super-Strings(G) oder noch zu entdeckende und vielleicht noch abstraktere Wesenheiten sind."

Das heißt, man nimmt nicht länger an, dass sie allein mit einem System dieser Strukturen erklärbar ist, sondern man sucht nach weiteren Erklärungen, nach Ergänzungen.

Bei der Frage, woher wir kommen und wohin wir gehen, geht man heute davon aus, dass das Universum in einem Zustand der Singularität angefangen haben muss. Was brachte aber das Universum dazu, aus der Singularität herauszutreten und zu dem zu werden, was und wo wir heute sind? Steckte ein bestimmtes Informationsfeld dahinter?

Man hat mithilfe der Quantenmechanik ein Unbestimmtheitsprinzip gefunden, das vielleicht erklären könnte, dass ein in sich ruhendes Universum wieder instabil werden kann. Das kann zur Folge haben, dass es wieder anfängt, sich auszudehnen. Allerdings gehe ich von der Theorie aus, dass sich das Universum vorerst wieder zusammenzieht, denn noch ist es ja am Expandieren, und das seit 15 Milliarden Jahren. Erst wenn wir entdeckt haben, dass die Masse des Universums den kritischen Punkt erreicht, können wir davon ausgehen, dass es sich wieder zusammenzieht. Das ist leicht möglich, denn es gibt genug Dunkle Materie, die noch nicht gemessen werden konnte.

Um die Natur zu erklären, wollte schon Einstein seine allgemeine Relativitätstheorie ergänzen, hat aber dem Quantenprinzip misstraut und bis zu seinem Lebensende kein verbindendes Prinzip gefunden. Diese Fragen können also erst in Zukunft beantwortet werden. Um aber auf Vernetzungen zwischen den Strukturen bestimmter Teilchen und Einheiten zurückzukommen - E. Laszlo stellt weiter fest:

„Eine weit rätselhaftere Dimension der Erfahrung ist das gemeinsame Erleben vollständiger kultureller Muster zwischen Menschen, die an unterschiedlichen Orten und vielleicht auch zu unterschiedlichen Zeiten leben. Gleichzeitigkeit von einzelnen, weit voneinander entfernten Ereignissen ist ein häufiges Ereignis im Rahmen der Kulturgeschichte."

E. Laszlo erklärt diese Phänomene durch ein sich selbst modulierendes Feld, das bei ihm `Psi´-Feld genannt wird. Dieses Feld enthält die Energieflüsse des Vakuums und ist ein wesentlicher Aspekt in der Natur. Da er für Seele und Geist steht, hat er ihm diesen Namen gegeben.

Die wissenschaftliche Erfassung der Phänomene, die bei den Prozessen wie der schamanischen Arbeit stattfinden, sagen wenig darüber aus, wie es möglich ist, in die Parallelwelten zu kommen und `Verbündete´ zu kontaktieren. Die erstaunlichsten Erkenntnisse in dieser Richtung kommen aus der Neurophysiologie und der Biologie.

In der Heilarbeit der Schamanen gibt es jedenfalls zahlreiche Überschneidungen zur Psychotherapie, besonders bei den tiefenpsychologischen Ansätzen wie zum Beispiel bei der analytischen Psychologie nach C.G. Jung und dem autogenen Training.

Rupert Sheldrake hat die Gleichzeitigkeit von entfernten Ereignissen auf morphogenetische Felder, das sind also formbildende Felder, zurückgeführt. Jedenfalls verstehe ich jene Kraftfelder auch als das, was man `höheres Bewusstsein´, Bewusstseinsfeld oder `wissendes´ Feld nennt.

Die Quantenfeldtheorie besagt, dass wir in einem Universum von Parallelwelten leben. Die Quantenverschränkung (Einstein-Podolsky-Rosen-Effekt) deutet sogar auf Interaktionen zwischen weit voneinander entfernten Teilchen hin. Bei den damals stattgefundenen Teleportationsexperimenten[G] wurde bewiesen, dass Informationsübermittlung ohne materielle Übertragungskanäle möglich ist, und auch der Zeitfaktor keine Rolle spielt. Vielleicht sind diese physikalischen Phänomene nicht direkt auf die schamanische Arbeit übertragbar, dennoch liefern sie revolutionäre Analogien, um diese uralten Techniken zu erklären.

Meiner Meinung nach kann man durch dieses Feld auch erklären, wieso manche Menschen glauben, dass sie sich an vorige Leben erinnern können. Auch wenn man sich mit einer fremden verstorbenen Seele identifizieren kann, weiß man ja trotzdem nicht, ob es das eigene Vorleben oder das eines anderen war. Trotzdem widerlegt es nicht die Reinkarnationstheorie.[G]

Es ist aber für mich auch kein Beweis der Reinkarnationstheorie, wenn ich mich an ein voriges Leben erinnern kann, denn dieses Leben kann ich oder auch ein anderer geführt haben, je nachdem, ob ich mich in ein fremdes Feld `eingeklinkt´ habe oder nicht.

Genau so sind Telepathie und ähnliche Formen außersinnlicher Wahrnehmung zwar rätselhafte Aspekte des menschlichen Geistes, aber dennoch im Vergleich zu anderen Phänomenen sehr plausibel. Mystiker wagten schon immer einen Blick in diese Sphäre. Sie sind Suchende, die die Geheimnisse der Natur erforschen wollen, indem sie dieses Feld anzapfen und damit, beispielsweise durch Meditation oder Hypnose, in ein höheres Bewusstsein eindringen.

Sie nennen diese Sphäre `Mentalebene´(G), die aus dem Urprinzip entstanden ist. Die Mentalebene ist die subtilste Form des `Akasha´(G) (Informationsfeld), sie ist der Initiator der Ideen, die Sphäre der Gedanken, der Fantasie, die eine Form annehmen und durch eine Matrix des Mentalkörpers(G) zum Bewusstsein gelangen kann. Diese Sphäre ist der Radiosender für die Eingaben der Menschen, deren Erfindungen und Gedanken.

Wenn es aber die Zeit in Wirklichkeit nicht gibt, dann gäbe es sehr wohl sogenannte `Zeitreisen´, denke ich, obwohl der Begriff `Zeitreisen´ dann wieder nicht richtig ist. Es wären eher Reisen durch eine `zeitlose´ Zeit.

Ich habe lange gebraucht, um zu verstehen, dass man den Weg zur Kommunikation mit dem Kosmos allein gehen muss, aber jetzt zolle ich gerade diesen Meistern ehrliche Anerkennung. Sie können uns alle nur einen Anstoß geben. Das erfolgt im Rinzai(G)-Zen durch ein `Koan´, das ist die Auflösung eines Paradoxons, das uns der Meister gibt. Aber es führt kein Weg daran vorbei, den eigenen `inneren Meister´ zu finden, bevor man weise wird. Ich bin sicher noch lange nicht weise, aber ich bin bescheiden geworden.

Unser Alltagsdenken bremst die Verbindung zur Bewusstheit der universalen Intelligenz. Daisetz Suzuki hat das in seinem oben erwähnte Buch `Die große Befreiung´ gut erklärt. Das, was wir sehen, ist nicht die Realität. Ich glaube nicht, dass wir mit unseren Sinnen alles begreifen können.

Da meine Ziele schon lange nicht mehr den allgemeingültigen Gesetzen der Gesellschaft genügten, fühlte ich mich oft sehr unwohl, denn ich fühlte mich langsam mehr und mehr in die Rolle eines `Kriegers´ gedrängt; eines friedvollen Kriegers allerdings. Diese Gefühle wurden mir so richtig im Jahr 1990 bewusst, obwohl ich sie latent schon viele Jahre vorher verspürte.

In dem Buch `Den Pfad des Herzens gehen´ von Arnold Mindell
fand ich sehr trostvolle und ermutigende Texte, die ich zitieren
möchte:

„Die unausgesprochenen Gesetze dieser inneren oder äußeren
Gruppe sind die Regeln unserer Gemeinschaft, die Absichten, nach
denen wir zu leben, wir gewissermaßen zugestimmt haben. Dies
können ungeschriebene Gesetze unserer Familie und unserer
Kultur sein und/oder die Ideale und Denkweisen einer Nation.“

Das sind Tatsachen, die mich ganz speziell schon immer sehr
eingeengt haben. Ich ging über diese Gesetze schon in meiner
Jugend hinweg und `rannte´ dabei natürlich immer wieder `gegen
die Wand´. Denn, so Arnold Mindell:

„Der Geist der Jury zeigt sich äußerlich als unser Nachbar, eine
Gruppe, ein Land, das Finanzamt oder die Welt.“

Welch wahre Worte! Ich fühle mich oft hin und her gerissen
zwischen meinen Zielen, meinem Weg und meinem Wunsch nach
Anpassung, nach Familie, nach Partnerschaft.

Und weiter schreibt Mindell:

„Die Welt unserer Angreifer ist wie ein riesenhaftes
Phantomfeld[(G)], auf dem wir uns bewegen müssen. Während wir
arbeiten und unsere Aufgabe erfüllen, werden wir beweglich und
fließen, verändern uns von Moment zu Moment, steigen aus
unseren alten Rollen und kehren wieder zu ihnen zurück und
brechen so unabsichtlich die Hauptregel: Deine persönliche
Geschichte ist unantastbar. Aber wir konnten uns nicht daran
halten.

Unser Selbstverständnis durcheinanderzubringen, Identitäten zu
verändern und unsere eigene Geschichte fallen zu lassen, war hart
und aufregend. Und jetzt ist es erschütternd zu hören, dass alle
Freunde uns beschuldigen, nicht nur die offenen, sondern auch die
unausgesprochenen Regeln der Vergangenheit gebrochen zu
haben.“

Ich habe das persönlich immer wieder erlebt und kann dem voll und ganz beipflichten. Das heißt, ich habe die Hauptregel verletzt und meine persönliche Geschichte angetastet oder antasten lassen, um später einzusehen, dass das genau das Verkehrteste war, was ich tun konnte.

Ich zitiere Arnold Mindell weiter:

„Das Schicksal hat uns zum Gelächter gemacht. Als Krieger mussten wir irgendwann, fast gezwungenermaßen, eines dieser Kulturgesetze übertreten. Wir haben Glaubenssysteme und Ziele umgeworfen und sie bedroht. Da wir Krieger sind, mussten wir Grenzen überschreiten und unwillentlich das Gewebe, von dem wir selbst ein Teil sind, durcheinanderbringen. Unser Körper hält die Welt an, indem er die Energie über Symptome auslebt. Bewusstheit und die zweite Aufmerksamkeit machen uns unberechenbar in Beziehungen. Unser Gespür für das Unbekannte lässt uns Geister unterstützen, die andere vergessen haben. Das alles schafft Probleme.“

Ja, so fühlte ich mich auch immer: als Kriegerin. Auch ich habe Grenzen überschritten und musste bezahlen, in dem mein Körper nicht mehr mitmachte. Er hat mich an meine Grenzen erinnert.

Mindell meint auch: „Von einem globalen Standpunkt aus gesehen, stören wir unser System, denn die Geschichte muss für Kontinuität kämpfen. In dieser umfassenden und schicksalhaften Interaktion werden die Freunde des Kriegers zu Stimmen des sozialen Gewebes.“

Der Pionier tritt also zuerst über eine Grenze und stört das System – bis – gewöhnlich zuerst durch die Freunde – es sich ein Stück mit bewegt. Dadurch werden die Grenzen verschoben, und die gesellschaftliche Struktur verändert sich doch ein wenig. Dieses Dasein macht aber müde, und wir bekommen es an Geist und Körper zu spüren und bleiben stehen.

Doch, es ist so, wie Mindell weiter schreibt:

„Mit Glück und Bewusstheit werden wir uns jedoch an die Sicht des Kriegers erinnern und an die Bedeutung unseres Kampfes.“

An diese Aussage erinnere ich mich immer, wenn ich an meiner Arbeit zu zweifeln beginne.

Er schreibt weiter: „Der beginnende Krieger vergisst die großartigen Visionen inmitten seiner Spannungen, und im entscheidenden Moment macht er vor Gericht geltend, dass er keine andere Wahl hatte."

Das geschieht durch unbewusstes Handeln. Doch je mehr Erfahrungen man sammelt und später reflektiert, umso weniger geschieht das, wenn man bei `der Sache´ bleibt. Dann kann es sein, dass man nach so einer Reflexion – laut Mindell – Folgendes sagt:

„Es war unmöglich, den Forderungen nach Anpassung noch ein einziges Mal zuzustimmen und unsere innere Welt zu überhören. Es gab keinen Mittelweg der Vernunft mehr."

Die Visionen vor sich tragend, vergisst man sie später nicht mehr, und man führt seinen Kampf weiter. Anhand der vergangenen Erfahrungen wissen wir schon, wie das ausgehen kann, wenn wir Grenzen überschreiten. Jetzt beginnt die große Kunst des Grenzgängers. Wachsamkeit und Aufmerksamkeit sind mehr denn je erforderlich. Ich zitiere Arnold Mindell weiter:

„Warum müssen wir denn auch in die Gegenrichtung gehen? Wäre es nicht viel einfacher, die vorgeschriebenen Wege zu nehmen wie die anderen? Wie können wir über Dinge lächeln, die die anderen so ernst nehmen, und andererseits Dinge ernst nehmen, die die anderen nicht beachten?"

Nur langsam habe ich diese Tatsachen im Laufe meines Lebens begriffen, aber bis dahin ging ich noch einen langen Weg mit vielen Illusionen(G) und Täuschungen. Mindell stellt weiter fest:

„So ist es unsere Lektion zu erkennen, dass wir uns weder Anerkennung des Kollektivs noch ein langes Leben verschaffen, wenn wir dem Verbündeten folgen. Der Pfad des Wissens ist ein hart erkämpfter Weg, auf dem wir fortwährend unerklärlichen Mächten begegnen. Der Pfad des Herzens ist schreckenerregend und voll tiefer Bedeutung."

Doch ich bin überzeugt: Eines Tages wird man doch die Früchte der Zufriedenheit ernten können, und die Gesellschaft wird zu einem höheren Bewusstsein finden. Sie wird ihre Werte ändern – sehr langsam zwar, aber doch, nach den Gesetzen der Evolution[G], zum Positiven hin.

„Fürchtet nicht den Pfad der Wahrheit,
fürchtet den Mangel an Menschen,
die diesen gehen.“

Robert Francis Kennedy

Gedanken zu Zen

Um zu einem höheren Bewusstsein Zugang zu finden, begann ich meine praktischen Übungen durch Meditation und Kontemplation(G) nach den Traditionen des `westlichen´ Weges, aber schon bald fand ich Zugang zu einer fernöstlichen Tradition, wie ich bereits erwähnt habe, zu Zen.

Ich hörte im buddhistischen Zentrum in Wien erstmals einen Vortrag und fand Gefallen an dieser Art der direkten Praxis. Ohne viel Hintergrundwissen zu haben, ging ich jahrelang hin, um im Zendo zu sitzen. Dort saß ich dann stundenlang im Sazen und übte, mich tief ins Innere zu versenken; ich übte `Samadhi(G)´.

Dort konnte ich natürlich die Gedanken nicht abschalten, obwohl der Auftrag lautete, nicht zu denken. Das war aber auch schon die einzige Anweisung, die wir bekamen, soweit es nicht die Formalitäten betraf, wie zum Beispiel die Art des Sitzens und wie man sich im Zendo benimmt. Ich arbeite normalerweise viel mit dem Verstand, wie schon erwähnt, zu viel vielleicht, und daher gelang es mir erst recht nicht. Ich brauchte immer einen logischen und rationalen Hintergrund, bevor ich irgendetwas glauben konnte. Und das war auch gut so.

Die Gedanken, die aufkamen, und die wir, so wie es uns angeraten wurde, auch wieder ziehen ließen, kamen nachher umso mehr ins Bewusstsein. Das war eigentlich die Absicht dieser Praxis. Wir besprachen untereinander die Gedanken oft anschließend in einem Kaffeehaus in der Innenstadt und kamen auf intellektuelle Themen wie Physik und Mathematik im Rahmen der Kosmologie. Schließlich waren wir alle Suchende.

Die meisten Angehörigen des Vereins waren Studenten. Die älteren von ihnen waren oft Akademiker oder aus einem Sozialfach, aber man kann wirklich alle Berufsgruppen im Zendo finden.
Wir diskutierten darüber, wie wir eigentlich wirklich Zugang zum höheren Bewusstsein finden können. Karl, ein Student, interessierte sich für die Aussagen von E. Laszlo, die ich schon im vorigen Kapitel angeschnitten habe.

Sie besagen unter anderem, dass unser Gehirn sich nicht nur in das Bewusstsein des Universums einklinken kann, sondern dass der Geist, der untrennbar mit dem Gehirn verbunden ist, auch ein Teil des Universums und daher ein Informationssender ist. Unsere Gedanken und Gefühle bleiben für immer in verschlüsselter Form im `Geist´ des Universums erhalten, und unter der Voraussetzung des gegenseitigen Austausches von Informationen zwischen menschlichen Gehirnen und der Welt, sind Gedanken und Wahrnehmungen einer Person für die Umwelt und die Menschen unmittelbar bedeutsam.

Das bestätigt auch die Theorie, dass wir in einer fernen oder gar nicht fernen Zukunft uns mittels Gedanken unterhalten können. Laszlo sagt wörtlich:

„Was wir denken und fühlen, kann nicht nur unsere Mitwesen beeinflussen, die uns hier und jetzt nahe stehen, sondern auch diejenigen an entfernten Orten und in kommenden Generationen. Für die menschliche Erfahrung resultiert daraus eine Art Unsterblichkeit. Wenn sich die Gedächtnisinhalte einer Person nach ihrem Tod zurückrufen lassen, können ihre Erfahrungen wieder erlebt werden. Es stimmt nicht, dass wir einen vom Gehirn abtrennbaren Geist besäßen; viel eher gilt, dass wir ein vom Universum untrennbares Gehirn besitzen …"

Das heißt, dass sich allerdings unser Gehirn nach dem Tod oder in bestimmten Ausnahmesituationen (wie Nahtod oder Schock) vom Geist trennen kann, wie oben schon erwähnt. Unser Gehirn (mit dem innewohnenden Geist) ist jedoch zeitlebens vom universellen Geist nicht getrennt, auch wenn uns das meist gar nicht bewusst ist.

Genau das deckt sich auch mit den Aussagen moderner Gehirnforscher. Wir sprechen hier aber auch von Kraftfeldern. Laszlo erklärte auch, dass Rupert Sheldrake von der Annahme ausgeht, dass man biologischen Feldern eine eigene Realität zugestehen muss. Sie werden zwar von keiner Energieform begleitet, dennoch sind sie getrennt von den Lebewesen, auf die sie einwirken, wie ich im vorigen Kapitel ebenfalls schon erwähnte.

Walter meldete sich jetzt zu Wort und unterbrach das Gespräch mit Karl, indem er seinen Teil dazu beitrug:

„Muldoon und Carrington erklären in ihrem Buch `Die Aussendung des Astralkörpers´ sehr viele Phänomene dazu. Sie schreiben unter anderen, wie die Gedächtnisinhalte fremder verstorbener Personen, faktisch als Blaupausen herbeigerufen werden können."

Das, was sie schreiben, gibt auch zum Teil die Meinung Laszlos wieder, der dazu schreibt:
„Denn bei Kontaktnahme mit diesem Psi-Feld kann man möglicherweise nicht nur eigene Erlebnisse abrufen, man kann auch in die Psi-Felder anderer Wesenheiten geraten, die man dann als eigene Erfahrungen ansieht. Vielleicht kann man sich durch dieses Psi-Feld auch erklären, wieso manche Menschen Kontakt mit verstorbenen Seelen aufnehmen können."

Außerkörperliche Reisen und andere spirituelle Phänomene, die ich selbst schon erlebt habe, können auch eine Folge dieses Kontaktes sein.

Genau das ist auch die Ansicht der Autoren Muldoon und Carrington. Unter Psi-Feld versteht Ervin Laszlo ein Kraftfeld, sowie auch Sheldrake über ein morphogenetisches (formbildendes) Feld spricht. Paul Davies, Biogenetiker, schreibt über ein `fünftes´ Feld. Auf jeden Fall verstehe ich darunter eine Information, vielleicht in Form eines Algorithmus(G). Es ist anscheinend eine höhere Intelligenz, ein `höheres´ Bewusstsein. Laszlo meint, dass auch Telepathie und verwandte Formen außersinnlicher Wahrnehmung rätselhafte Phänomene des menschlichen Geistes seien.

Dazu sprach ich dann selbst zum Thema:
„Als ich in Australien gewesen bin, habe ich mich mit eigenen Augen davon überzeugt, dass bei den Ureinwohnern, den Aborigines, Telepathie(G) wahrscheinlich ziemlich alltäglich war. Es war 1990/91, als ich von Sydney(G) aus bis in den Norden von Australien trampte, das heißt bis nach Yulara(G), eine Stadt unweit von Alice Springs(G) und dann zum Ayers Rock(G), dem Uluru(G), wie in die Einheimischen nennen. Dort passierten mir ungewöhnliche Dinge. Die aber zu beschreiben, sprengt den Rahmen dieses Buches.

Laszlo schreibt dazu:
„Bis zum heutigen Tage scheinen australische Aborigines gelegentlich über das Schicksal von Familien und Freunden informiert zu sein, selbst wenn jede direkte sinnliche Wahrnehmung ausgeschlossen werden kann.“
Ein Forscherteam an der University of Pennsylvania wartet mit neuen neurobiologischen Befunden zum Thema `Meditation´ auf. Die Professoren Andrew Newberg und Eugene d' Aquili haben bei

Meditierenden verschiedener Schulen charakteristische Muster der Zusammenarbeit festgestellt. Der meditative Zustand etwa, der als Einssein mit der Realität beschrieben wird, schlägt sich in ihren computertomografischen(G) Untersuchungen eindeutig nieder. Dabei seien die hinteren oberen Parietal-Lappen(G) des Gehirns rechts und links gewissermaßen `abgeschaltet´. Diese Bereiche sind vor allem aktiv, wenn es um räumliche Gesamtorientierung sowie der räumlichen Abgrenzung zwischen Personen und Außenwelt geht.

Ihre Schlussfolgerung war, dass die Aktivitätsabnahme des linken Parietallappens (Schläfenlappen) die Kluft zwischen `Selbst´ und `Anderem´ genau in dem Moment zum Verschwinden bringt, in dem die Aktivitätsabnahme des rechten Schläfenlappens ein Gefühl absoluter, transzendentaler(G) Einheit erzeugt.

Für die Wissenschaftler waren diese Resultate ein Beleg, dass spirituelle Erfahrungen keine Illusion sind.

Meine eigene Erfahrungen sind, dass dies viele Personen genau als umgekehrten Beweis betrachten, nämlich, dass jene Erfahrungen Illusionen sind. Meiner Meinung nach besteht die Illusion aber darin, dass wir glauben, von allem getrennt zu sein.

Der Mensch will, um das Universum zu verstehen, den Weltraum erforschen. Weil wir aber das Weltall mit unseren zur Verfügung stehenden Mitteln noch nicht erreichen können, holen wir es in unsere Psyche. Wir projizieren also das Universum nach innen. Das Wissen aus der Psychologie, das im vorletzten Jahrhundert erarbeitet worden ist, sagt uns, dass der Raum da draußen sich im Raum da drinnen widerspiegelt. Der Mensch ist also ein Spiegel des Kosmos.

Die Mystiker des Mittelalters wussten das, denn sie sagten:

„Alles, was drinnen ist, ist draußen; alles, was oben ist, ist unten."

Albert Einstein entwickelte mit seinen Kollegen Podolsky[G] und Rosen[G] ein Gedankenexperiment, das als EPR-Effekt Geschichte gemacht hat.

Aufgrund mathematischer Überlegungen fand Einstein, dass es geheimnisvolle Zusammenhänge zwischen Welten gibt, die gemeinsam entstanden sind, das sind dann sogenannte Elementar-Zwillinge, die zeitlos aneinander geknüpft sind, egal wie weit sie voneinander entfernt sind.

Auch Albert Einstein meint, dass der Mensch Teil eines Ganzen ist, Teil des Universums also, und dass der Mensch sich selbst, seine Gedanken und Gefühle als vom Rest getrennt sieht. Dazu sagte er ebenfalls, dass das eine Art Täuschung des Bewusstseins sei.

Der Franzose Jean E. Charon[G] hat Einsteins Theorie so weitergefeilt, dass er zu der Hypothese kam, dass Elementarteilchen eine Art Gedächtnis besitzen. Durch dieses Gedächtnis können sich Teilchen miteinander verbinden, bis hinauf zum Menschen. Diese Teilchen sind mit Informationen und Symbolen programmiert (Informationsfelder).

Kein Teilchen vergisst jemals, was es gelernt hat, auch wenn es im Unterbewusstsein verborgen bleibt. Die Symbole dazu sind auch nicht neu. Vor Charon hat sie schon C.G. Jung gefunden und nannte sie `Archetypen´.

Talismane und Symbole sind ebenfalls eine Art Kommunikationsmittel, mit denen man sich in diese Sphäre `einklinken´ kann. Die Kabbala entspringt wahrscheinlich dieser Sphäre. Sie umfasst die Lehre der Zahlenmagie, des Tarot und der

Astrologie, vielleicht aber auch das Wissen über Atlantis und andere versunkene Kulturen.

Man sieht, auch die westlichen Eingeweihten wissen, dass nicht nur die Außenwelt die Wahrheit widerspiegelt, sondern auch im Inneren zu finden ist. Ebenso geht es darum aufzuwachen, das heißt, eben bewusst zu handeln und zu reden.

Im Tibetischen Totenbuch steht:

„Alle Materie ist mein eigener Geist,
und dieser Geist ist Leere,
nicht entstanden,
unbehindert.

So denkend, halte deinen Geist rein –
so, wie er ist,
unabhängig in seiner
eigenen Natur,
wie in Wasser gegossenes
Wasser,
gelassen,
offen und entspannt.“

Zen-Leute halten nicht auf den Glauben, der in Büchern steht, sie müssen ihre Erfahrungen selbst machen, um zu wissen, und daher ist der Zen-Weg ein praktischer Weg.

Ein Zen-Meister der Soto[(G)]-Schule bestätigt:

„Wir sitzen nicht, um Erleuchtung zu erlangen. Wer sitzt (Anm.: im Sazen), um irgendetwas zu erlangen, wird nicht erleuchtet. Wir sitzen, um nichts zu erreichen. Wir sitzen, um von allen Haftungen los zu lassen. Wenn wir aber sitzen, um Erleuchtung zu erlangen, haften wir bereits an etwas an. Wir sitzen also, weil wir sitzen, und das stimmt auch wieder nicht. Wer so sitzt, hat schon

Buddhaschaft[G] und doch sitzen wir, um Buddhaschaft zu erlangen."

Wir sehen an dieser Aussage also wieder, Zen befasst sich mit dem Paradoxon. Der Meister gibt dem reif werdenden Schüler ein `Koan´, ein Rätsel, dessen Lösung ebenso paradox ist - wie ich schon oben erwähnt habe. So ist das Leben!

Ein Schüler des tibetanischen Buddhismus, der ja, wie man weiß, von vielen außergewöhnlichen Fähigkeiten seiner Anhänger von sich reden macht, prahlte von seinem Meister vor einem Zen-Schüler von seinen Wundertaten. Der Zen-Schüler antwortete, dass sein Meister auch Wunder wirken könne. Auf die Frage des Tibeters: „Welche denn?" Antwortete der Zen-Adept[G]:

„Wenn er sitzt, sitzt er,
und wenn er geht,
so geht er."

Das ist Zen. Das Leben selbst. Die Betonung des praktischen aktiven Lebens, des Daseins - mit voller Bewusstheit!

Denken und Handeln

Ich dachte vor einiger Zeit, mit Ritualen und Positivdenken mein Glück erreichen zu können und war beeinflusst von Büchern und Leuten, die diese Ansichten vermarkteten, sowie von so genannten `Wunschseminaren´ und `Schaffe deine eigene Realität´-Seminaren.

Irgendetwas musste ich doch falsch machen! Ich erkundigte mich und bekam als Antwort Anweisungen wie: „Du musst fest daran glauben!" oder: „Du musst dein Bewusstsein mit deinem Unbewussten in Einklang bringen!" oder: „Wahrscheinlich wünscht du dir unbewusst etwas ganz anderes!" Nicht nur, dass es ganz sicher nicht stimmte, dass ich nicht an dieses Wunschdenken glaubte, nein, ich war damals wirklich überzeugt davon, dass diese Methode funktionierte. Ebenso war ich überzeugt davon, dass alle möglichen Rituale, wie in vielen Büchern beschrieben, gute Möglichkeiten zur Erfüllung meiner Wünsche anboten.

Schließlich musste ich einsehen, dass irgendwo bei all diesen Methoden ein Haken sein musste, aber ich fand den Haken nicht. So gab ich es auf, überhaupt darüber nachzudenken, verfiel aber in eine Hoffnungslosigkeit, die ich nur ganz selten habe. Ich haderte mit meinen Entscheidungen, mit meinem Schicksal und mit meinem ganzen Leben. Nach einer Zeit des Stillstandes folgte ein Prozess des Denkens, und indem ich mir andere Ziele steckte, begann ich wieder optimistischer zu werden. Schließlich kam ich zu folgenden neuen Erkenntnissen, die im Anschluss an gewisse Ereignisse und Erlebnisse stattfanden. Ein richtiges `Aha-Erlebnis´ wurde dadurch in mir ausgelöst, und plötzlich begriff ich die Wahrheit der Natur.

Wie zur Bestätigung meiner neuen Gedanken stieß ich auch auf die Webseiten von Laura Knight-Jadczyk und Arkadiusz Jadczyk, Astrophysiker, deren `Cassiopaea-Material´ die Natur der Realität in der wir leben, in aller Genauigkeit beschreibt.

Laura Knight-Jadczyk weist in ihren Artikeln immer wieder darauf hin, dass alles was ist, Lektionen sind, und dass wir in einer ewigen Schule sind. - Es gibt keinen anderen Grund zu existieren! Natürlich tut die Wahrheit oft weh. Wenn wir nicht erkennen wollen, erfahren wir es an unserem eigenen Leib und an unserem Geist, und das ist dann schmerzhaft. Solange wir nicht in der Einheit sind – und das dauert `ewig´, bis wir dahin kommen – werden wir nicht alles verstehen. Sie schreibt: „Der Pfad der Erleuchtung ist Wissen, nicht Liebe. Um lieben zu können, muss man verstehen."

Ich kann ihr nur Recht geben, denn ich habe das selbst immer wieder erkannt. Ich habe erlebt, wie Menschen, die davon reden, der ganze Kosmos würde nur aus `Liebe´ bestehen, in ihrer Entwicklung stecken geblieben und unglücklich geworden sind. Denn der Grund war der: Sie haben alle überhaupt nicht verstanden, was Liebe ist! Denn zuerst muss man die Natur verstehen. Verstehen ist Licht! `Licht und Liebe´ sind schon der richtige Ansatz, aber Ausdrücke wie `Licht´ und `Liebe´ sollen nicht zu leeren Worten werden.

Alle Rituale vereiteln sich selbst, wenn sie nur von persönlichen Wünschen geleitet werden, warum das so ist, auf das gehe ich nachfolgend näher ein.

Lernt, studiert, forscht und erkundet! Überall gibt es Informationen zu finden, aber passt dabei auf und gebraucht Kritik. Benutzt euren Verstand, denn es gibt genau so viele Desinformationen, und das ist gefährlich, wenn wir diese glauben, denn:

> *„Es ist gefährlich, in Dingen Recht zu haben,*
> *in denen die etablierten Autoritäten*
> *unrecht haben."*

Voltaire

Leben ist lernen und kann wirklich Spaß machen! Indem man lebt und einfach das `Sein´ mit Freude lebt und glücklich ist, egal wie es ist. Das ist Liebe, reine Liebe, und das ist dann die wahre Spiritualität.

In den nachfolgenden Seiten werde ich erklären, warum das Paradigma: `Du erzeugst dir deine eigene Realität´ nicht so funktioniert, wie die `New Age´(G)-Gemeinschaft es uns glauben lassen möchte.

Dass dieser Glaubenssatz nur eine Halbwahrheit ist, kann ich so erklären:

Jedes Opfer (Verbrechensopfer, Kriegsopfer, Unfallopfer) müsste das erlittene Unglück selbst angezogen haben, da es ja ihre eigene Realität erzeugt. Das kann ich mir bei einzelnen Menschen gut vorstellen, aber nicht bei einem Massenunglück oder bei einem Krieg, denn dann müssten alle, die daran beteiligt sind, wollen, dass dieser Krieg für sie geschieht.

Wenn wir in einem Universum leben würden, wo wir alle Realitäten erzeugen könnten, würden wir in einem Universum leben, in dem wir alles machen könnten, was wir wollten, ohne Konsequenzen dafür tragen zu müssen. So ein Universum gibt es in keiner Dimension und in keiner Dichte. Es würde bedeuten, dass es das Gesetz des `Karmas´ nicht gibt. Karma ist das Prinzip von Ursache und Wirkung. Das heißt, alles was wir machen – in Gedanken, Worten und Taten, hat Konsequenzen, im Guten und im Schlechten.

Gerade die Leute, die das Paradigma des positiven Denkens verfolgen, verfügen über esoterisches Wissen und glauben an das Karmaprinzip. Dabei widersprechen sie sich selbst, wenn sie glauben, dass sie durch positives Denken, das im Zusammenhang mit persönlichen Wünschen geschieht, keine Auswirkungen hervorrufen. Auch `positiv´ Denken stellt eine Verfügung über eine Macht dar. Einfordern persönlichen Glücks, sei es Erfolg im Beruf, Geld, Macht, Partnerschaft, ist ein egoistisches Denken. Wenn man glaubt, Glück zu bekommen, ohne lernen zu müssen, ohne Lektionen im Leben auskommen zu können, befindet man sich im schweren Irrtum. Dann steckt man fest! Das `Ich´ existiert in einem reflektiven[(G)] und aufnahmefähigen Bezug zu dem Prozess, der seine Trennung vom Ganzen, das ein `Muster des Seins´ ist. Alle unsere Prozesse und Zustände sind Folgen unseres Verstehens von Wissen, unseres Bewusstseins.

Es gibt nur ein `Sein´, ein einziges multidimensionales Muster verschiedener Strömungen und Eigenschaften, die der gemeinsamen Funktion zur Wissensbildung dienen, denn das ganze Muster, dass das `Eine´ ist, ist ein einziges Bewusstsein.

Offensichtlich verdrängen diese `New Age-Paradigma´-Vertreter des so genannten `positiven Denkens´ die Tatsache dieser naheliegenden Zusammenhänge. Das sind Vorstellungen, die gegen das Ganze reflektieren. Das besteht aus positiven Offenbaren und aus negativen Nichtoffenbaren. Das existiert auch in einem einzelnen Selbst. Das bedeutet, dass das Eine das Andere nach sich zieht, die Konten werden ausgeglichen.

Manifestiert man also ununterbrochen seine persönlichen Vorlieben und Wünsche und verdrängt das nicht Erwünschte in das Reich des Nicht-Erfahrens, so wird sich eines Tages unverhofft auch die negative Seite manifestieren, unerwartet und unerwünscht.

Jede Seele ist ein Mikrokosmos des `All-Eins´, des ganzen Seins, also bedingt das Eine das Andere, das Positive das Negative, das Gute das Schlechte.

Solange man von diesem Ganzen nur einen Teil annimmt, nämlich den Gewünschten, wird die daraus resultierende Spiegelung das persönliche Selbst mit Erfahrungen konfrontieren, die die ungewünschten negativen Seiten des Ganzen repräsentieren; den aus dem persönlichen Bewusstsein verdrängten Teil.

Nur wenn es keine Diskrepanz zwischen persönlichen Wünschen und dem universalen Bewusstsein gibt, ist es möglich, das `Unmögliche´ entstehen zu lassen. Nur durch einen harten Kampf um Bewusstwerdung eines ehrlich an sich arbeitenden Adepten entsteht ein wertvoller Extrakt als Ausgleich und als Ausdruck des spirituellen Ganzen.

Nur wenn sich der `persönliche´ Wille nicht vom Geist des Universums unterscheidet oder von diesem entfernt ist, wird dieses schöpferische Denken effektiv sein.

Doch auch das `falsch´ angewandte `positive´ Denken sorgt für eine Lehrdemonstration für alle, die erkennen wollen, für alle, die sich entscheiden, die Wahrheit sehen zu wollen. Diese Lehrdemonstration, nämlich das Auftauchen des verdrängten Unerwünschten sorgt dafür, zu zeigen, dass der Wille des Ganzen immer folgt.

Jede Seele ist ein Duplikat des Universums in welchem es lebt und hat die gesamte Schöpfung in ihrem Bewusstsein verankert. Der Zustand des Bewusstseins ist der Zugang zum Ganzen.

Also, Vorsicht vor Desinformation. Es lenkt die Aufmerksamkeit von der Realität ab, und so sind wir dann leicht manipulierbar und hypnotisierbar. Täuschung ist Teil aller Prozesse, die zum Zweck der Selbstbereicherung angewendet wird. Seien wir also aufmerksam und ignorieren wir nicht, dass die Gefahren der Täuschung und Manipulation überall lauern.

Haben wir im Einklang mit dem Universum einen Gedanken oder eine Idee, sind wir am besten dran, wenn wir diese Idee nicht zu unserer Vorstellung werden lassen und sie nicht so visualisieren, wie sie aus unserem Verstand der linken Gehirnhälfte emporsteigt.

Vielmehr ist es empfehlenswert, diese Idee nicht nach unseren Vorstellungen auszubauen, sondern sie der Kreativität des Selbstes im Einklang mit dem großen Ganzen zu überlassen.

Warum? Werden Sie fragen. Die Antwort ist, dass die linke Gehirnhälfte, die männliche Seite, für abstraktes Denken, Ideen und logisches rationales Verstehen und Analysieren zuständig ist. Nun ist unsere linke Gehirnhälfte von der rechten getrennt. Die rechte Gehirnhälfte, unsere weibliche Seite, ist für pragmatisches Denken und Kreativität zuständig. Diese Seite manifestiert die Ideen durch Schöpfung in die materielle Welt.

Versuchen wir, unsere Vorstellungen gemäß unserem menschlichen Verstand durchzusetzen, indem wir sie durch

Visualisierung unserer persönlichen Wünsche kreieren, `vergewaltigen´ wir sozusagen unsere weibliche Gehirnhälfte. Damit setzen wir sie außer Kraft. Die weibliche Gehirnhälfte hat aber den Zugang zur Spiritualität des Ganzen. Indem sie ausgeschaltet wird, übernimmt aber alles die männliche Gehirnhälfte, und damit kommt es zu einer Disharmonie. Die Folge ist, wie schon vorhin erwähnt, dass die dunklen verborgenen Seiten, die negativen Seiten, als Folge der `positiven Visualisierung´ offenbar werden, indem sie unerwartet zum Vorschein kommen.

Seit ich diese Funktionen erkannt habe, mache ich keine `magischen´ Rituale mehr oder zumindest selten, und ich visualisiere auch keine persönlichen Wünsche, nur wenn sie sehr gut formuliert und durchdacht sind im Hinblick auf eventuelle nicht beabsichtigte Folgen.

Trotzdem darf man diesen langsamen Prozess der Bewusstwerdung, wie ich ihn zum Beispiel erlebte, als Erfahrungsweg ansehen, der zum Vorwärtskommen unerlässlich ist. Alle Beeinflussungen darf ich als Schritte ansehen, die mich schließlich dorthin brachten, wo ich heute stehe.

Zurückblickend war es zuerst die traditionelle Religion, dann die Parapsychologie und später, als sich die Welle der esoterischen Lehren meinem Bewusstsein öffnete, war ich von all diesen verschiedenen Richtungen so beeindruckt, dass ich fast kritiklos alles in mich einsog. Das passierte genau zu dem Zeitpunkt, als die traditionellen monotheistischen Religionen nicht mehr funktionierten.

So las ich Bücher quer durch alle möglichen Richtungen und Religionen und wandte mich der `magischen´ Praxis zu. Ich wurde gewarnt, aber es war zu verlockend, eröffnete es mir doch Welten, von denen ich zuvor nur geträumt habe. Ich entdeckte langsam auch viele Fehlinformationen im System und wurde vorsichtiger.

Die Wege der Rosenkreuzer(G), der Anthroposophen(G), der Sufis(G) und anderer Wissenssysteme waren für mich die Stufen auf einer

276

Wissensleiter für mich, auf die wir uns zeit unseres Lebens befinden. Mich interessierten die Geschichten der `Tempelritter[(G)]´ und der `Illuminaten[(G)]´, die tatsächlich über ein uraltes Wissen verfügen. Nur Orden und Logen bilden ein Machtsystem, das nicht zu unterschätzen ist. Man muss sich schon genau überlegen, ob man sich da irgendwo engagieren will, schließlich ist man dann verpflichtet. Das bedeutet, dass man sich an etwas bindet oder einen Pakt schließt. Nicht nur, dass man sich durch Bindungen gewissermaßen anderen Richtungen gegenüber verschließt, man weiß auch nicht genau, solange man in den unteren Rängen eines Ordens dient, welchen Mächten diese Gruppe wirklich dient. Ich habe unglaubliche Geschichten gehört und gelesen, die durch Hypothesen belegt sind und wahrscheinlich auf Wahrheit beruhen. Also schloss ich mich keinem Orden und keiner Loge an, sondern meditierte und lernte. Dabei öffnete ich mich gegenüber allen möglichen Glaubenssystemen. Ich war also offen und wurde dementsprechend von der Gesellschaft angegriffen, denn die sieht es nicht gern, wenn man sich zu einer bestimmten geheimen Gruppe bekennt, schon, weil sie dann nicht wissen, wie man einzuordnen ist. Die Kontrolle über uns ist dann um einiges schwieriger, und schließlich leben wir in so einem Kontrollsystem - und das wird immer mächtiger. So brach ich doch fortwährend die nicht ausgesprochenen gültigen Regeln dieses Gesellschaftssystems.

Das Leben wurde mir dadurch sehr erschwert. Ich war unzufrieden und fühlte mich nicht wohl in `meiner Haut´. Durch diese Freiheit, die ich mir herausnahm, habe ich im Gegenzug sehr viel Sicherheit verloren, die eine feste Eingebundenheit in einer bestimmten Gruppe immerhin anbietet. Das ist das Positive daran, und diese Tatsache nutzen auch große patriarchalische Religionen aus. Mein Leben war alles andere als stabil, aber ich habe gewählt. Ich habe die Freiheit gewählt und würde es wieder tun. Jeder hat den freien Willen, seine Richtung zu wählen, und ich habe den Weg des Freigeistes beschritten.

Aber leicht war mein Leben nicht. Gerade deswegen nicht. Ich war zwar selbstständig, aber auch selbstverantwortlich und habe die Konsequenzen meines Tuns immer gespürt. Meine Kraft schwand immer mehr und nicht zuletzt, um es mir leichter zu machen, setzte sich bei mir in allen Bereichen das Gedankengut durch, mit Liebe alles erreichen zu können. Es wurde und wird verbreitet, dass man allein durch positives Denken alles erreichen könne, um glücklich zu werden, sei es im privaten oder geschäftlichen Bereich. Die Lehre sagt, dass wir durch unser Gedankengut in einem bestimmten Muster schwingen, und entsprechend des Gesetzes der Spiegelung ziehen wir durch diese `Ausstrahlung´ dann Gleiches an.

Im Prinzip stimmt das ja, aber wenn wir dabei nur ganz bestimmte Vorstellungen visualisieren, wie schon erwähnt, sind wir den Schattenseiten, unseren Schattenseiten gegenüber ignorant. Dann sind wir blind wie Maulwürfe. Wir sehen das Eine, aber das Andere nicht. Und dann passiert genau das, von dem ich im selben Kapitel ausführlich gesprochen habe: Das Nicht-Gewünschte kommt unerwartet in einer Form und dringt in all unsere Bereiche, und das mit einer Wucht, die jeden `aus der Bahn´ werfen kann.

Karl von Eckartshausen hat in seiner Geschichte `Der Pfad zum Tempel der Geheimnisse´ die Gefahren dieses Denkens beschrieben: Der Weg zum wahren Wissen ist ein mühsamer und harter Weg. Wir begegnen gleich zu Anfang Unwissenheit und Dummheit, aber auch Bequemlichkeit. Die Bequemlichkeit betrifft nicht nur die Faulheit im Sinne von Handeln, sondern auch die Bequemlichkeit des Denkens. Wir übernehmen gerne kritiklos das kollektive Bewusstsein, damit schwimmen wir im `Strom der Gesellschaft´ und werden nicht angefeindet. Alles scheint mühelos, und wir lassen uns treiben, indem wir uns regelrecht in einen Schlaf wiegen lassen. Tatsächlich sind wir in einem Zustand einer Massenhypnose, die von bestimmten Richtungen der Gesellschaft ausgeht.

Auf dem Weg des Lernens hindert uns der Egoismus. Die Ignoranz durch Hochmut und Rechthaberei findet sich ein. Wir wiegen uns nur in `scheinbarer´ Sicherheit, wenn wir glauben, die Weisheit schon gefunden zu haben, denn es ist bestimmt nicht so! Der mit ganzem Herzen nach Wahrheit Strebende findet aber keine Zufriedenheit und sucht weiter.

Durch die immer mehr im Bewusstsein aufsteigende Erkenntnis, nicht am Ende des Lernens angekommen zu sein, die Weisheit trotz all des vielen Wissens noch nicht gefunden zu haben, dem Erkennen, dass wir die großen Geheimnisse in unserem Universum noch lange nicht entdeckt haben, kommt es schließlich zur Demut vor der Größe des spirituellen Universums. Wir bekommen endlich den gebührenden Respekt vor dem `göttlichen´ Ganzen. Das ist der Beginn des Erwachens. Das führt zur Bescheidenheit.

Von einem gewissen Punkt des Erwachens an gibt es keine Rückkehr mehr, und diesen Punkt gilt es, zu erreichen.

Wir müssen uns vor falschen Illusionen hüten! Die geschehen durch Betrug, Täuschungen, Verführungen und Manipulation. Dann entstehen Halluzinationen[(G)]. Diese sind zum Unterschied von wahren Visionen falsch, unrichtig und verdreht. Die verdrehten Halbwahrheiten sind sogar die schlimmsten Täuschungsmanöver.

Wir lernen Demut, indem wir unsere Arroganz und Ignoranz ablegen. Denn genau diese Eigenschaften sind Schuld daran, dass wir seelisch blind sind. Wir sind wie Blinde dem gegenüber was Tatsache ist, aber unbequem ist und uns Angst macht. Wir wollen bestimmte Sachen nicht sehen, die aber sind, und das ist Hochmut, des Menschen erste Schwäche.

Wenn alle Illusionen entfernt wurden, und es nichts mehr gibt, woran man glauben kann, dann gibt es keinen mehr, außer einem Selbst. Das fühlt sich so an, als ob man in ein tiefes schwarzes Loch fällt, alles Wissen, das wir anscheinend angehäuft haben, wird hinfällig, alle Schönheit und alles Glück an das wir geglaubt haben,

verschwindet, und man verliert zu diesem Zeitpunkt jede Hoffnung auf Irgendetwas. Ich habe zum Zeitpunkt dieses Wachstumsprozesses alle Glaubenssätze abgeschält, die sich zwar warm `anfühlten´ und damit auch bequem waren, aber eben nicht richtig. Ich war zur Erkenntnis gekommen, dass ich selbst ein Opfer von Täuschungen und Manipulation geworden bin. Ich befand mich durch diesen tiefen Fall in die `grausame´ Wahrheit wie in einem Zustand des Ertrinkens. Wer das erlebt hat, den wundert es nicht, dass viele sich sträuben, alte Glaubenssätze aufzugeben, auch wenn sie offensichtlich noch so falsch sind. Die Wahrheit lässt uns sehen, dass die meisten unserer Gedanken und Vorstellungen manipuliert wurden und werden, und das beraubt uns unseres freien Willens. Aber, wir haben den freien Willen und können uns entscheiden, ob wir die Wahrheit erkennen wollen oder nicht. Ich habe mich schließlich entschieden, und es war, als ob ich in die `Hölle´ geschaut hätte. Dieser Blick in die Hölle kann ausreichen, dass der Schmerz und die Verzweiflung so groß sind, dass wir verrückt werden, denn wir sehen kein Licht am Horizont, nicht einmal den kleinsten Punkt oder irgendein Gefühl des `Sich-Anhalten-Könnens´, das uns wenigstens ein kleines Gefühl der Wärme geben könnte. Nichts erhellt die Dunkelheit, in der wir uns dann befinden. Doch langsam, sehr langsam, beginnt sich etwas zu bilden. Anfangs ist man nicht sicher, was es ist, es ist etwas ganz anderes wie gewohnt, und wenn man die ganze Aufmerksamkeit auf dieses `Etwas´ richtet, beginnt eine Energie zu wachsen.
Das ist der eigene Wille. Wenn wir einmal unseren Willen gefunden haben, dann sehen wir auch, was gewählt werden kann. Ich habe die Wahl, mich zu entscheiden, und die Wahl der Entscheidung ist eine Funktion des Willens. Wo Wille ist, gibt es auch eine Wahl. Wir alle können wählen. Wir können die Ausrichtung unseres Geistes wählen.
Doch dieser Wille ist ein Ergebnis des Prozesses des Erwachens einer Demut. - Nach diesem `Höllensturz´, der durch den Blick auf die Wahrheit ausgelöst wurde. Ich erlebte nach diesem Sturz in die

Hölle das Gefühl, ein einsames und ausgeschlossenes Wesen in diesem Universum zu sein und fühlte keine Existenz einer universellen Liebe. Ich war verzweifelt und bekam keine Antwort. Nur diese kleine Energie in mir wuchs, aber ich wusste nicht, was es war und woher sie kam. Aber irgendwie ließ diese Energie wieder meinen Menschenverstand wachsen. Ich richtete mich wieder an meinem Verstand aus. Und dann wurde die Dunkelheit langsam erhellt, und ich erkannte, dass die Dunkelheit auch ein Ausdruck Gottes ist.

Alle Katastrophen, Unglücksfälle, Verbrechen, Tragödien, Zerstörung, Leid und Schmerz, Krankheit und Angst in allen verschiedenen Varianten, denen wir begegnen, sind alles Ausdrücke des Gedankens der Nichtexistenz. Das gibt es nur in Gedanken, aber im Reich aller Möglichkeiten gibt es auch die Möglichkeit der Nichtexistenz und eines Nicht-Wesens. Im Sein und Nicht-Sein ist die gesamte Schöpfung manifestiert. Im Schöpfungsakt, beim Aktivieren kreativer Energie also, formt sich die eine Hälfte des Bewusstseins `Gottes´ in einen Teil der Gedanken des Nicht-Seins und einen Teil des Seins. Dieser Teil des Nicht-Seins ist ebenfalls Materie, `dunkle´ Materie, die nicht geoffenbarte Seite des Bewusstseins Gottes.

Nach dieser Zeit der Verzweiflung und des Schmerzes kommt es zuerst zu einem Gefühl der Demut. Der Demut, die Wahrheit anzunehmen, wie sie ist und einzusehen, dass wir gar nichts daran manipulieren können, das wir nichts mehr drehen und wenden können, wie wir es wollen und die Weisheit noch lange nicht erlangt haben. Wir haben das göttliche Angesicht noch lange nicht gesehen, und das wird auch noch ein geradezu `ewig´ andauernder Prozess sein, bis wir zur ganzen universellen Wahrheit gelangen. Nun, der Demut folgt der reine Wille, im Sinne von spirituell rein. Dieser Wille entspricht der reinen spirituellen Liebe zu allem, was ist. Dadurch können wir schließlich die Schöpfung annehmen, wie sie ist, im Positiven wie im Negativen. Wenn wir uns entschieden haben, das ganze Sein als Lernprozess zur Bewusstwerdung aufzunehmen, werden wir glücklich sein, so wie es ist, und das ist auch die wahre reine Liebe zur Schöpfung und zum Schöpfer. Nur durch dieses glückliche Sein an sich, ohne irgendetwas Persönliches zu wünschen, durch diese Liebe zum Universum kommen wir schließlich auch zum persönlichen Glück, indem unsere rechte Gehirnhälfte (ohne von der linken Gehirnhälfte `vergewaltigt´ zu werden) eine entsprechende Realität kreiert.

Das ist der wahre Weg zur Schaffung der eigenen Realität. So werden wir wahrlich zum Schöpfer eines eigenen Universums!

Da es in Wirklichkeit die Zeit nicht gibt, können wir ruhig sagen, dass sich im `ewigen Augenblick´ des Zusammenziehens das Gefühl von `Verlust´ einstellt, die dieser Teil der Schöpfung freiwillig übernahm, dadurch, dass unsere Welt eine `Dualwelt´ wurde. Dieser Rückzug ist eine Kontraktion des Selbstes. Der andere Teil ist die Expansion, die Ausdehnung des Selbstes und manifestiert sich in der offenbaren Welt der Materie.

Das Universum umfasst alles, und wir alle sind das Universum und das Universum sind wir. Jeder Einzelne von uns kann ein Universum schaffen und zerstören, wenn wir wissen wie.

Wer hört und versteht, wird bewusst und erntet die Früchte der Bewusstheit hundertfach. Wissen durch Arbeit des Verstandes bringt langsam Weisheit und wer weise ist, lebt in einem glücklichen Seinszustand im Einklang mit sich und der Umwelt. Diese Menschen sind selten, aber doch kommen viele, zumindest am Ende des Lebens in diesen Zustand des Glücks im Gefühl des absoluten Einsseins mit der Schöpfung.

Es gibt eine berühmte Aussage Laotses, die von Dan Millman
zitiert wurde.

„Der friedvolle Krieger hat Geduld
zu warten, bis der
Schlamm sich setzt
und das Wasser sich klärt.

Regungslos harrt er aus
bis zum rechten Augenblick,
in dem die richtige Handlung
sich ganz von selbst ergibt.

Er strebt nicht nach Erfüllung,
sondern wartet mit
offenen Armen und akzeptiert
freudigen Herzens alles,
was kommt.

Er nutzt alle Situationen,
versäumt nichts.
Er ist die Verkörperung
des Lichts.

Der friedvolle Krieger
besitzt drei große Schätze:
Einfachheit, Geduld und
Mitgefühl.

Er ist einfach in seinem
Denken und Tun
und kehrt zur Quelle
allen Seins zurück.

Er hat Geduld mit Freund

und Feind
und lebt mit allem in Einklang.
Er hat auch Mitgefühl mit
sich selbst und schließt
seinen Frieden mit der Welt.

Manche mögen diese Lehre
Unsinn nennen;
anderen erscheint sie vielleicht zu
hochfliegend, doch für alle,
die in sich hineingeschaut haben,
ergibt dieser Unsinn einen
vollkommenen Sinn.

Und für die, die ihn in
die Tat umsetzen
reichen die Wurzeln des
Hochfliegenden tief in die
Erde hinein."

Huna - Spiritualität in Hawaii

Oktober 1997

In diesem Kapitel schreibe ich nicht über eine Traumreise oder Vision, sondern von einer meiner Fernreisen auf eine Insel meiner Träume. Eigentlich ist es eine Inselgruppe, und mich hat immer schon die Spiritualität dieser Inseln fasziniert. Ich hörte und las so viel davon, bis ich beschloss, mich von dieser Kraft selbst zu überzeugen.

Mein Ziel war Hawaii, dessen Weltbild Spiritualität ist. Deren Hüter sind die Kahunas[G]; das sind die Eingeweihten dieses alten Wissens. Max F. Long, der sich zuerst mit dieser Religion, die zugleich ihr Weltbild war (oder ist), auseinandersetzte, nannte es `Huna´.

Es ist ein sehr freundliches Weltbild, das jedes Wesen im Universum achtet, und deren Methoden zur Heilung sehr wirksam sind. Nachdem ich mich selbst schon längst auf das Erlernen von diversen Arbeiten mit Energien spezialisiert hatte, wollte ich über das Wissen dieses Volkes an Ort und Stelle mehr erfahren und flog nach Hawaii. Ich wollte unbedingt mit den Ureinwohnern dieser Inseln Bekanntschaft machen und dort meine eigenen Erlebnisse haben.
Im Spätherbst 1997 flog ich also nach Oahu[G] und dann weiter nach Maui[G] und Big Island[G]. Ich hatte Glück und traf nach einiger Zeit der Suche in Big Island tatsächlich einen heilkundigen Schamanen. Lokai'au war sein Name.

Als er mich zum dritten Mal sah - er war in der Nähe der Lei[G]-Binder am Hauptplatz von Kona[G], Big Island, überreichte er mir zwei Blumen, so als wollte er mir damit sagen:

Ephides

Wir schlossen Bekanntschaft, und in der darauf folgenden Zeit zeigte er mir viele Orte und erzählte mir von ihrer Religion. Die Spiritualität Hawaiis ist überall. Die Hawaiianer empfinden tiefe Ehrfurcht vor jedem Wesen. Ihr Leitsatz ist:
„Verletze kein Wesen, auch nicht dich selbst."
Überall sehen sie Götter, ihre Akus[G]: in Steinen, im Wasser, in der Luft und im Feuer. `Pele[G]´, die Göttin des Feuers, ist eine der mächtigsten Göttinnen in Hawaii. Eine ihrer Priesterinnen sagte einmal zu einem Missionar, der sie zum Christentum bekehren wollte:

„Es ist dein Gott, und es ist recht, dass du ihn verehrst, aber Pele ist meine Gottheit und die große Göttin in Hawaii. Kilauea[G] ist ihre Heimat. Ohiaokelani[G] ist ein Eckpfeiler ihres Hauses. Einst kam sie von einem Land direkt aus den Wolken."

Überall in Hawaii spürte ich die Kraft in der Natur, das `Mana[G]´. Um diese zu fühlen, war ich eigentlich hierher gekommen. Diese Kraft ist überall auf diesen Inseln präsent, so wie ich sie sonst nur in Nordindien erlebt habe.

Aber nun möchte ich auch ein paar theoretische Grundsätze zu diesem Weltbild erklären. Es gibt sieben Gesetze:

- Energie folgt der Aufmerksamkeit.
- Die Welt ist das, was man in ihr sehen will.

- Wir haben keine Grenzen.
- Jetzt ist der Augenblick, die Kraft zu nutzen.
- Leben heißt, wenn man mit dem Sein glücklich ist.
- Die Kraft kommt von innen. Sie heißt `Mana´.
- Die Kraft des Wirkens beweist, was die Wahrheit ist.

Max F. Long hat Anfang des vorigen Jahrhunderts dieses alte Wissen wieder ausgegraben und hat es `Huna´ genannt. Vorher gab es diesen Ausdruck nicht. `Huna´ heißt Geheimnis und anhand der hawaiianischen Sprache konnte der Sprachwissenschaftler Long die Wirksamkeit der Kahuna-Magie erklären. Er hatte es nicht leicht, diese Geheimnisse zu erforschen, denn die Kahunas verhielten sich verdeckt. Sie sind im 19. Jahrhundert schwer verfolgt worden, und es war ihnen verboten, ihre alte Religion auszuüben. So wurden sie so gut wie ausgerottet.

Sie kannten damals erstaunliche Praktiken in der Heilung und in der Magie, und ihre Gebete waren wirksam. Die Hawaiianer kannten nur eine Sünde, nämlich die, einem Wesen zu schaden oder sich selbst. Diese Sünde bedeutete Mana-Verlust. Die Kraft des Lebens ging verloren. Ein Kahuna wusste über die Zusammenarbeit von höherem Bewusstsein, Unterbewusstsein und Tagesbewusstsein. Ein mächtiger Kahuna konnte wahre Wunder vollbringen, er konnte über Lava gehen, das Wetter beeinflussen, Kranke heilen und vieles mehr.

Die Lehre besagt, dass ein Mensch aus drei Formen des Selbst besteht:

Höheres Selbst (Kane[G] oder Aumakua[G]), mittleres Selbst (Lono[G] oder Uhane[G]) – es ist das Tages- oder Wachbewusstsein und unteres Selbst (Ku[G] oder Unihipili[G]), das Unterbewusstsein oder das `innere Kind´, manchmal auch als `inneres Krafttier[G]´ erkannt.

Während das höhere Selbst die Verbindung mit dem Göttlichen darstellt, ist das mittlere das normale Bewusstsein, das mit dem Verstand arbeitet und das untere Selbst leiten soll. Das untere Selbst ist für die Intuition und für die unbewussten Körperfunktionen zuständig.

Wenn man sich in Harmonie mit allen Selbstformen befindet, ist man gesund. Auch bei uns findet man eine Dreifaltigkeit. Es wird gesagt, dass nur derjenige gesund ist, der in Harmonie mit Seele, Geist und Körper lebt.

Die Körper selbst haben einen Schattenkörper (Aka)(G), und diese sind mit Aka-Schnüren verbunden. Es gibt auch noch zahlreiche Aka-Schnüre zu anderen Personen und ich glaube, dass diese die bei uns bekannten `Silberschnüre´ sind, die sich durch persönliche Kontakte gebildet haben.

Das sind feinstoffliche Fäden, die sich aus der Aura oder dem Energiekörper des Menschen herausbilden, so wie Haare oder Fingernägel wachsen. Ich sage absichtlich Aura, obwohl die meisten Esoteriker sie in sieben Energiekörper unterscheiden, wie Astralkörper, Mentalkörper(G), Ätherkörper(G) usw. Da es aber - überhaupt in früheren Schriften - keine Einigung gab, und wir wissen noch immer gibt, wie viele feinstoffliche Körper es wirklich gibt und wie sie genau heißen, möchte ich mich daher nicht festlegen. Ich glaube, dass die momentane Unterteilung ziemlich willkürlich gemacht wurde, denn es gibt bestimmt nicht solche Abgrenzungen, wie wir sie machen.

Früher sagten die Esoteriker nur Ätherkörper oder Astralkörper. Jedenfalls sind sie nicht wie Seile oder Schnüre befestigt, sondern sind `Auswüchse´, man kann sie auch wie feines Gewebe ähnlich das eines Spinnennetzes sehen. Viele Hellsichtige sehen eine dicke Silberschnur wie einen Bauchnabel aus der Körpermitte

herauskommen. Meine Tochter sah sie von den Fingerspitzen herauskommen und ich ebenfalls, aber vielleicht gehören die einen Arten, die aus den Fingern kommen, zum Ätherkörper und die aus dem Bauchraum zum Astralkörper, ich weiß es nicht. Die hawaiianischen Kahunas sagen, dass diese Schnüre (Aka-Schnüre) aus dem Schattenkörper (Aka-Körper), der eben auch feinstofflich ist, herauskommen (sich bilden). Für mich ist das das Gleiche, nur in anderen Worten, noch dazu, weil sie den feinstofflichen Körper auch als silberfarben und goldfarben bezeichnen.
Die Kahunas sagen, dass die Aka-Schnüre sich bei jedem körperlichen Kontakt zu einem Wesen bilden (Achtung, auch durch Händeschütteln) und auch durch jeden Blick von Auge zu Auge.
Wie kann man sie trennen:
Gemäß der Huna-Lehre (Kahuna-Wissen) lassen sich Aka-Schnüre nie mehr trennen, sondern nur deaktivieren, sie werden also stillgelegt.

Andere Esoteriker lehren, dass man Schnüre zu Personen schon durch Energiearbeit lösen kann, indem man sie mental durchschneidet und herausdreht und verbrennt (rein geistig natürlich und vorsichtig und liebevoll).
Die `Silberschnur´ aber, die aus dem Bauchraum kommt und die manche Hellsichtige oder Astralreisende[G] sehen (ich sah sie nicht), bitte nicht trennen, nicht einmal versuchen, denn wenn diese reißt, führt das zum Tod (angeblich, ich weiß es ja nicht).

Beim Tod reißt also die Silberschnur und der physische Körper kann sich von den feinstofflichen Körpern trennen. Darum warnen manche, dass man sich bei einer Astralreise[G] nicht zu weit oder zu lange entfernen soll, aber genau weiß anscheinend niemand, wann eine Trennung wirklich geschehen kann. Vermutlich reißt die Silberschnur nur durch den physischen Tod.

Auf der anderen Seite glaube ich schon, dass so manche Menschen
es fertigbringen, absichtlich zu sterben, wenn sie wissen, dass es
Zeit ist, indem sie sich geistig einstellen, komplett von der Materie
los zu lassen. Man hört(e) viele Legenden, dass Indianer in die
Berge gingen, wenn sie merkten, dass ihr Tod naht. Sie machten
dann nichts anderes als los zu lassen. Wie das gehen soll, wissen
wir nicht, das wissen nur die Eingeweihten. Also, eine gewisse
Gefahr besteht wohl bei all diesen Übungen, außerkörperliche
Erfahrungen machen zu wollen, aber so ist das Leben. Wenn
jemand Angst hat, dann soll er es nicht machen, aber wenn ich das
Gefühl habe, dass mir nichts passieren wird, warum nicht? Ich
glaube, hier trügt das Gefühl nicht, es kommt von innen.

Übrigens, diese feinstofflichen Schnüre verbinden sowohl die
verschiedenen eigenen Körper, das heißt den physischen Körper
mit den diversen feinstofflichen Körpern, als auch den oder die
eigenen Körper mit fremden Körpern.
Das heißt, die Silberschnur, die Hellsichtige vom Bauchraum aus
sehen (bei sogenannten Astralreisen) ist die Hauptschnur, die den
eigenen physischen Körper mit dem eigenen feinstofflichen Körper
verbindet (in diesem Fall den Ätherkörper, der zwischen dem
Astral- und physischen Körper steht).
Die feinen Schnüre, die aus allen möglichen anderen Körperstellen
ausgehen (und manchmal auch aus denselben Körperstellen
parallel dazu) wie die Aka-Schnüre, sind Verbindungen zwischen
fremden Körpern. Diese dürfen durchschnitten oder gekappt
werden, wenn es nötig ist und wenn man es kann. Die anderen
sind ja sehr wichtig, um uns selbst `zusammenzuhalten´, nach dem
Tod lösen sie sich und gehen in `andere Welten´.

Sie können sich wahrscheinlich auch ganz auflösen - irgendwann.
Wobei der Ätherkörper dem physischen am nächsten ist, und von
manchen Hellsichtigen wird dieser (nicht der Astralkörper) in
Friedhöfen gesehen.

Wer sich mehr über diese Phänomene interessiert, den verweise ich auf das in der Literatur bereits erwähnte Buch von Carrington/Muldoon `Die Aussendung des Astralkörpers´.

Um zur Praxis zurückzukommen: Ganz wichtig ist es, vor jeder magischen Handlung die `Reinigung´ vom schlechten Gewissen durchzuführen. Denn das ist es, was die Aka-Schnüre verstopft, und damit den Fluss zwischen den Selbsten nicht mehr gewährleistet. Dann ist ein Reinigungsritual angesagt, ein `Kala(G)´. Später werde ich das genauer schildern, sowie einige andere Praktiken. Es gibt viel Literatur darüber, zum Beispiel von Serge Kahili King, Suzan H. Wiegel und Enid Hoffmann, um nur einige zu nennen. Mehr dazu schreiben will ich nicht, sonst würde das den Rahmen des Buches bei Weitem sprengen.

Ich möchte allerdings noch einiges zur Kultur berichten, denn hier wurde von den Autoren weniger ausgesagt.

Hawaii ist eine Inselgruppe mitten im Pazifik – aus Feuer geboren. Vulkankrater sprühten Lava hoch in die Höhe, das im Ozean abkühlte. Langsam entstand eine Insel nach der anderen. Sie entstehen noch immer, denn die Vulkantätigkeit ist auch gegenwärtig sehr stark. Die ersten Einwanderer kamen wahrscheinlich von den Marquesas-Inseln und brachten viele Haustiere mit. Sie verließen die Insel wieder; dafür kamen andere Menschen mit Auslegerbooten auf die Inseln; aus erster Linie aus Tahiti.

Hunderte Jahre lebten die Menschen in Harmonie mit der Natur in ihrer sozialen Struktur und ihrer eigenen Spiritualität.

Alles in Hawaii strahlt wie schon erwähnt, eine Spiritualität und eine Kraft aus – das Meer, die Wälder, die Flüsse, die Pflanzen, die Tiere, die Steine und sogar die Luft und die Menschen; das `Mana´.

Ursprünglich hatten die Bewohner ein Klassensystem:

Da gab es die Ali'i(G), das war der Stand der Könige. Die berühmten Experten, die Kahunas, stammten meist aus diesem Stand. Kahunas standen immer zur Seite der Könige.

Es gab oder gibt schon wieder verschiedene Arten dieser Experten, zum Beispiel den Kahuna aloha, den Liebesmagier oder den Kahuna haha, den Diagnostiker, den Kahuna ho'oulu'ai, den Landwirtschaftsexperten, den Kahuna la'au lapa'au, den Kräuterexperten, den Kahuna kalai, den Schnitzer, den Kahuna lomilomi, den Massageexperten und viele andere. Natürlich gab es auch weibliche Kahunas.

Der zweite Stand war der der Maka'ainana(G). Das war das bürgerliche Volk, und dann gab es noch den Stand der Kauwa(G). Dieser war der niedrigste Stand. In früheren Zeiten waren sie oft Kriegsgefangene, die Sklaven waren. Ansonsten war den Einwohnern die Versklavung fremd.

Die Ureinwohner hatten und haben einen Götter- und Geisterglauben, vergleichbar mit dem Schamanismus der Indianer. Sie sehen überall ihre Götter, die sie Akuas(G) nennen und an die sie einst Opfer brachten und zu denen sie beteten. Allerdings konnte ich feststellen, dass sie seit einiger Zeit wieder zur alten Kultur zurückfinden, denn ich sah in Hawaii einige Opferschreine, die mit Blumen und Steinen geschmückt waren.

Über die Heimat ihrer Götter gibt es unzählige Geschichten. Einige kamen aus den Wolken oder von anderen Inseln, andere aus dem Morgenrot und wieder andere aus dem Wasser.

Gebete wurden bei jeder Gelegenheit ausgesprochen – bei der Geburt eines Kindes, bei einer Hochzeit, beim Kindbett, bei der

Namensgebung, beim Tod eines Angehörigen, zur Einweihung eines Hauses, eines Gartens usw.

Es gibt außerdem Familiengeister, die Tiere verkörpern. Manche lassen sich Götterabbilder aus Holz schnitzen und schmücken sie dann. Diese heißen Ki'i(G) oder Tiki(G).

Tempel wurden in Anlagen gebaut, in sogenannten Heiau's(G). Sie wurden von Kahunas gebaut und meist auch von ihnen bewohnt. Ein Heiau war heiliger Boden. Innen war ein kleiner Tempel mit Tikis, und vor der Mauer waren ebenfalls Tikis und ein Altar.

Die Hawaiianer verstehen auch, nach verschiedenen Omen die Zukunft abzulesen. Ein Regenbogen kann die Ankunft eines Ali'i ankündigen, er kann aber auch eine Todesbotschaft sein. Heulende Hunde kündigen einen Geist an. Wenn ein Kahuna um Hilfe gebeten wird, während er isst, sollte er ablehnen, denn dann ist er nicht der richtige Experte.

Wenn ein Heiler-Kahuna am Weg einen Mann mit gekreuzten Armen trifft, kann er gleich wieder umkehren, denn dann ist eine Heilung unmöglich. Die Hawaiianer hören auch auf Stimmen und sehen Verstorbene.

Die Einheimischen sind dabei, ihre Spiritualität neu zu entdecken, und junge Eltern schicken ihre Kinder in traditionelle hawaiianische Schulen, wo sie zum Beispiel auch `Hula´ lernen. Dieser Tanz ist eigentlich ein heiliges Ritual und erzählt immer eine weise Geschichte.

Das Hunagebet ist sehr wirksam. Es wird darauf geachtet, welche Folgen die Erfüllung ihrer Bitte haben könnte, denn diese sollten niemandem schaden. Daher wird es vorher genau formuliert.

Anschließend wird es dreimal wiederholt, und mit den Worten „Aumama ua noa" wird es freigelassen.

„Aumama ua noa"[(G)] ist ein geflügeltes Wort in Hawaii, genauso wie „Aloha" oder „Mahalo[(G)]" (Danke).

Aumama ua noa bedeutet frei übersetzt: „Der Segen soll wie der Regen herabfallen", und Aloha ist das Grußwort, das so viel wie „Liebe sei mit Dir" bedeutet.

Ich möchte ein wunderschönes Gebet zitieren, dass Max F. Long niedergeschrieben hat. Es wurde in den 40er Jahren von Alice Bailey vom tibetischen Meister Djwhal Khul gechannelt und in eine zeitgemäße Sprache übersetzt. Diese Invokation ist eigentlich eine Anrufung des Lichts und man kann das Wort `Christus´ auch durch Buddha, Krishna usw. ersetzen.
Alice Bailey war eine Theosophin und Esoterikerin und ist 1949 gestorben. Dieses Gebet wurde von allen möglichen esoterischen Gruppen aufgenommen, auch von Sananda.

Es lautet:

*Die große Invokation –
das Weltfriedensgebet.*

*„Aus dem Quell des Lichts
im Denken Gottes
ströme Licht herab ins Menschendenken.
Es werde Licht auf Erden.*

*Aus dem Quell der Liebe
im Herzen Gottes
ströme Liebe aus in alle
Menschenherzen.
Möge Christus wiederkommen
auf Erden!*

*Aus dem Zentrum,
das den Willen Gottes kennt,
lenke Plan-beseelte Kraft
die kleinen Menschenwillen
zu dem Endziel,
dem die Meister wissend dienen!*

*Durch das Zentrum,
das wir Menschheit nennen,
entfalte sich der Plan der Liebe
und des Lichtes und siegle zu
die Tür zum Übel!*

*Mögen Licht und Liebe und Kraft
den Plan auf Erden wiederherstellen!*

AUMAMA UA NOA!"

Kala ist, wie schon erwähnt, ein Reinigungsritual, dass man anwendet, wenn nichts mehr so richtig läuft. Es beinhaltet immer ein Verzeihen. Gute Rituale hat zum Beispiel Suzan Wiegel in ihrem `Handbuch für Kahuna-Medizin´ beschrieben. Methoden, wie sie Louise L. Hay im Buch `Gesundheit für Körper und Seele´ beschreibt, sind ebenfalls gut für ein Kala geeignet. Aber es gibt noch viele andere Methoden, zum Beispiel wäre systemisches Familienstellen[(G)] eine gute Sache, um Karma zu bereinigen und alte Muster zu lösen.

Es gibt ein sehr gutes Gebet als Kala, das ich nachfolgend angebe. Es stammt aus dem `Handbuch der Kahuna-Medizin´[(Q)] von Suzan Wiegel:

*„Sollte ich heute jemanden
durch Gedanken, Worte oder Taten
gekränkt oder einen anderen
in seiner Not im Stich gelassen haben,
so bereue ich das jetzt.*

*Sollte ich das nicht
wieder gut machen können,
tue ich morgen Gutes dafür
und heile Verletzungen mit Liebe.
Das gelobe ich.*

*Wenn mich eine Verletzung
tief getroffen hat
und nicht wieder gut gemacht wurde,
bitte ich das Licht,
alles wieder auszugleichen
und betrachte die Schuld als getilgt.
Elterlicher Geist, den ich liebe,
und der mich liebt, wie ich weiß,
komm' durch die Tür,*

Die Hawaiianer brachten, wie erwähnt, ihre Verehrung in Tempeln und an Schreinen dar. Schreine waren überall. Es gab sie in natürlichen Formen wie Stein oder Holz, sodass sie nicht gebaut werden mussten.

Leider war mir die Zeit dort zu kurz. Ich hätte gern noch mehr kennengelernt, vor allem die Menschen. Nach einigen entspannenden Wochen flog ich wieder zurück nach Wien und brachte viele schöne Bilder mit. Es ist schon wieder lange her, aber ich führe bei meinen Reisen immer ein Tagebuch. Ab und zu lese ich sie dann doch und kann mich an die Kraft der Orte mit Freude zurückerinnern.

Altes Wissen - Schamanische Tradition

Ich habe vor vielen Jahren damals zum ersten Mal mit Margot schamanische Rituale gemacht, aber intensiver gelernt habe ich sie bei einem Schamanen in Wien. Ja, es gibt auch Schamanen in Österreich!

Hier, in einem der letzten Kapitel des Buches schreibe ich über das Geheimnis meiner mentalen Reisen. Ich beschreibe, wie ich willentlich zu meinen Visionen komme. Aber zuerst kommt ein wenig Theorie über dieses alte Wissen.

Niemand darf sich so leicht `Schamane´ nennen. Schamanismus(G) kommt aus uralten Traditionen nativer(G) Völker, und deshalb muss ein Schamane auch von einem Nativen, zum Beispiel einem Ureinwohner Amerikas, eingeweiht werden. Das war bei meinem Lehrer der Fall, er lebte jahrelang in einem amerikanischen Indianerreservat und wurde dort rituell initiiert. Nichtsdestotrotz dürfen wir – die Nichteingeweihten – schamanisch arbeiten. Der Schamanismus hat sich seine Grundprinzipien vom Wirken der kosmischen Gesetze durch jahrelanges Studium abgeschaut. Schamanen klinken sich in das Informationsfeld des Universums, in die Akasha-Chronik, ein.

Ich komme wieder einmal zuerst auf die Kosmologie, um diese Arbeit besser verstehen zu können. E. Laszlo schreibt dazu:

„Das Universum ist räumlich endlich und zeitlich unendlich. Es entwickelt sich in einer transzyklischen(G) topologischen(G) Vielfachheit, die die Zufallsprozesse fortschreitend in geordnete Formen drängt, und die universellen Konstanten auf die Konfigurationen der Materie-Energie abstimmt, die sich nacheinander in der kosmischen Raumzeit entwickelt.“

Mich interessierte es allerdings auch sehr stark, was die Wissenschaft bezüglich der Wiederholbarkeit von kosmischen Zyklen sagt. Ervin Laszlo schreibt in seinem Buch `Kosmische Kreativität´(G) in Bezug auf das Universum von einem selbstreferenziellen(Q) Szenario.

„Das Universum ist räumlich endlich und zeitlich unendlich. Es entwickelt sich in einer transzyklischen topologischen Vielfachheit, die die Zufallsprozesse fortschreitend in geordnete Formen drängt, und die universellen Konstanten auf die Konfigurationen der Materie-Energie abstimmt, die sich nacheinander in der kosmischen Raumzeit entwickeln.
Da die universellen Konstanten derzeit feinabgestimmt sind, können wir annehmen, dass der jetzige Zyklus nicht der Erste ist.“

Das heißt, dass das Universum ein zeitlich unendliches, sich selbst erneuerndes, stark wechselwirkendes System ist, dass sich der Evolution, der Entwicklung des Lebens und vielleicht auch des Geistes und des Bewusstseins progressiv anpasst. Die skalaren(G) Wellenfronten, die von sich entwickelten Materie-Energie-Systemen geschaffen wurden, bleiben im virtuellen(G) Energiefeld verschlüsselt.

Laszlo schreibt weiter:
„Wenn die zerfallene Materie vollständig in das Vakuum zurückgekehrt ist, werden keine neuen skalaren Wellenfronten mehr geschaffen: Danach verharrt das Psi-Feld in Ruhe.
Ein Universum mit einem einzigen Zyklus würde damit ebenfalls zur ewigen Ruhe gelangen. Es gibt aber keinen Grund zur Annahme, dass neue Instabilitäten des Vakuums nicht imstande sind, frische solitäre(G) Quantenwellen in einer neuen Raumzeit zu erschaffen; stattdessen gibt es einige gute Gründe für die Annahme, dass solches geschehen kann.“

Die spektralen Aufzeichnungen der vorangegangenen Zyklen bestehen verschlüsselt im All. Sie beeinflussen die Entwicklung der während des folgenden Zyklus synthetisierten Materie-Energie-Systeme mittels Information. Dabei erreichen die Materie-Energie-Systeme höhere Ordnungsgrade und eine höhere Komplexität[G].

Also werden in einem neuen Zyklus die kodierten Lebenserfahrungen eines Materie-Energie-Systems, eines Menschen vielleicht, abgerufen. Durch Aufnahme dieser Informationen mittels des Geistes werden sie im Gehirn verankert. Dann kommen noch im Laufe des Lebens die eigenen Erfahrungen und Erkenntnisse dazu. Die Folge ist, der Mensch entwickelt sich höher und wird noch komplexer.

Die Schamanen haben diese Gesetze der Wissenschaft schon lange vorher intuitiv erfasst, indem sie sich direkt mit der Natur des Universums verbunden haben.

Immer ist die Wissenschaft der Mystik und der Metaphysik ein Stück hinterhergelaufen. Zum Beispiel schreibt der Evangelist Johannes im 1. Kapitel der Bibel:
„Im Anfang war das Wort, und das Wort war bei Gott, und Gott war das Wort. Dasselbe war im Anfang bei Gott."

Nun, das Wort, der Logos, so wie es in der Bibel steht, kann auf keinen Fall nur mit `Wort´ übersetzt werden. Es heißt auch, die Art, wie man redet, es heißt auch `Information´, eine Formel, ein Code, etwas Kodiertes, vielleicht auch ein Algorithmus.

Es heißt: „Im Anfang war das Wort." Das heißt, zuerst gab es eine Information. Dann heißt es weiter: „…und das Wort war bei Gott." Das heißt, die Information war im höchsten Bewusstsein, in der Akasha-Chronik.

Paul Davies betrachtet seine Gesichtspunkte auch vom neuesten Stand der Teilchenphysik und schreibt:
„In der Quantenmechanik liegt eine Art Hardware-Software-Verflechtung vor. Information hat greifbare Auswirkungen. Wir haben es hier mit einer anerkannten physikalischen Theorie zu tun, in der Information von zentraler Bedeutung und eng mit Materie verknüpft ist.“

Die Quantenmechanik ist also der Grund, warum Proteine und Nukleinsäuren zusammengehalten werden.

Erwin Schrödinger(G) schlug als Einheit der Vererbung einen `aperiodischen(G) Kristall´ vor. Das wäre eine Molekularstruktur, die stabil genug ist, ihre Form zu behalten, doch komplex genug, dass sie große Mengen an Information speichern kann.

Davies schreibt weiter:
„Quasikristalle sind eine dreidimensionale, natürliche Version des Penrose-Musters. Penrose(G) selbst hat gesagt, Quasikristalle dürften angesichts ihrer Aperiodizität eigentlich nicht existieren. Ein normaler, periodischer Kristall kann sich Atom für Atom aufbauen, da seine Struktur sich stets wiederholt, doch für das Wachstum eines Quasikristalls ist eine Art vorausschauende Organisation erforderlich, wenn die richtigen Stücke am richtigen Platz enden sollen. Penrose vermutet, hier könnten verborgene Aspekte der Quantenmechanik oder gar der Quantengravitation eine Rolle spielen.“

Ein weiterer Hinweis, dass Quantenmechanik bei biologischen Informationen im Spiel sein könnte, stammt aus dem modernen Gebiet der Quantencomputerwissenschaft. Erwiesenermaßen ist ein Quantencomputer in der Lage, manche rechnerisch unlösbaren Probleme lösbar zu machen.

Davies sagt:

„Wieder wird der Natur ein Element der Zielrichtung unterschoben, das Darwin[G] vor anderthalb Jahrhunderten aus ihr verbannt hat. Viele Wissenschaftler sehen in biologischem Determinismus nichts anderes als Wunderglauben im Gewand der Naturwissenschaft – weshalb es natürlich nicht falsch sein muss, wann immer die Bedingungen stimmen. Die Konsequenzen wären allerdings erschütternd. Seit dreihundert Jahren gründet sich die Wissenschaft auf Reduktionismus und Materialismus, was unvermeidlich zu Atheismus und einem Glauben an die Sinnlosigkeit physischer Existenz geführt hat. Ein lebensfreundliches Universum würde das alles grundlegend ändern."

Es gibt einen Standpunkt, der sicher romantisch klingt und vielleicht dennoch wahr ist, nämlich die Vision eines sich selbst organisierenden und sich selbst komplexifizierenden[G] Kosmos', regiert von Gesetzen, die Materie anhand des innelebenden Geistes ermutigen, sich zu Leben und Bewusstsein zu entwickeln. Ein Universum, in dem die Entstehung denkender Wesen Teil und Inhalt des großen Plans ist. Ein Universum, in dem wir nicht allein sind.

Indem ich zur Spiritualität zurückkomme, zitiere ich noch die berühmte Nonne Hildegard von Bingen[G], die für ihren Einsatz in Bezug auf alternative Heilkunde und ihrer Hellsichtigkeit einen hohen Bekanntheitsgrad erlangt hat:

> *„Jedes Geschöpf ist mit*
> *einem anderen verbunden,*
> *und jedes Wesen wird*
> *durch ein anderes gehalten."*

Ein Schamane ist sicher, dass er im Kosmos nicht alleine ist, denn er hat immer `Verbündete´, das sind Krafttiere, Heiler, Lehrer, Mischwesen und andere Geistwesen. Schamanismus ist uralt, es ist ein Abertausend Jahre altes Wissen und hat den Zweck, das Wesen des Unbewussten, des Verborgenen, zu erforschen. Es geht auch darum, sich das Wissen aus dem Universum zu holen, sich im Kosmos einzuklinken, um von der Weisheit des großen Geistes zu profitieren.

Der Schamane erkundet das meist durch schamanische Reisen in andere mystische Systeme, die seit Carlos Castaneda als nicht alltägliche Wirklichkeit bezeichnet werden. Diese Reisen erfolgen mit der Absicht, einen bestimmten Zweck zu erfüllen, wie etwa eine Bitte um Heilung oder eine andere Bitte oder um Rat. Wenn man eine Bitte stellt, soll man achtgeben, dass man bei der Erfüllung alle eventuellen Folgen bedenkt, dass man niemand schadet, und dass sie sogar zum Wohle aller Betroffenen sein soll.

Mit Absicht geht der Schamane wieder von der nicht-alltäglichen Wirklichkeit heraus und zurück in die alltägliche Wirklichkeit, in die Realität, ins Hier und Jetzt. In der nicht-alltäglichen Wirklichkeit findet man Geistwesen, Krafttiere oder Geisttiere oder andere Archetypen, wie Engel und Heilige, Elfen, Feen usw. Seit Carlos Castanedas Bücher nennen wir sie alle `Verbündete´.

Diese schamanischen Reisen verlaufen nach einer bestimmten Ordnung. Trommeln und Rhythmusinstrumente begleiten die `Reisenden´, denn durch die Schwingungen der Rhythmen kommen sie leichter in einen Zustand, der das Gehirn beeinflusst, sodass sie schneller in die `andere Welt´ hinübergehen können.

Vor so einer Reise ist ein Reinigungsritual zu empfehlen. Ein Kala wie bei Huna wäre hier auch sehr wirksam, meistens werden aber Räucherungen gemacht.

Ich beschreibe jetzt, wie ich eine schamanische Reise mache, so wie ich es gelernt habe:

Zuerst lege oder setze ich mich entspannt auf eine Liege, Bett oder Decke. Dann stelle ich mir vor, wie ich an einen Ort gehe, an dem ich mich besonders wohl fühle. Das kann ein Strand oder eine Waldwiese oder was auch immer sein. Es kann auch das Schlafzimmer in der eigenen Wohnung sein.

Von diesem Ort gehe ich dann mit der Absicht aus, einen Verbündeten zu finden. Der Verbündete ist im Allgemeinen ein Krafttier oder Tiergeist. In der Oberwelt suche ich meistens einen Lehrer oder Heiler oder sonstigen `geistigen Führer´. Ich gehe also weg und suche, wenn ich in die untere Welt gehen will, eine Höhle mit einem Eingang in die Tiefe; es kann auch eine Tür in einen tiefen Keller sein. (Natürlich rein mental!)

Wenn ich in die Oberwelt reisen möchte, suche ich mir einen Aufstieg. Das kann ein Regenbogen sein, ein hoher Baum, ein Berg, der bis in die Wolkendecke reicht, ein Aufzug oder ein Hubschrauber, was auch immer. Bei der Reise in die Oberwelt muss man beachten, dass man richtig spürt, dass man auch wirklich dort angelangt ist, indem man zum Beispiel das Gefühl hat, durch eine Wolkenwand oder eine andere Abtrennung zu stoßen.

Bei der Reise in die untere Welt, die ich meistens mache, suche ich mir also einen Eingang in die Tiefe. Ich gehe einfach hindurch und sehe vor meinen Augen meist schon einen Abstieg, wie eine Treppe oder eine Leiter.

Ich gehe hinab, bis ich zu einem Raum, beziehungsweise wenn ich in einer freien Landschaft bin, bis zu einer Lichtung komme. Vielleicht finde ich schon am Weg dorthin viele Tiere oder andere

Wesen, die Krafttiere sein können. Aber ich muss fragen, ob es auch mein Krafttier ist, wenn eines meinen Weg kreuzt, denn es könnte genauso gut ein fremdes sein. Meistens sehe ich meinen Verbündeten erst in der Lichtung.

Wenn es ein Krafttier ist, was ich treffen will, kann es sein, dass ich einfach nur einmal einen Kontakt zu ihm suche, aber wenn ich mit der Absicht, einen Lehrer zu treffen, in die untere oder obere Welt gehe, dann komme ich immer mit einer bestimmten Absicht und meist mit einem Geschenk, das ich mental überreiche. Das kann traditionell ein Beutel Tabak oder Kräuter oder ein Kristall sein. Bezüglich der Auswahl ist anzumerken, dass ich einen Lehrer oder irgendeinen anderen Archetypen sowohl in der oberen, als auch in der unteren Welt treffen kann.

Ich begrüße ihn und bitte dann den Verbündeten um Rat oder Hilfe oder Heilung. Es wird zu einer Kommunikation kommen, oft nur in bildlicher Weise. Wenn mir etwas nicht klar ist, frage ich.

Danach verabschiede ich mich wieder dankend von ihm, mit der Gewissheit, ihn wieder besuchen zu können, wann immer ich es für nötig halte.

Ich gehe denselben Weg zurück und zu meinem Ort oder Platz `der Kraft´, von dem ich ausging. Von dort gehe ich mental in meinen physischen Körper und zurück in das Hier und Jetzt.

Wer Genaueres zu diesem Thema wissen will, den verweise ich auf das Bildungsnetzwerk www.schulklick.net (Portal für Religion und Ethik) sowie auf die Bücher von Sandra Ingermann `Die Heimkehr der Seele´ und Paul Uccusic `Der Schamane in uns´.

Es gibt sehr viele schamanische Methoden. Um nur einige Beispiele zu erwähnen:

VISION QUEST (MIT SCHWITZHÜTTEN)[G]
VISIONSSUCHEN
STEINORAKEL
KANU
SEELENRÜCKHOLUNG
HEILRITUALE
und viele weitere ...

Ich kann nicht alle Rituale erklären, zumal ich bei Weitem nicht alle schamanischen Rituale kenne, aber es gibt inzwischen schon sehr viel Literatur jeglicher Herkunft, sei es indianischer, sibirischer, mongolischer oder keltischer Tradition[Q].

Die schamanischen Rituale werden in Begleitung von Trommeln und/oder Rasseln gemacht, das heißt, man braucht zumindest einen Trommler oder Rassler dazu. Manchmal genügt auch eine CD mit Trommeln (am besten die nach Michael Harner) oder man arbeitet in einer Gruppe. Diese Trommeln und Rasseln lösen im Gehirn durch die bestimmten Töne (Schwingungen) Funktionen aus, sodass man um einiges leichter in den nötigen Alpha-Zustand gelangt.

Ich wünsche jedem viele Erkenntnisse und viel Freude bei der Ausübung dieser Praktiken. In den nächsten Kapiteln werde ich noch einige Beispiele kurz beschreiben, so wie ich persönlich gewisse Techniken mache, und was ich dabei erfahren habe.

Extraktion durch meinen Heiler

Mir ist gestern ein Unfall auf Glatteis passiert, und ich bin dementsprechend niedergeschlagen, weil ich jetzt am Knie eine schwere Sehnenzerrung habe, das heißt ich bin unbeweglich und habe Schmerzen. Nachdem ich mein Bein ordentlich mit einer Blutegel-Salbe eingecremt habe und mit Faschen(G) verbunden, konnte ich mit dem alten 4-Punkt-Stock meines Vaters durch die Gegend humpeln, mehr aber auch nicht. Es wird wohl eine Weile dauern.

12. Feb. 2009

Da ich nun viel Zeit habe, mache ich mich auf eine schamanische Reise zu einem verbündeten Heiler und Lehrer.

Von meinem imaginierten(G) `Meeresstrand´ aus gehe ich an der Küste entlang und suche eine Höhle. Eine mir schon sehr vertraute befindet sich in der Nähe, und ich trete durch den Eingang der Höhle ein. Die Höhle ist hell, denn an einigen Stellen stehen riesige rosafarbene Salzkristalle, die von innen beleuchtet sind. Ich humple die leichten Stufen mit dem Stock hinab. (Ja, auch in einer mentalen Reise habe ich zum Leidwesen immer den momentanen körperlichen Zustand.) Jetzt sehe ich einen erweiterten Raum, der wie das Innere eines Doms aussieht.

In der Mitte befindet sich ein Lagerfeuer. Rund um das Feuer ist ein Steinwall aufgeschlichtet. Der restliche Boden ist erdig. Dahinter bemerke ich eine männliche Gestalt, die auf einer Decke sitzt. Auf meine Frage hin bestätigt der Mann, dass er mein Heiler ist. Diesmal ist er also schon in der Unterwelt.

Ich trage ihm mein Leid vor, und er deutet mir zu, mich auf die Decke zu legen.

Dann geschah etwas und im Nachhinein wundere ich mich, dass ich es so radikal, aber dennoch relativ gefühllos erlebte, so als ob ich neben mir gestanden hätte:

Er riss mir aus dem Knie sofort einige Käfer heraus und warf sie hinter sich. Diese wurden von meinem Krafttier, das augenblicklich erschien – es war der Adler – aufgepickt.

Dann scannte er mit seinen Händen meinen ganzen Körper und entfernte mit seinen Händen noch einige Käfer und Würmer aus meinem Kopf und aus meinen Eingeweiden.

Anschließend hauchte er mir durch meinen Scheitel und durch mein Herzchakra(G) einen goldenen Lichtball hinein. Die Farbe des Lichtballs wechselte, und er wurde rot. Damit bestrahlte er mir das Knie und mein Wurzelchakra(G). Er bestrahlte meinen Bauch und meinen Kopf mit blauen und violetten Farben. Ich selbst bat noch den Erzengel Michael und den aufgestiegenen Meister St. Germain(G) um Hilfe hinzu.

Als er die Arbeit beendet hatte, sagte er mir, ich müsse mich noch etwas mit der Heilung gedulden, aber ab morgen würde ich bei Weitem nicht mehr so viel Schmerzen haben. Dann verabschiedete er mich. Ich bedankte mich bei ihm und bei meinem Krafttier und ging zurück.

Seelenrückholung

13. Feb. 2009

Tatsächlich geht es mit meinem Knie heute schon sehr viel besser. Ich kann dennoch nicht all zu viel tun und froh sein, dass mir meine Mutter einkaufen geht und mir ein Stockerl in die Duschkabine stellte, da ich mich auf keinen Fall im Stehen zu duschen wagte. Wenn man behindert ist, merkt man erst, wie jede alltägliche Tätigkeit zur Mühsal wird.

Ansonsten mache ich mir zwischendurch Essigwickel, massiere das Knie mit einem Rhodonit und Pfefferminzöl, und bevor ich wieder die Faschen(G) drauf wickle, massiere ich die Blutegel-Salbe (Heparin(G)-Salbe) über den gesamten Bereich, der inzwischen bläulich geworden ist.

Ich fragte mich seit dem Unfall, warum mir das wohl geschehen sei und hadere mit meinem Schicksal. Warum nur bin ich so unachtsam gewesen?

Mir kommt das „Seelenboot" in den Sinn. Nun, eine Reise in die ganz untere Welt habe ich schon lange nicht mehr gemacht, normalerweise macht man die auch nur in der Gruppe. Man braucht Rassler und/oder Trommler, einen Fährmann und mehrere Leute, um zu rudern. Aber könnte ich ganz allein mit mir selbst eine solche Reise wagen? Gewiss war mir ein Seelenanteil abhandengekommen, was wahrscheinlich meinen generellen Hang zu Unfällen zufolge hat. Ein Seelenanteil (Persönlichkeitsanteil in der Sprache der Psychologen) ist ein Teil der Seele, der uns einmal bei einer Verletzung, einem Trauma, abhandengekommen ist, denn die ganze Seele kann ja nicht gleich abhanden kommen, es sei denn, wir würden sterben. Dieser fehlende Seelenanteil wird oft durch einen Anteil ersetzt, der fremd ist. Den gilt es, wieder loszulassen, das sind die sogenannten Fremdenergien, aber das gelingt erst so recht, wenn man seinen eigenen Seelenanteil wieder in sich aufgenommen hat.[6]

Ich entschließe mich, das Unternehmen zu wagen. So räuchere ich die Räumlichkeiten mit Salbei und zünde eine Kerze an. Daraufhin bitte ich die Spirits(G) der Himmelsrichtungen zu Hilfe und lege mich auf meine Couch, während ich das eine Bein hoch lagere. Die Couch ist nun mein Seelenboot. Zur musikalischen Begleitung habe ich Trommelmusik `aus der Dose´.

Ich lasse mich nun tief in Entspannung fallen und gehe immer tiefer in mich. Mein Atem geht ruhig, und ich bin gelassen und bereit für alles, was kommt.

Alsdann gehe ich mental durch einen Gang und komme zu einer Tür, die ich sofort öffne. Vor mir sehe ich eine Treppe. Ich gehe die Stiegen hinunter und komme zu einem Bootssteg. Hier wartet mein geistiges Seelenboot, das ja in der Realität jetzt meine Couch ist.

---

[6]   Beispiel eines verlorenen Seelenanteils: Mir wurde ein Erleben zugetragen von jemandem, der übel verprügelt worden war. Er starrte danach tagelang aus dem Fenster und war zu nichts zu gebrauchen. Erst viele Monate später hatte er sich wieder `gefangen´.

Bild: Seelenrückholung - Acryl, gemalt von Eva Lene Knoll

Aber mental ist es ein geschnitztes schönes Holzschiff, und es befinden sich Krafttiere und eine verbündete Elfe auf ihm. Mein Adler und mein Pegasus sind die Krafttiere, und beide können fliegen, so wie die Elfe. (Das hatte später seinen Sinn.)

Ich steige ein und lege mich auf eine Decke. Das Boot fährt sogleich los, während die Elfe es geschickt durch Stromschnellen und zwischen Felsen hindurch lenkt. So wie in schamanischen Reisen ein Weg zum Lebensweg wird, ein Baum zum Lebensbaum, so wird ein Fluss zum Lebensfluss und man kann auch hier sagen, dass man auf dem Fluss „Styx" (aus der griechischen Mythologie) fährt, der die Trennung zwischen Diesseits und Jenseits darstellt. Ich fahre mit dem Boot im Fluss des Lebens und vom Diesseits in die ganz untere Welt des Jenseits'.

Rückblickend erwähne ich noch, dass es eine recht abenteuerliche Bootsfahrt war. Es ging ein paar Mal abwärts über kleinere Wasserfälle, und die Elfe und meine Krafttiere waren sehr achtsam, um einen Zusammenstoß mit größeren Felsen zu verhindern.

Ich beobachtete die Landschaft, die an mir vorbei zog. Die Gegend wurde immer düsterer und felsiger, obwohl auch hohe Graslandschaften dazwischen waren. Wir waren in der ganz unteren Welt. Schließlich kam das Boot zu einer Bucht, und die Elfe legte an und ließ mich aussteigen. Während die Krafttiere im Boot warteten, ging die Elfe mit mir mit.

Am Ufer stand schon ein kräftiger Mann mit dem Aussehen eines muskulösen und dunklen, mächtigen Mannes. Er war der `Hüter des Ortes´.

Wir begrüßten ihn, und die Elfe gab ihm statt meiner als Geschenk einen Tabakbeutel und andere Kräuter. Verhandlungsgeschick war nun angesagt. Sie erbat für mich, nach meinem Seelenanteil Ausschau zu halten, und nachdem sie ihm erklärt hatte, dass ich ja noch lebe und diesen dringend brauchen würde, willigte er ein. Aber sie musste ihn selber suchen und überzeugen, mit ihr mitzukommen. Sie machte sich also auf die Suche, während ich in Gedanken mit ihr ging. Sie fand ihn schließlich, indem sie die Seele an meinem Schmuck erkannte. Ansonsten sind diese Seelenanteile oft nicht zu erkennen. Ich hätte mir auch vorher das Gesicht anmalen können so wie einige Native es tun, damit man anhand der Malerei die Seele erkennen kann.

Die Elfe konnte diesen apathisch wirkenden Seelenanteil leicht überreden und führte ihn an der Hand zu mir. Dann nahm sie ihn und ließ ihn über mein Scheitelchakra und über mein Herzchakra mit mir verschmelzen, indem sie ihn `einhauchte´. Auf der Stelle entwich ein dunkler Schatten aus meinem Körper, der anstatt dieses Seelenanteils in mir war, um ihn mehr schlecht als recht zu ersetzen. Aber auch diesem Schattenanteil wurde gedankt und anschließend in die Freiheit entlassen. Ich glaube, er blieb gleich an diesem Ort.

Dann bedankten wir uns beim Hüter des Ortes und verabschiedeten uns. Er gab mir auch noch den Rat, mit mir selbst noch Geduld zu haben, denn ich müsse mich noch daran gewöhnen, nach so langer Zeit einen verlorenen Seelenanteil wieder zu haben. Das zukünftige heile Bild würde sich nur langsam herauskristallisieren, denn:

„Wer in der Zukunft
lesen will,
muss in der
Vergangenheit
blättern."

André Malraux

Die Elfe legte dann das Leinen los. Nachdem ich mich wieder hingelegt hatte, sah ich, wie sie den Pegasus sattelte und ihn damit mit einem Seil festband und mit dem anderen Seilende an einem Mast, der sich im Boot befand. Ein weiteres Seil wurde am Mast fest geknüpft. Das andere Ende schnappte sich der Adler mit seinen Klauen.

Wir fuhren nun stromaufwärts. Die Elfe ruderte gekonnt, während Pegasus und Adler das Boot mitzogen und dabei in einer gewissen Höhe flogen. Das ergab eine bessere Hebelwirkung.

Bei den Wasserfällen mussten wir uns alle ziemlich plagen. Schließlich wurde der Fluss wieder ruhiger und wir kamen endlich am Bootssteg an. Ich bedankte mich bei allen Beteiligten und wünschte ihnen alles Gute bis zum nächsten Wiedersehen.

Ich ging dann die Treppe wieder langsam hinauf und durch die Tür, von der ich eingetreten war. Von dort ging ich gedanklich zu meinem Körper auf der Couch. Anschließend vereinigte ich mich wieder mit meinem physischen Selbst und ging zurück in die alltägliche Wirklichkeit.

<u>Resümee:</u>
Ich war in der Unterwelt, um Heilung zu erhalten. Dies ging aber nur langsam vor sich. Ich weiß, bei manchen geht das sehr schnell, aber das kommt immer auch auf die Situation an und vielleicht auch auf das, was man dabei zu lernen hat. Solange ich nicht für mich geklärt hatte, warum der Unfall passiert ist und was ich in Zukunft für mich tun werde, setzt die vollständige Heilung nicht ein.

Schamanische Zerstückelung

Mein Bein ist schon weit besser, aber ich bin noch immer zu Hause. Nachdem ich erst vor einigen Tagen eine Reise in die ganz untere Welt gewagt hatte, möchte ich nun auch von meinem Heiler eine `schamanische Zerstückelung´ bekommen. Das ist eine mentale Zerlegung des Körpers, der anschließend wieder neu zusammengesetzt wird und somit einer reinigenden Transformation unterzogen.

Das ist eine sehr alte schamanische Tradition, ohne die es keine Einweihung gibt. Manchmal passiert so eine Zerstückelung auch ungefragt, oft im Traum. Als mir das einmal als junge Frau passierte, hatte ich keine Ahnung, was das ist und dachte, ich hätte bloß einen Albtraum. „Alb" aber kommt aus dem Lateinischen und bedeutet weiß (weise) oder hell, also kann ein `Alb´-Traum in Wirklichkeit durchaus ein hellsichtiger Traum sein, eine Weissagung sozusagen.

16. Feb. 2009

Diesmal gehe zu meinem Heiler in die Oberwelt und lasse mich von meinem Kraftort aus durch eine Lichtsäule per Lift direkt hinauffahren. Der Heiler ist ein alter, ehrwürdiger Mann, und ich begegne ihm an einem Ort, an dem sich riesige Muscheln befinden, die als Badewannen verwendet werden, wie ich bald herausfand. Dahinter brennt ein Lagerfeuer, über dem ein Kessel hängt.

Ich begrüße meinen Heiler und gebe ihm Tabak und Lavendel als Geschenk, während ich mein Anliegen bei ihm vortrage. Er willigt ein und bittet mich, mich hinzulegen. Dann geschieht alles aus einem gewissen Abstand heraus – also dissoziiert[G]:

Rückblickend erinnere ich mich wie folgt:
Er zerriss alle meine Glieder und warf sie in den kochenden Wasserkessel. Das hätte ein Schock sein müssen, wenn ich nicht `neben mir´ gestanden wäre. Ich war also in alle Teile zerlegt im Wasserkessel und kochte darin. Dabei spürte ich es fast. Eigentlich hätte ich tot sein müssen, aber da ich alles von außen beobachten konnte, war es wohl mein Bewusstsein, das lebend neben mir stand, während mein Körper gerade den `schamanischen Tod´ erlitt.

Dann schüttete der Alte mit einem Sieb meine Gebeine wieder heraus und legte sie auf einen Haufen. Das von mir verschmutzte Wasser vom Kessel ließ er von einem Helfer an einem geeigneten Ort entsorgen.

Anschließend holte er noch andere Helfer herbei. Es waren seine Geier, die ihm stets zu Diensten waren. Diese stürzten sich sofort auf mich, auf mein Fleisch und pickten mich bis zu den Knochen auf. Dabei kamen auch noch viele Würmer, Käfer und Spinnen zum Vorschein, die sie gleich mit fraßen. Abermals warf er mich in einen Kessel und kochte meine Gebeine nochmals. Wieder wurde das Wasser entsorgt, nachdem der weise Alte mein Gerippe zu Boden geschleudert hatte. Ich war nun lediglich ein Haufen Knochen und wunderte mich nur, dass ich keine Schmerzen hatte. Wahrscheinlich, weil ich längst aus meinem Körper draußen war und nur beobachtete.

Dann setzte sich der Heiler neben mich, und aus seinen Händen flossen Lichtströme, die meine Knochen in der richtigen Weise wieder zusammenfügten. Anschließend ließ er mir neue Sehnen und Bänder wachsen, neue Muskeln, neues Eingeweide, und schließlich bekam ich Haut und Haare wieder zurück. Ich sah mich an. Ja, ich war neu und ganz!

Ich fühlte mich angenehm leichtfüßig und durfte in eine der Muscheln baden gehen. Die Flüssigkeit in der Muschelwanne leuchtete golden und war angenehm warm. Ich wollte zwar nicht mehr heraussteigen, aber der Alte wies mich an, herauszukommen und in die milde Morgensonne zu schauen, die das gebändigte Element Feuer verkörperte. Dabei blies mich der sanfte Wind trocken. Mein neuer Körper war jetzt noch zusätzlich durch die Elemente Wasser, Feuer und Luft gereinigt. Er gab mir noch ein Yantra[G] mit, das ist ein Bild, ein Symbol für ein Gebet oder ein Mantra[G]. In diesem Falle war es das Symbol für Zellerneuerung. (Auch ein Metahologramm ist ein Yantra.)

Beim Zurückgehen ließ ich mich einfach durch den Lichtstrahl in meinen Körper fallen und befand mich wieder auf der Erde. Von der Oberwelt ist es möglich, sich einfach auf den Ausgangspunkt zurückfallen zu lassen oder hinabzurutschen!

„Wenn das göttliche Licht
aufleuchtet,
geht das menschliche unter;
wenn jenes untergeht,
erhebt sich dieses.

Unser Verstand wandert aus
bei der Ankunft
des göttlichen Geistes
und kehrt erst wieder
bei dessen Entfernung;
denn nicht ziemt es sich,
dass Sterbliches mit
Unsterblichem
zusammenwohne.

Philon von Alexandria

<u>Resümee:</u>
Prinzipiell ist so ein Prozess der schamanischen Zerstückelung wie eine Reinigung oder noch mehr, wie eine Transformation, nicht nur körperlich, sondern auch geistig. Ich war sicher, dass das für mich zu dieser Zeit wieder einmal notwendig war, sonst wäre ich nicht in die Situation geraten. Die Reise in die untere Welt genügte mir nicht, ich war bereit für einen Richtungswechsel. Der erwartete körperliche Effekt war gering, aber rückblickend kann ich sagen, dass mir in den darauffolgenden Wochen einiges klar geworden ist und sich mein Leben postiv verändert hat, auf das ich aber hier nicht eingehen möchte. Ich kenne wenige, bei dem der Effekt von einem Tag auf den anderen sichtbar geworden ist, es ist aber möglich. Bei den meisten setzt einfach ein Entwicklungsprozess ein, die schamanische Zerstückelung ist ein Anstoß zur körperlichen und geistig-seelischen Transformation.

Vision Quest

E ine Vision Quest ist eine Suche nach der jeweiligen Aufgabe eines Menschen. Sie bedarf einer gründlichen Vorbereitung. Normalerweise wird sie in der Natur gemacht, nur die Stadtmenschen haben diese nicht mehr im vollen Umfang wie einst die Nativen. Sie würden dabei oft gestört werden, also haben wir modernen Menschen die Vision Quest abgewandelt, indem wir sie von einem anderen stillen Ort aus machen und wieder rein mental an einem Ort der Kraft gehen. Auf jeden Fall ist es günstig, sich durch Fasten und andere Arten der Reinigung zu `klären´.

Die Indianer haben ihre Schwitzhütten und den Rauch. Früher machten sie die meisten Rituale nicht ohne Pflanzendrogen, aber nachdem sie feststellen mussten, dass der heutige Mensch damit nicht umgehen kann, sind Drogen `out´ und Halluzinogene(G) werden seit der Hippy(G)-Zeit normalerweise nicht mehr verwendet. Wir räuchern mit Salbei, Zedernholz, Sandelholz, Myrrhe und anderen Kräutern und Harzen. Eventuell fasten wir vorher tagelang und gehen in die Sauna. Das ist ja auch eine Schwitzhütte, nur hat man dort keine wirkliche Ruhe, finde ich.

Mir gelingt das Fasten nicht so recht, darum mache ich eine richtige Vision Quest äußerst selten. Kleinere Visionssuchen mache ich oft in der Natur. Dabei gehe ich alleine, um absolute Stille zu haben. Ich gehe tief in mich hinein und verbanne vorerst mein Anliegen in mein Unterbewusstsein.

Der erste Gegenstand, den ich dann in der Natur für mich als auffällig bemerke, den nehme ich mit, um ihn später genau zu betrachten. Es muss wirklich der erste Gegenstand sein, der mich fasziniert. Wenn ich daran vorbeigegangen bin, aber mich der

Gedanke an den Gegenstand trotzdem nicht loslässt, gehe ich wieder zurück und nehme ihn doch. Diese Gegenstände dürfen nicht leben. Ich werde keinen lebenden Vogel oder Käfer mitnehmen und auch keinen Baum dafür ausreißen oder auch nur einen Zweig abbrechen.

Es kann ein Stein sein, ein abgebrochener Zweig, ein Blatt, eine Feder, was auch immer. Es kann auch etwas Abstraktes sein, wie ein Vogelschrei, ein Schwarm, ein aufkommender Wind, eine Wolkenformation, das Plätschern eines Baches usw. Allerdings kann ich diese abstrakten Dinge nicht mitnehmen.

Bild: Omen aus der Natur - fotografiert von Eva Lene Knoll

Hier habe ich eine Freundin bei einer kleinen Visionssuche begleitet und auch einige Sachen gesammelt und nach Hause mitgenommen, die für mich auffällig waren, wobei aber unter all den Dingen nur die halbe Nussschale, die Federn und der Stein interessant waren; das Erste, was ihr aufgefallen war, nämlich der Stein mit der Zeichnung aus Erde, war auch für mich das faszinierendste Ding. Dann nahm sie noch die Nussschale und die Federn und schloss daraus, dass sie demnächst auf eine Reise gehen würde und dabei einen Mann kennenlernen würde, der wahrscheinlich im Geist des `Wassermannes´ denken würde. Das deutete sie aufgrund des Neptun-Zeichens auf dem Stein – der Herr des Wassermannes. Dieser Dreizack auf dem Stein war wirklich sehr seltsam und ich glaube, der ist auf der Fotografie für jedermann sichtbar. Sofort stellte sie auch die Nussschale mit den Federn zusammen, dass dann ein Segelboot ergab, das für sie eine Reise bedeutete. Sie hat diese Omen aus der Natur auf eine bestimmte Frage bezogen, die mit ihrem Gefühlsleben etwas zu tun hatte. Mich selbst hat ja dieser Stein auch am meisten und sofort fasziniert, aber bezogen auf eine andere Frage habe ich ganz was anderes darin gesehen. Weil ich aber gar keine Frage gestellt hatte, also nicht mit der Absicht der Visionssuche mitgegangen bin, muss ich mich fragen: Welche Antwort auf welche Frage habe ich bekommen? Ich erkannte in dem Stein, den ich um 45 Grad gewendet hatte, mit etwas Fantasie das „Om-"-Zeichen. Also war ich wohl mit ganz anderen Fragen beschäftigt.

Jedenfalls, was immer mich zuerst anspricht, es ist für mich gedacht und wird mir eine Antwort geben. Zuhause denke ich über den Gegenstand nach oder über die Begebenheit des Plätscherns oder des Windhauches. Anhand der Eigenschaften des Objektes werde ich Informationen bekommen und eine Antwort auf meine Frage finden, die ich mir zu Beginn des Ausflugs gestellt habe.

Zum Beispiel, ich finde eine Feder. Dies könnte für mich bedeuten: Eine Feder ist oder war immer ein Schreibgerät, also schreibe wieder! Für einen anderen könnte es etwas anderes bedeuten, zum Beispiel: Eine Feder ist leicht. Tiere mit Federkleidung können fliegen. Nimm die Leichtigkeit des Lebens an! Für meine Freundin (siehe obige Beschreibung bezüglich der Fotografie) waren Federn einfach Segelleinen für ein Boot. Jeder muss die Antwort für sich selber wissen. Tief im Innern wird man auf jeden Fall Antwort finden.

Diesmal dachte ich mir aber – nachdem ich Zeit habe – dass ich eine klassische Vision Quest machen werde, und daher versuche ich, mich beim Essen äußerst zurückzuhalten und wenigstens kein Fleisch zu essen. Zusätzlich versuche ich, mich durch Kräutertees von innen und mittels Wasser und Rauch aus Myrrhe und Weihrauch von außen zu klären.

19. Feb. 2009

Ich gehe es an:
Wieder in Begleitung von Trommelmusik versenke ich mich tief in mein Inneres und gehe an meinen Ort der Kraft. Von dort aus gehe ich durch eine Tür in einen Garten und befinde mich sofort in einer anderen Ebene, jenseits von Raum und Zeit.

Ich beobachte, wie die Landschaft vor mir aussieht. Zuerst sehe ich die Landschaft. Sie ist auf jeden Fall ländlich, und ich kann ein sattes Grün ausmachen. Von der Ferne sehe ich blaue Berge und überhaupt viel Blau am Himmel, hohe Bäume vereinzelt zwischen Feldern und Äckern und ein paar Bauernhäuser dazwischen. Ich gehe geistig weiter und komme an einen Buchenhain vorbei, dann an einem großen fast weiß gestrichenen Bauernhof, der ziemlich groß und mächtig gebaut ist.

Ich gehe an einem Weg, der von Bäumen umsäumt ist, also eine Allee entlang. Ich sehe ein weiteres großes Bauernhaus, eher in Burgform, das in einem alten `Schönbrunner Gelb´(G)gestrichen ist. Ich tauche ganz in diese Welt ein.

Ich erinnere mich:
Selbst sah ich mich nicht so genau, aber ich hatte ein luftiges helles Gewand an, war gut auf den Beinen, trug einen Sonnenhut, sah lange, inzwischen graue Haare an meinen Schultern herunterfallen und wusste, dass ich in diesem Haus wohnte. Es war ein Zukunftsbild. Ich ging die Stiege des Vorbaus hinauf und kam in die obere Etage und auf einen Balkon durch eine Tür in das Haus. Ich ging also nicht durch den Haupteingang, der sich ein paar Meter neben der Treppe befand, sondern gleich in die erste Etage.

Von dort aus ging ich durch einen alt, aber wertvoll eingerichteten Raum durch eine andere Tür auf der gegenüberliegenden Seite wieder hinaus. Hier war wieder ein Balkon, und ich hatte von dieser Stelle aus den Einblick in den Innenhof des Bauernhauses. Auf der einen Seite sah ich einen Traktor vor einem Scheunentor, einen Jeep und einen anderen großen PKW, dessen Marke ich nicht kenne sowie zwei Fahrräder. Unter mir war ein Vorgarten mit Tischen und Sesseln und einer Staffelei. Diese war für mich gedacht.

Auch hier am Balkon befand sich eine Staffelei für mich. Unten sah ich mit dem Traktor einen Mann wegfahren, der einen Hut trug. Ich glaube, er gehörte zu mir. Ich konnte weder sein Gesicht noch sonst irgendetwas von ihm genau ausmachen. Dann ging ich in den Raum zurück und durch eine andere Tür in einen Gang und durch alle Räume, die alle antik und wertvoll eingerichtet waren, bis ich zu einem Fenster kam, das mir wieder Ausblick in die Weite der Landschaft verschaffte.

Ich sah Felder und Äcker mit vielen Bäumen und zwei Straßen. Eine war nicht asphaltiert und führte direkt von diesem Haus weg zu einer anderen Straße, die dann asphaltiert war und in Richtung eines Hügels aus meinen Augen verschwand, da die Straße abwärts ins Tal führte. Von Weitem sah ich die Häuserspitzen einer nahen Stadt. In weiterer Ferne waren Berge, und noch weiter weg sah ich nur noch blaue Farbe. Ich konnte nicht erkennen, ob es der Horizont oder Wasser war.

Auf der anderen Seite, unweit vom Bauernhof war eine weiße Kirche. Sie hatte einen spitzen Turm und davor stand eine Säule mit einem Abbild eines großen Engels.

Ich stellte mir die Frage, wo ich eigentlich war:
„Bin ich in der ländlichen Gegend im Süden von Österreich oder in einem anderen Land? Und wenn das Wasser ist, was ich in der Ferne sehe, kann es ein großer See sein oder das Meer.“

Ich sah plötzlich am Wasser ein riesiges Schiff in mein Blickfeld kommen, das ich eigentlich nicht auf einem See vermuten kann. Es schaute eher aus wie ein großer Ozeankreuzer. Sicherlich war es also das Meer, was ich sah. Wahrscheinlich war es doch Italien und nach der Landschaft zu urteilen, war ich in der Toscana, wo ich eigentlich schon in der Gegenwart sein sollte, aber die Frauen, die ich voriges Jahr kennengelernt hatte, waren eine nach der anderen bei jenem Projekt, das ich in einem meiner vorigen Kapitel erwähnt habe, abgesprungen. Aber was hat mich bis jetzt daran gehindert, dort zu leben? Ich weiß es nicht, aber es wird seinen Grund haben.

Teresa von Avila[G] sagte:

„Würden wir auf
nichts anderes sehen
als auf den Weg,
so wären wir bald
am Ziel."

Jedenfalls beobachtete ich mich jetzt selbst, das heißt, ich war dissoziiert.

Ich ging zurück, und am Balkon stand die besagte Staffelei und ein Tisch mit zwei Sesseln. Am Tisch befand sich mein Laptop, der gerade hochgefahren war, und ich sah, dass ich für einen Verlag schrieb, und ich sah auch, was ich schrieb. Ich sah, was ich malte und was ich arbeitete, und da wurde mir auch klar, dass ich wohl alleine in die Toscana fahren werde, denn meine Arbeit hatte nichts mit einem Projekt von einer anderen Frau oder einem anderen Mann zu tun.

Ich hatte nun genug gesehen und meine Konzentration ließ nach. Darum ging ich schnell den Weg zurück und durch die Tür, von der ich gekommen war und zurück in meine Realität.

Die Reise dauerte gute zwei Stunden. Das ist nicht lang für eine Vision Quest, aber ich war zufrieden, für das, was ich an Informationen erhielt.

Lucide Träume und Erscheinungen

Für gewöhnlich werden Träume als unwirklich bezeichnet, denn sie haben meist einen sehr fantastischen und irrealen Charakter. Psychologen halten das Träumen für ein „Aufarbeiten von Tagesresten", ohne das aber überhaupt wirklich begründen zu können. Ich muss zugeben, dass man natürlich oft von ähnlichen Erlebnissen träumt, die man während des Tages hatte. Aber es gibt sicher auch andere Träume, die mit einer Aufarbeitung gar nichts zu tun haben, da sie mit dem alltäglichen Geschehen nicht übereinstimmen, und von denen schreibe ich.

Oft kommt es vor, dass ein Traumgeschehen für mich derart real wirkt, dass ich nicht weiß, dass ich träume, auch wenn das immer weniger geschieht, da ich mich gerade in Bezug auf Träumen sehr trainiert habe, zum Beispiel auch, indem ich jahrelang Traumtagebücher führte. Spätestens aber, wenn ich wach werde, weiß ich wirklich, dass es ein Traum war. Träume entsprechen nicht der Alltagslogik, denn wir können uns in Gedankenschnelle von einem Ort zum anderen bewegen, ja, sogar fliegen. Wir begegnen Menschen, von denen wir wissen, dass sie längst verstorben sind, und haben oft irgendwelche übermenschliche Begabungen. Allerdings haben wir in der Traumwelt auch Gefühle, manchmal können wir sogar etwas spüren, obwohl wir uns mit dem Spürsinn und dem Geschmacksinn dort schwer tun. Sehen und Hören können wir allerdings ganz genau so, wie im realen Bewusstsein.

Ich führe also schon jahrelang ein Traumtagebuch und lernte mit der Zeit, auch während des Träumens immer unterscheiden zu können, ob es ein Traum ist oder nicht. Ich lernte bewusst zu träumen, indem ich mir bei gefährlichen Situationen klar machte, dass ich hier kraft meines Willens ganz leicht die Situation zum Positiven ändern könne. Außerdem konnte ich mit der Zeit lernen, `wahre Träume´ zu bekommen, das heißt Träume, die sich in der Wirklichkeit auch bewahrheiteten. Sie erfüllten sich oft in naher oder ferner Zukunft, sogar bis ins Detail.

Es gibt interessante Literatur dazu, zum Beispiel `Zeitreisen: Fernwahrnehmung und Lucides Träumen als Tor zur Unendlichkeit´ von Frederick E. Dodson [G].

Diese Art von Träume nenne ich Traumvisionen, die ich aber nochmals von Visionen unterscheide, denn die bekomme ich eigentlich im Wachzustand. Dieser Wachzustand ist sehr an der Grenze des Schlafes – manchmal mehr und manchmal weniger.

Die Träume, bei denen ich weiß, dass ich träume, und die ich willentlich beeinflussen kann, nennt man lichte oder lucide Träume. Hier kann ich das Traumgeschehen steuern. Diese Träume erscheinen auch viel realer.

Ich zitiere aus dem Buch `Aus dem Jenseits zurück´ von Ernst Meckelburg:

„Der bekannte amerikanische Physiker Dr. Fred Alan Wolf[G] hält Träume generell für `innere Hologramme´. Während seiner Auffassung nach `normale´ Träume mehr bedeutungslose virtuelle Bilder darstellen, will er in lichten Träumen, die gar nicht subjektiv seien, Besuche in Parallelwelten erkennen. Hierunter ist das Abtauchen des Bewusstseins in Szenarien zu verstehen, die entweder zu einer anderen Zeit (Vergangenheit oder Zukunft) stattfinden oder die, infolge ungünstiger Bedingungen, in unserer materiellen Welt ohnehin nie real werden können. Wolf hält sie für Pseudo- oder Phantomrealitäten.“

Im Allgemeinen können Träume und Erscheinungen nicht optisch, sondern nur mit unserem Bewusstsein wahrgenommen werden. Diese sind aber gar nicht so selten. Manche halten diese Erscheinungen zwar für reine Fantasie, aber die Grenzen zwischen Fantasie und tatsächlichen Kontakten mit Wesenheiten dürften fließend sein – oft auch aufgrund unserer Bewusstseinsfilter, die unser Geist ab einem gewissen Kindesalter schon angelegt hat.

Es gibt viele Fälle, bei denen Träumer aus dem Schlaf erwachen und im Zimmer eine Gestalt sehen, die entweder verstorben ist, oder gar nicht hier sein kann. Diese Erscheinung spricht dann meistens mit derjenigen Person, die aufgewacht ist. Man könnte natürlich behaupten, das sei eine Fantasieerscheinung, die situationsbedingt vom Unterbewusstsein in das Bewusstsein des Träumenden aufgestiegen ist. Mir selbst ist es einmal passiert, dass ich von einem Traum aufwachte, auf den geschlossenen Vorhang sah und dann in eine Vision eintauchte. – Wie in einem Film, bei dem ich aber mit agierte. Die Vision erfolgte über einen langen Zeitraum und zeigte mir viele Gegenden und Menschen, die ich noch nie im Leben gesehen hatte. Ein Jahr später ging diese Vision bis ins Detail in Erfüllung. Dass es kein Déjà vu war, konnte ich beweisen, da ich diese Vision einigen Freundinnen und Freunden erzählt hatte. Ein Déjà vu ist eine Begebenheit, die, wenn sie einem passiert, das Gefühl auslöst, diese schon zu kennen oder schon gesehen zu haben. Das sagen die Psychologen. `Déjà vu´ heißt eigentlich `schon gesehen´. Im Sinne der Psychologen ist diese Wortkombination also so auszulegen, dass man die Begebenheit eigentlich nur vermeintlich schon gesehen hat. Es müsste dann heißen `vermeintlich schon gesehen´. Ich hatte aber ein wahres Déjà vu, das heißt, ich habe die Begebenheit wirklich schon vorher gesehen.

Was die Zeit betrifft, so hat Ernst Meckelburg folgende Worte dazu gesagt:

„Das Mysterium Zeit scheint auf geheimnisvolle, bislang unerforschte Weise mit unserem Bewusstsein und dessen nachtodlicher Fortexistenz in Verbindung zu stehen. Alles deutet darauf hin, dass wir uns der Lösung dieses Jahrtausendrätsels mit Riesenschritten nähern."

Allerdings gibt es Fälle, bei denen mehrere Personen gleichzeitig `geträumt´ haben müssen. Es gibt auch Erscheinungen – nicht im Traum – sondern mitten am Tag und im Wachbewusstsein, zum Beispiel während eines Spaziergangs. Das ist einmal einem Geschwisterpaar passiert, die beide eine Erscheinung sahen, die sich dann später wieder vor ihren Augen auflöste. Andere Menschen haben Tote gesehen, auch bei vollem Bewusstsein, oder sie haben Menschen aus einer längst vergangenen Zeit gesehen; es gibt zahlreiche Geschichten darüber.

Meistens werden die Erscheinungen von `Geistwesen´ oder `Geistern´ nur schemenhaft oder verschwommen wahrgenommen, was bedeuten kann, dass sich unser Bewusstsein gegen diese Wahrnehmung sträubt. Es könnte auch – wie es Morpheus im Buch `Matrix-Code´ schreibt - ein Fehler in der Matrix sein.

Der Parapsychologe Dr. Rýzl unterscheidet zwischen unechten, pathologisch bedingten, und echten, das heißt paranormalen[G] Erscheinungen, die er wiederum in 3 Kategorien zusammenfasst. Andere Parapsychologen unterscheiden zwischen Wachträumen, echten Erscheinungen und Zwischenzuständen, so wie ich es mache.

Ernst Meckelburg schreibt über Erscheinungen aus dem Jenseits:
„Dem, der vom `Überleben´ des biologischen Todes spricht, wird von `aufgeklärten´ Zeitgenossen meist mitleidig entgegengehalten, dass ja noch niemand von `drüben´ zurückgekehrt sei, um über seine Erfahrungen – seine spirituelle Fortexistenz – zu berichten.

Die Argumentation der Zweifler beruht allerdings auf einem fundamentalen Irrtum, der hirnrissigen Annahme, dass Verstorbene dazu fähig sind, uns Lebende in Fleisch und Blut zu erscheinen. Was tatsächlich `in Erscheinung tritt´, ist natürlich nichts Materielles, sondern ausschließlich die geistige Komponente des Verstorbenen, sein dimensional anders beschaffener und daher unzerstörbarer Bewusstseinskörper, der als Einziger vom Tod und Zerfall unseres biologischen Leibs ausgenommen ist."

Diese Geistwesen können wir natürlich nur `mit anderen Augen´ sehen, nämlich mit unserem Geist; mit unseren geistigen Augen. Dabei sehen wir ein Hologramm, das sehr lebensecht erscheinen kann.

Die inzwischen revidierte Lehrmeinung aber ist, dass das Bewusstsein beim Tod des Körpers, also des Gehirns, stirbt. Ich habe in einigen vorigen Kapiteln schon erwähnt, warum es das nicht tut. Auch der Hirnforscher Sir John Eccles sieht das Gehirn lediglich als Schaltstelle, die den Kontakt zwischen geistiger und materieller Welt vermittelt, also ist er der Meinung, dass der Geist, das Bewusstsein, unsterblich ist.

Die Theologen bezeichnen den Geist als Seele. In der Naturwissenschaft wird Seele nicht mit Geist gleichgesetzt, sondern als Gehirnfunktion. Hier liegt der Widerspruch! Es gibt allerdings auch sehr naiv anmutende Allegorien, die sich nicht weiter aufrecht erhalten lassen.

Dann ist da noch die Frage, was Realität ist und was nicht. Schon Carlos Castaneda sagte, dass wir Menschen uns auf einem so genannten `Band´ befinden, um nicht allzu verwirrt zu werden in Bezug auf die zahlreichen Realitäten. Es gibt aber viele Bänder, und jedes ist eine andere Realitätsebene. Der Grund, warum wir uns auf einem ganz bestimmten Band befinden ist, weil es von der

Mehrzahl der Menschheit schon als Kind so angenommen wurde und unseren Nachfahren auch so weiter gegeben wird. Ein Schamane bewegt sich mit Absicht zwischen verschiedenen Bändern (Wirklichkeiten, Ebenen) und geht auch mit Absicht wieder zurück.

Es gibt aber einige Menschen, die, ohne zu wissen, auf ein anderes Band `rutschen´. Sie sind dann verwirrt, weil sie sich in einer anderen Realität befinden, denn sie sind im wahrsten Sinn des Wortes `ver-rückt´. Sie sind von einem Band in ein anderes gerückt. Wenn sie nicht mehr zurückfinden, bleiben sie in dieser Welt, die für uns Menschen, die wir uns auf dem einen ganz bestimmten eigenen Band befinden, unverständlich ist. Wir bezeichnen diese armen Menschen dann als nicht normal. Das ist, als ob man auf einem DVD-Player ein VHS-Band abspielen wollte.

Aber nicht nur Carlos Castaneda hat sich mit den Realitätsebenen beschäftigt, auch die Autorin Jenny Randles schreibt, dass unsere Realität nur die kollektive Meinung sei, also Menschenwerk.

Meckelburg schreibt weiter:
„Wissenschaftler glauben, nur was konstant, das heißt immer wieder und mit gleich bleibenden Resultaten mess- und verifizierbar sei, als real bezeichnet werden könne. Dabei wissen wir doch seit Einführung der Quantentheorie nur zu gut, dass es eine echte, absolute Realität gar nicht geben kann, dass alles, was wir mit dem Brustton der Überzeugung als Wirklichkeit anpreisen, ausschließlich auf Beobachten und Messen einer Ansammlung ständig vibrierender Atomhaufen beruht. Man muss sich daher fragen, was dieses Beobachtete und Gemessene wert ist, wenn es auch nur wieder an der Projektion einer weiteren Projektion ad finitum – gewissermaßen am Schatten eines Schattens usw. – gemessen wurde? Erschrocken stellen wir fest, dass es etwas absolut Reales gar nicht gibt, nie gegeben hat."

Übrigens, der Gedanke einer computererzeugten, interaktiven Real-Situation ist auch nicht neu – so wie ich es in vorigen Kapiteln schon angesprochen habe, indem ich die Idee der Matrix-Trilogie aufgenommen habe – denn die Wissenschaftler Tiller[G] und Bohm[G] hatten die Idee eines `Holoversums[G]´, statt des Universums. Das heißt, dieses wurde wie das `Holodeck[G]´ im Film `Star Trek´ geschaffen. Prof. Tiller sagte dazu:

„Wir haben es als ein Medium der Erfahrung geschaffen und Gesetze festgelegt, die es bestimmen. Und wenn wir an die Grenzen des Verstehens stoßen, können wir die Gesetze abändern, sodass wir gleichzeitig auch die Physik erschaffen."

Auch der bekannte Mathematiker Frank Tipler[G] hat sich mit dieser Möglichkeit beschäftigt.

Wenn also das Universum einem gewaltigen Holodeck gleicht, also ein Holoversum ist, dann erklären sich bestimmte paranormale Fähigkeiten, wie zum Beispiel die von Sai Baba[G] und einigen anderen spirituellen Lehrmeistern, die fähig sind, Dinge zu verändern, teilweise verschwinden zu lassen oder überhaupt materialisieren können. Manche Mentalisten[G] müssen das wohl beherrschen, indem sie die Matrix durchschauen.

Dieses Holoversum könnten wir einst – im Gegensatz zur Matrix-Trilogie – selbst geschaffen haben, indem wir es gemeinschaftlich, wie die bereits erwähnten Bänder, erschaffen haben.

Wenn das Universum tatsächlich aus riesigen Hologrammen besteht, dann müssten alle Seinszustände als Realitätsfelder gewertet werden, und alles Dauerhafte wäre Illusion (Maya)[G]. Nur das große Bewusstsein selbst, das der großen lebenden Einheit, das 'All-Eins', wäre ewig.
Dieses Kapitel schließe ich mit den Worten Ernst Meckelburgs:

*„Wer hierfür einen ohnehin
unvorstellbaren Gott präsentiert,
macht es sich zu leicht,
drückt sich vor der Erforschung der
wahren Existenz unsers Menschseins.“*

Ernst Meckelburg

Epilog

Nachdem unser Stand der Wissenschaft nicht der letzte sein wird, und unsere Paradigmen sich stetig ändern – auch meine – bitte ich alle Menschen um Toleranz in Bezug auf Glauben, Religionen und Weltbilder.

Lernt und benutzt den logischen Verstand. Bleibt kritikfähig und glaubt nicht alles, sondern überprüft die Fakten. Überprüft auch meine Texte. Nur Wissen schützt. Das ist oft nicht leicht, weil man gerne nur das Positive sehen will und die Schattenseiten leugnen mag. Will man lieber den Flüsterungen des kollektiven Bewusstseins glauben und damit dem Trend der neuen Zeit, nur an das Positive zu glauben, entsprechen, oder will man sich für den Weg der Wahrheit entscheiden? Das Negative ist ja trotzdem da, und man ist durch Verleugnung der Tatsachen nicht geschützt! Das ist Ignoranz und Hochmut. Hochmut aber war der Fall aus dem Garten Eden, um in den poetischen Worten der Bibel zu sprechen. Hochmut war und ist noch immer die größte Versuchung des Menschen. Nur in unserer polaren Welt gibt es ein Positiv und ein Negativ, ein Gut und ein Schlecht, ein Weiß und Schwarz.

Prüft lieber alles, und bindet euch nicht an gewisse Glaubenssätze. Lasst euer Bewusstsein offen für alle Möglichkeiten und benutzt den Verstand, um Wissen zu erlangen. Gewiss, das bedeutet Lernen, und Lernen ist Arbeit. Aber es macht auch Spaß. Seid kritisch und offen im Geist. Wissen schützt und ist die Voraussetzung für reine Spiritualität und Liebe. Wissen ist Licht. Alles, was über die Erkenntnisse der Naturwissenschaften hinausgeht, ist nicht bewiesen. Was unsere Glaubensbilder betrifft, so kann ich sagen, dass allein unsere Hoffnungen und unser Glauben uns meinen lassen, dass dies oder jenes das `Wahre´ sei.

In allen hohen Philosophien, Religionen und Weltbildern reicht im Allgemeinen unser Sprachschatz nicht aus. Wie groß werden oft schon Missverständnisse in der Muttersprache. Wie groß müssen diese dann erst in einer Fremdsprache und in einer anderen Kultur sein! Außerdem muss man noch bedenken, dass jeder seine eigenen Erfahrungen macht und aus bestimmten Gründen nicht das Gleiche wissen kann. Jeder hat seinen eigenen Entwicklungsweg und braucht Zeit, seine Erfahrungen zu verarbeiten.

Die Menschheit entwickelt sich immer weiter, und wir kommen immer wieder zu neuen technischen Errungenschaften und Theorien. Alles ist möglich in diesem Universum: Wir haben wahrscheinlich gar keine Vorstellung von der Vielfältigkeit der Möglichkeiten. Es gibt keinen Grund, uns über unsere Philosophien und Religionen zu streiten. Wer hätte noch vor einem Jahrhundert gedacht, dass man – wie ich heute – vor einem Bildschirm sitzt, an dem man über eine Tastatur, die elektronisch gesteuert ist, nicht nur schreiben kann, sondern auch via einem internationalen Netzwerk alle Bilder dieser Welt empfängt – plastisch und bunt. Ein Steinzeitmensch hätte das alles als ein Werk Gottes betrachtet oder als das des Teufels.

Darum seien wir offen in unserem Denken, tolerant und respektvoll vor jedem Wesen, sodass wir dem Wort `Homo sapiens´ Ehre erweisen!

*„Das Selbst ist das Leben
und die einzige Wirklichkeit,
und wer in das Selbst eingeweiht ist,*

*was soviel bedeutet,
dass er sich selbst vollkommen
erkannt hat,
liebt alles und alle gleich,
denn er ist eins mit ihnen."*

Elisabeth Haich

Quellen

Bereich: Physik
Quellenherkunft: Magazine und Internet

MATRIX3000, ISSN: 14394154, ISBN: 3-89539-831-4
Titel: *Fraktale,* Untertitel: *Harmonie aus dem Chaos,* Autor: Franz Bludorf, D-86971 Peiting, September/Oktober 2006; S.22-27
Weiteres unter:
www.cosmopan.de/info09.html
www.weltderphysik.de/de/1092.php

MATRIX3000, ISSN: 14394154, ISBN: 3-89539-831-4
Titel: *Global Scaling,* Untertitel: *Bauplan des Universums,* Hartmut Müller, Physiker, im Gespräch mit Grazyna Fosar, D-86971 Peiting, September/Oktober 2006, S. 28-36
Weiteres unter:
www.raum-energie-forschung.de

P.M., ISSN: 1863-9313, Titel: *Die größten Rätsel der Menschheit, Teil 3,* Jänner 2009, S. 56, *Untertitel: Wieviele Elektronen gibt es?* Autor: Nicolai Schirawski, D-81673 München, Jänner 2009, S. 56

P.M., ISSN: 1863-9313, Titel: *Warum ist der Urknall ein Irrtum, Herr Prof. Fahr?",* Autor: Hans-Jörg Fahr, Astrophysiker, D-81673 München, Jänner 2009, S. 82-86

Quellenherkunft: Bücher und Internet

Titel: *Im Netz der Frequenzen: Elektromagnetische Strahlung, Gesundheit und Umwelt,* Untertitel: *Was man darüber wissen muss,* ISBN-10: 3895392375, ISBN-13: 978-3895392375, Autoren: Grazyna Fosar und Franz Bludorf, Michaels-Verlag, 1. Auflage, November 2004

Titel: *Zaubergesang: Frequenzen zur Wetter- und Gedankenkontrolle*, ISBN-10: 3980820661, ISBN-13: 978-3980820660, Autoren: Grazyna Fosar und Franz Bludorf, Verlag: Argo, 5. Aufl., Dez. 2005
Weiteres unter:
http://www.zeitenschrift.com/wissen5.ihtml?aid=17&p=w4
http://www.dalank.de/ongoing/senderm.html

Titel: *Kathedrale des Kosmos: Die heilige Geometrie von Chartres*, ISBN-10: 3981024516, ISBN-13: 3981024517, Autorin: Sonja Ulrike Klug, Verlag: Kluges, 3. Aufl. u. erg. Aufl., 2008

Titel: *Kosmische Kreativität*, Untertitel: *Neue Grundlagen einer einheitlichen Wissenschaft von Materie, Geist und Leben*, ISBN-10: 3458166203, ISBN-13: 978-3458166207, Autor: Ervin Laszlo, Dr. Dr. mult. h.c., Promotion in Naturwissenschaften, Dozent an den Universitäten Yale und Princeton, Professor für Philosophie, Systemwissenschaft und Zukunftsforschung, aus dem Englischen von Vladimir Delavre, Insel Verlag, Frankfurt am Main und Leipzig, 1. Auflage 1995
Originaltitel: The Creative Cosmos, An Unidentified Science of Matter, Life and Mind, von Floris Books, Edinburgh 1993, © Ervin Laszlo 1993

Titel: *Fraktale, Chaos und Selbstähnlichkeit*, Untertitel: *Notizen aus dem Paradies der Unendlichkeit*, ISBN-10: 3860250922, ISBN-13: 978-3860250921, Autor: Schroeder, Manfred, Verlag: Spektrum Akad. Vlg., Hdg., 1994

Titel: Year Million: Science at the Far Edge of Knowledge, ISBN-10: 0977743349, ISBN-13: 978-0977743346, Autor: Damien Broderick, Verlag: Atlas Books, Mai 2008, nur in Englisch verfügbar

Bereich: Mathematik und Biologie
Quellenherkunft: Bücher

Buchtitel: *Das fünfte Wunder,* Untertitel: *Auf der Suche nach dem Ursprung des Lebens,* ISBN-10: 3502151630, ISBN-13: 9783503151630, Autor: Paul Davies, Mathematiker, aus dem Englischen von Bernd Seligmann, Verlag: Scherz, 2001
Originalausgabe 1998, Titel: The Fifth Miracle, bei Penguin, London, Copyright © 1998 by Paul Davies

Titel: *Die Physik der Unsterblichkeit,* Untertitel: *Moderne Kosmologie, Gott und die Auferstehung der Toten,* ISBN-10: 3492036112, ISBN-13: 978-3492036115, Autor: Tipler Frank J., Physiker, Mathematiker, Astrophysiker, Übersetzer: Inge Leipold, Barbara Schaden und Martin Lavelle, Verlag: Piper, München, 5. Auflage, 1995, Originaltitel: The Physics of Immortality, ISBN 0385467990, Originalausgabe 1994, New York

Bereich: Philosophie, Psychologie, Gehirnforschung, Ethik, Religion, Lebenshilfe
Quellenherkunft: Magazine

P.M., ISSN: 1863-9313, Titel: *Der Buddha in jedem von uns,* Autor: Thoma Vasek, D-81673 München, Jänner 2009, S. 38-45

MATRIX3000, ISSN: 1 439-4154, ISBN: 978-3-69839-839-1, Titel: *Außerhalb der Gewohnheit und Interpretation - Auszüge eines Gesprächs mit Carlos Castaneda,* Autor: Roman Warzewski, D-86971 Peiting, November/Dezember 2007, S. 3-5

MATRIX3000, ISSN: 1 439-4155, ISBN: 978-3-69839-839-1, Titel: *Die totale Verbindung mit der Natur,* Autorin: Brigitte Glaser, D-86971 Peiting, November/Dezember 2007, S. 8-9

Quellenherkunft: Bücher und Internet

Titel: *"Metatron", Heilung und Erkenntnis durch metatronische Programme des Seins*, ISBN-10: 3000119132, ISBN-13: 978-3000119132, gechannelt und verfasst von: Ama.Ryilla und El.An.Rea; Bd.1, Verlag: Hornstein, Arpi, 1. Aufl., Dez. 2003

Titel: *Heilen durch weiße Magie. Traditionen alter Heilkunst und alternativer Methoden*, ISBN-10: 377875081X, ISBN-13: 978-3778750810, Autor: Ansha, Verlag: Ludwig, München. 1. Aufl., 2004

Titel: *Weiße Magie: Das große Praxisbuch. Hilfsmittel und Techniken, um die eigenen magischen Kräfte zu wecken,*ISBN-10: 3517081973, ISBN-13: 978-3517081977, Autor: Ansha, Südwest-Verlag, Feb. 2006

Titel: *Die Malerei des Zen-Buddhismus*, ASIN: B0000BPI9P, Autor: Yasuichi Awakawa, Verlag: Schroll, 1970

Titel: *Der Weg zum wahren Adepten*, ISBN-3921338301, ISBN-13: 978-3921338308, Autor: Franz Bardon, Verlag: Rüggeberg, 22. Auflage, 2006
Weiteres unter:
http://www.pflanzenweg.de/

Titel: *The Journey*™ , Untertitel: *Der Highway zur Seele*, ISBN-10: 3548740091X, ISBN-13: 978-3548740911, Autorin: Brandon Bays, Verlag: Ullstein Tb., 1. Auflage, August 2004

Titel: *Die Kabbala als jüdisch-christlicher Einweihungsweg, Farbe, Zahl, Ton und Wort*, ISBN-10: 3778772643, ISBN-13: 978-3778772645, Autor: Heinrich Elijah Benedikt, Verlag: Ansata, Aufl.: Nachdruck, Jan. 2004

Titel: *Die Kabbala,* ISBN-10: 3937229779, ISBN-13: 978-3937229775, Autoren: Erich Bischoff, Jakob Winter und August Wünsche, Verlag: Voltmedia, Paderborn, Feb. 2005

Titel: *Fractal Time,* Deutsch, ISBN-10: 3867280878, ISBN-13: 978-3867280877, Autor: Gregg Braden, Verlag: Koha, 1. Auflage, Mai 2009

Titel: *Das Kind in uns: Wie finde ich zu mir Selbst*, ISBN-10: 3426870517, ISBN-13: 978-3426870518, Autor: John Bradshaw, Übersetzer: Bringfried Schröder, Verlag Droemer Knaur, Aug. 2000

Titel: *Licht-Arbeit*, Untertitel: *Heilen mit Energiefeldern,* ISBN-10: 3442141516, ISBN-13: 978-3442141517, Autorin: Barbara Ann Brennan, übersetzt aus dem Amerikanischen: Maya Ubik, Verlag: Goldmann, 19. Auflage, München, Dezember 1998

Titel: *Leben auf dem Mars. Die Entdeckungen der NASA-Viking-Mission,* ISBN-10: 3453078608, ISBN-13: 978-3453078604, Autor: Johannes von Buttlar, Verlag: Heyne, 1994

Titel: *Die Lehren des Don Juan,* Untertitel: *Ein Yaqui-Weg des Wissens,* ISBN-10: 3596214572, ISBN-13: 978-3596214570, Autor: Carlos Castaneda, Übersetzer: Celine und Heiner Bastian, Verlag: Fischer (Tb.), Frankfurt, 35.Auflage, Jänner 2007

Titel: *Geheimnisvolle Kultur der Traumzeit,* ISBN-10: 3426775026, ISBN-13: 978-3426775028, Autor: Robert Craan, Verlag: Droemer Knaur, Aufl. N.-A., Sep. 2004

Titel: *Zeitreisen: Fernwahrnehmung und Lucides Träumen als Tor zur Unendlichkeit,* ISBN-10: 3890944132, ISBN-13: 978-3890944135, Autor: Frederick E. Dodson, Verlag: Bohmeier, 1. Aufl., Apr. 2004

Titel: *Der Bibel Code,* ISBN-10: 3453151674, ISBN-13: 978-3453151673, Autor: Michael Drosnin, übersetzt von Elisabeth Parada, Verlag: Heyne, November 2005

Titel: *Die Wolke über dem Heiligtum,* ISBN-10: 9067320862, ISBN-13: 978-9067320863, Autor: Karl von Eckartshausen, Verlag: Drp Rosenkreuz; 2. Aufl., 1979

Titel: *Das Schlangensymbol,* Untertitel: *Geschichte, Märchen, Mythos,* ISBN-10: 3491690692, ISBN-13: 978-3491690691, Autor: Hans Egli, Verlag: Patmos, 2003
Weiteres unter:
http://www.sgipt/org/galerie/tier/schlang/schl_kult.htm

Titel: *Das kleine Handbuch der geheimwissenschaftlichen Tempelritter,* ISBN-10: 3981035828, ISBN-13: 978-3981035827, wiederhergestellt nach Texten aus Wien, Venedig, Mailand und Paris (unter anderem der Text „Magie der Zeiteinheiten" von Marquesa Antonia Contanta, circa um 1530), Autor: Ralf Ettl, Starnberg, Verlag: causa nostra, 2005
Weiteres unter:
http://www.isais.causa-nostra.com/Magie/Magie.htm
http://www.causa.nostra.com/Rueckblick/Magie-der-Zeiteinheiten-r0612a03.htm

Titel: *Geheimsache Zukunft,* ISBN-10: 3895390747, ISBN-13: 978-3895390746, Autor: Viktor Farkas, Michaels-Verlag, 2. Auflage, September 2004

Titel: *Einweihung,* ISBN-10: 376990415X, ISBN-13: 978-3769904154, Autorin: Haich, Elisabeth, Drei Eichen Verlag, 5. Auflage, 2003

Titel: *Karma. So befreien Sie sich aus Begrenzungen durch frühere Leben*, ISBN-10: 3778781537, ISBN-13: 978-3778781531, Autorin: Carmen Harra, Verlag: Integral, Aug. 2003

Titel: *Zeitreisenhandbuch: Für angewandte Zeitreisen und Teleportation*, ISBN-10: 3895392332, ISBN-13: 978-3895392337, Autor: David Hatcher Childress, Verlag: Michaels-Verlag, 1. Aufl., 2003

Titel: *Die Heimkehr der Seele: Schamanische Selbstheilung*, ISBN-10: 3548742440, ISBN-13: 978-3548742441, Autorin: Sandra Ingermann, Übersetzerin: Karen Hendrix, Verlag: Ullstein Tb., 1. Aufl., Mai 2005

Titel: *Alternativ Heilen: Kompetenter Rat aus Wissenschaft und Praxis. Methoden, Anwendungen, Selbstbehandlung*, ISBN-10: 3774287775, ISBN-13: 978-3774287778, Autoren: Christof Jänicke u. Jörg Grünwald, Verlag: Gräfe und Unzer, 1. Aufl., Sep. 2006

Titel: *Erinnerungen, Träume, Gedanken von C.G. Jung,* (aus: *„Die sieben Belehrungen der Toten"*, geschrieben von Basilides aus Alexandria, der Stadt, wo der Osten den Westen berührt.), übersetzt von Carl Gustav Jung, 1916, ISBN-10: 3530407348, ISBN-13: 978-3530407341, Autor: Carl Gustav Jung, herausgegeben von Aniela Jaffé, Verlag: Walter-Verlag, Auflage: Neuauflage, Nachdruck, Sonderausgabe 5. Nov. 1993
Weiteres unter:
http://demiurgie23.blogspot.com/2005/09/die-sieben-belehrungen-der-toten.html
http://www.absinthes-anderswelt.de/pdf/cgjung1.pdf
http://www.feliz.de/html.sermo1.htm#eins

Titel: *Karma - Der Schlüssel zum Schickal (Kailash Buch): Wie Sie Bindungen aus früheren Leben erkennen und auflösen*, ISBN-10:

372056035X, ISBN-13: 978-3720560351, Autoren: Joachim Käser, Irene Schürz, Verlag: Heinrich Hugendubel, 1. Aufl., März 2008

Titel: *Endlich frei! Emotionale und körperliche Blockaden auflösen mit Emotional Freedom Techniques EFT,* ISBN-10: 3548742785, ISBN-13: 978-3548742786, Autor: Erich Keller, Verlag: Ullstein Tb., 4. Auflage, Nov. 2005

Titel: *Der Stadt-Schamane. Ein Handbuch der Transformation durch Huna, das Urwissen des hawaiianischen Schamanen,* ISBN-10: 3925898150, ISBN-13: 978-3925898150, Autor: Serge Kahili King, Verlag: Lüchow, Berlin, Aufl. o.J.N.-A., September 2002

Titel: *Kahuna-Healing,* Untertitel: *Die Heilkunst der Hawaiianer,* ISBN-10: 3363030363, ISBN-13: 978-3363030365, Autor: Serge Kahili King, Verlag, Lüchow, 1. Auflage, Juni 2003

Titel: *Kathedrale des Kosmos,* Untertitel: *Die heilige Geometrie von Chartres,* ISBN-10: 3720521338, ISBN-13: 978-3720521338, Autorin: Sonja Ulrike Klug, Verlag: Ariston, 2001

Titel: *Geheimes Wissen hinter Wundern,* Untertitel: *Die Entdeckung der HUNA-Lehre,* ISBN-10: 3897674874, ISBN-13: 978-3897674875, Autor: Max Freedom Long, Verlag: Schirner, 1. Auflage, 2006

Titel: *Reiki – die schönsten Techniken der wundervollen Werkzeuge des Heilens für den ersten, zweiten und dritten Reiki-Grad,* ISBN-10: 389385391X, ISBN-13: 978-3893853915, Autoren: Walter Lübeck und Frank Arjawa Petter, Verlag: Windpferd, 4. Aufl., Jan. 2002

Titel: *Dimension PSI. Fakten zur Parapsychologie,* ISBN-10: 347178571X, ISBN-13: 978-3471785713, Autor: Walter von Lucadou, Verlag: List, 1. Auflage, 2003

Titel: *DIE BIBEL oder die ganze HEILIGE SCHRIFT des Alten und Neuen Testaments*, ISBN: 3 85205 0219, Nach der deutschen Übersetzung Martin Luthers, Verlag: Österreichische Bibelgesellschaft, Wien, 1980

Titel: *Zwischenleben*, ISBN-10: 3442120799, ISBN-13: 978-3442120796, Autorin: Shirley McLaine, Verlag: Goldmann Wilhelm GmbH, Juni 1999

Titel: *Ewiges Bewusstsein*, ISBN-10: 3934672191, ISBN-13: 978-3934672192, Autor: Ernst Meckelburg, CO'MED Verlagsgesellschaft mbH, 1. Auflage, 2007

Weiteres unter dem Artikel: *Aus dem Jenseits zurück*
unter:
http://www.transwelten.de/Phaeon_AusDemJenseits.htm

Titel: *Blume des Lebens*, 2 Bände, Bd. 1, Originaltitel: *The Ancient Secret Of The Flower Of Life*, redaktionell überarbeitete Mitschrift des Workshops „Die Blume des Lebens", der von 1985 bis 1994 live auf Mutter Erde gehalten wurde, ISBN-10: 392951572, ISBN-13: 978-392951571, Autor: Drunvalo Melchizedek, Übersetzerin: Silvia Authenrieth von Koha, Verlag: Koha, Sep. 2000

Titel: *Blume des Lebens*, Bd. 2, Originaltitel: *The Ancient Secret Of The Flower Of Life*, ISBN-10: 3929512637, ISBN-13: 978-3929512632, Autor: Drunvalo Melchizedek, Verlag: Koha, Okt. 2000

Titel: *Aufgestiegene Meister zum Karma*, ISBN-10: 3837019934, ISBN-13: 978-3837019933, Autorin: Nikolaevna Mickushina, Verlag: Boosk on Demand, 1. Aufl., April 2008

Titel: *Der Pfad des friedvollen Kriegers*, ISBN-10: 3778770950, ISBN-13: 978-3778770955, Autor: Dan Millman, übersetzt aus dem

Englischen von Thomas Lindquist, Verlag: Ansata, N.-A. 24. September 2008

Titel: *Den Pfad des Herzens gehen,* ISBN: 3928632248, Autor: Arnold Mindell, Via Nova Verlag GmbH Werner Vogel & Martin Büttner, Petersberg, übersetzt von Elke Müller, 1. Auflage 1996, Originaltitel: *The Shamans body,* © 1993 by Harper, San Francisco

Titel: *Matrix-Code,* ISBN-10: 395018015X, ISBN-13: 978-3950180152, Autor: Morpheus, Trinity-Verlag, 1. Auflage, August 2003

Titel: *Die Aussendung des Astralkörpers,* ISBN-10: 3762607958, ISBN-13: 978-3762607953, Autoren: Sylvan J. Muldoon und Hereward Carrington, Verlag: Bauer, Freiburg, 2001

Titel: Wie man die Zeichen liest – eine Einweihungspsychologie, ISBN-10: 2923097181, ISBN-13: 978-2923097183, Autoren: Christiane Müller, Kaya Müller, Michaels-Verlag, April 2008

Titel: *Leben zwischen dem Leben: Die Hypnotherapie zur spirituellen Rückführung,* ISBN-10: 3907029771, ISBN-13: 978-390702770, Autor: Michael Newton, Übersetzer: Manfred Jansen, Verlag: Artha, 2. Auflage, Dez. 2005

Titel: *Lucy im Licht: Dem Jenseits auf der Spur,* ISBN-10:3426274205, ISBN-13: 978-3426274200, Autor: Markolf H. Niemz, Verlag: Droemer Knaur, Aug. 2007
Titel: *Die letzten Rätsel der Wissenschaft,* ISBN-10: 3821855932, ISBN-13: 978-3821855936, Autor: Felix R. Paturi, Verlag: Eichborn, 1. Aufl., Juli 2005

Titel: *Das Tiroler Zahlenrad: Das Geheimnis unserer Geburtszahlen,* ISBN-10: 3833810955, ISBN-13: 978-3833810954, Autoren: Thomas

Poppe und Johanna Paungger, Verlag: Graefe u. Unzer Verlag, 1. Aufl., März 2008

Titel: *Die Prophezeiungen von Celestine*, Untertitel: *Ein Abenteuer*, ISBN-10: 3548741193, ISBN-13: 978-3548741192, Autor: James Redfield, Übersetzer: Olaf Kraemer, Verlag: Ullstein Tb., 7. Auflage, 2004

Titel: *Das tibetische Buch vom Leben und vom Sterben: Ein Schlüssel zum tieferen Verständnis von Leben und Tod*, ISBN-10: 3596160995, ISBN-13: 978-3596160990, Autor: Sogyal Rinpoche, Herausgeber: Patrick Gaffney und Andrew Harvey, Übersetzer: Thomas Geist und Karin Behrendt, Verlag: Fischer (Tb.), Frankfurt, 7. Auflage, September 2004

Titel: *Machtwechsel auf der Erde: Die Pläne der Mächtigen, globale Entscheidungen und die Wendezeit*, ISBN-10: 3453700570, ISBN-13: 978-3453700574, Autor: Armin Risi, Verlag: Heyne, 4. Aufl. München, Feb. 2007
Weiteres unter:
http://members.internettrash.com/medwiss2/illuminatenreptiloidealiens.html
http://quantumfuture.net/gn/welle/index.php

Titel: *Gespräche mit Seth: Von der ewigen Gültigkeit der Seele*, ISBN-10: 3442215811, ISBN-13: 978-3442215812, Autorin: Jane Roberts, Übersetzerin: Sabine Lucas, Verlag: Goldmann, Jänner 2006

Titel: *Krafttiere begleiten Dein Leben*, ISBN-10: 3897671485, ISBN-13: 978-3897671485, Autorin: Jeanne Ruland, Verlag: Schirner, 1. Auflage, 2004

Titel: *Die Höhlenmalerei von Lascaux. Auf den Spuren des früheren Menschen*, ISBN-10: 3828906648, ISBN-13: 978-3828906648, Autor:

Mario Ruspoli, Herausgeber: Odile Berthemy, Verlag: Bechtermünz Vlg., Augsburg, Dez. 1998

Titel: *Der Tod und was danach kommt,* ISBN-10: 3720512215, ISBN-13: 978-3720512213, Autor: Milan Ryzl, Verlag: Ariston, 2. Aufl., Aug. 1995

Titel: *Der zwölfte Planet: Wann, wo und wie die ersten Astronauten eines anderen Planeten zur Erde kamen und den Homo Sapiens schufen,* ISBN-10: 3930219581, ISBN-13: 978-3930219581, Autor: Zecharia Sitchin, Verlag: Kopp, Rottenburg, Auflage: veränderte Neuauflage, August 2003

Titel: *Die Geheimwissenschaft im Umriß,* ISBN-10: 3727460113, ISBN-13: 978-3727460111, Autor: Rudolf Steiner, Rudolf Steiner-Verlag, Neuausgabe, 2005

Titel: *Zur Quelle der Kraft,* ISBN-10: 3762604754, ISBN-13: 978-3762604754, Autoren: Jose Stevens und Lena Stevens, Verlag: Bauer, Freiburg, 1995

Titel: *Hula, Engel und Hawaii. Eine wundersame, spirituelle Reise in das Südsee-Paradies Hawaii,* ISBN-10: 3831145555, ISBN-13: 978-3831145553, Autorin: Gabriela Kalehua Streuer, Verlag: BOD, Norderstedt, Nov. 2002

Titel: *Die große Befreiung: Einführung in den Zen-Buddhismus,* ISBN-10: 3502611572, ISBN-13: 978-3502611578, Autor: Daisetz T. Suzuki, Verlag: O.W. Barth, Bei Scherz, 1. Auflage, September 2005

Titel: *Schöpferisch träumen. Wie Sie im Schlaf das Leben meistern: Der Klartraum als Lebenshilfe,* ISBN-10: 3880742758, ISBN-13: 978-3880742758, Autoren: Paul Tholey und Utecht Kaleb, Verlag: Klotz, Eschborn: 4. Aufl. unveränd. A., 2000

Titel: *Der Schamane in uns,* Untertitel: *Schamanismus als neue Selbsterfahrung. Hilfe und Heilung,* ISBN-10: 3720521818, ISBN-13: 978-3720521819, Autor: Paul Uccusic, Verlag: Ariston, 2. Auflage, 2001
Weiteres unter:
http://religion-ethik.schulklick.net/

Titel: *Das Handbuch der Kahuna-Medizin,* ISBN-10: 3442141435, ISBN-13: 978-3442141432, Autorin: Suzan H. Wiegel, Verlag: Goldmann, 1999

Titel: *Lust auf Leben: Kraftvolle Lieder und Tänze für den „Himmel auf Erden",* ISBN-10: 393676784X, ISBN-13: 978-3936767841, Autorin: Monika M. Wunram, Verlag: Kamasha, 1. Aufl., Apr. 2008

Titel: *Höhle der Eiszeit,* ISBN-10: 3805305931, ISBN-13: 978-3805305938, Verlag: Philipp von Zabern, 1982

Titel: *Als das Weltenei zerbrach: Mythen und Legenden Chinas,* ISBN-10: 3720530523, ISBN-13: 978-3720530521, Autoren: Astrid Zimmermann und Andreas Gruschke, Verlag: Diederichs; 1. Aufl., März 2008
Weiteres unter:
http://fraktalwelten.wordpress.com/2008/11/29/kraftfeld/
http://www.pagan-forum.de/search.php

Bildquellen:
Alle Bilder und Fotografien sind von Eve Lene Knoll.

Glossar

für alle mit[G] gekennzeichneten Worte:

Fachbegriff/Personenverzeichnis	Erklärung
Aborigine	Pl.: Aborigines; Ureinwohner Australiens
Abraxas	antiker griechischer Gott (Schlangenorden)
ad finitum	Latein: zum Schluss; schlussendlich
Adept	Meisterschüler
Agartha	mythologisches Land, identisch mit Asgard
Airbrush	eine Sprühmaltechnik
Aka	aus dem Huna-Weltbild: feinstoffliche Verbindungen
Akasha	aus dem Indischen: eine metaphysische göttliche Ebene
Akasha-Chronik	aus dem Indischen: eine metaphysische göttliche Ebene. Zwischen den verschiedenen Religionen gibt es sicher jede Menge Verbindungen. Ich kenne die Akasha-Chronik aus dem Indischen, aber wahrscheinlich gibt es Chroniken auch in anderen Religionen
Aku(a)	Pl.: Aku(a)s; Bezeichnung für Gott in der hawaiianischen Sprache

Albigenser	eine christliche Glaubensbewegung, vornehmlich im Süden Frankreichs; von den Katholiken gegründet und später verbannt
Alice Springs	Stadt in Australien im Northern Territory
Algorithmus	mathematischer Begriff aus der Informatik
Ali'i	Herrscherklasse (Könige, Kahunas) im alten Hawaii
All-Eine, All-Eins	Begriff für das kosmische Prinzip (Gott, aber auch das Nichts, das Alles ist)
Alchemist	jemand der sich mit Alchemie beschäftigt (hat); Alchemie war in der Antike und im Mittelalter gebräuchlich und ein Vorläufer der heutigen Chemie; allerdings beruhte sie weniger auf theoretisches Wissen, sondern auf praktische Versuche im Labor (bekannt durch die Suche nach dem „Stein d. Weisen" beziehungsweise Transformation von Unedlem ins Edle)
Aloha	gängiger Gruß in Hawaii; bedeutet frei übersetzt: „Liebe sei mit dir!"

Alpha-Wellen	vom Gehirn erzeugte Wellen im tief entspannten Ruhezustand
Alpha-Zustand	der Zustand, in dem man sich befindet, wenn vom Gehirn Alpha-Wellen erzeugt werden
Amplitude	Pl.: Amplituden; A. ist eine maximale Auslenkung von Schwingungen und Wellen
Anden	Gebirgszug in Südamerika
Anderswelt	eine nicht alltägliche Welt, die sich auf einer übergeordneten Ebene befindet, jenseits unserer normalen Wahrnehmung
androgyn	ein Mensch, der weibliche und männliche Merkmale in sich vereinigt hat
Anima	ein Begriff der Psychologie aus C.G. Jungs Typenlehre und bezeichnet den weiblichen Seelenanteil
Animus	ein Begriff der Psychologie aus C.G. Jungs Typenlehre und bezeichnet den männlichen Seelenanteil
Anisotropie	Begriff aus der Physik; das Gegenteil von Isotropie, das die gleichmäßige Abstrahlung der Materie bedeutet. Anisotropie ist die Ungleichmäßigkeit der Abstrahlung

Anthroposoph	Anhänger der westlichen Mysterienschule, gegründet von Rudolf Steiner
Äon	Pl.: Äonen: ein Zeitalter, das sich über sehr lange Zeit hinzieht (auch Erdenzeitalter)
Aperiodizität, Adj.: aperiodisch	etwas, das in unregelmäßigen Zeitabständen auftritt.
Aquin, Thomas von	bedeutender katholischer Kirchenlehrer des Mittelalters; hinterließ ein umfangreiches Werk
Archetyp	analytische Psychologen verstehen unter Archetyp das Vorstellungsmuster der im kollektiven Unterbewusstsein angesammelten Urbilder
Arno	Fluss in Italien
Artus	König Artus, der sagenhafte britische König, der das Schwert „Excalibur" aus dem Stein zog und in jungen Jahren König von Cornwall wurde; Gründer von der verschwundenen Stadt Camelot, in der Nähe der Insel Avalon, ebenfalls verschwunden
Asgard	mythologisches Land im Norden, identisch mit Agartha

Assoziation, Verb: assoziieren	Begriff aus der Psychologie: eine bewusste oder unbewusste gedankliche Verknüpfung
Astralkörper	einer der feinstofflichen Körper des Menschen; Teil der Aura
Astralreise	außerkörperliche Reise, das heißt, der feinstoffliche Astralkörper trennt sich vorübergehend vom physischen Körper (verbunden mit einer feinstofflichen Schnur) und erlebt so eine nicht alltägliche Welt wie in einem Traum
Astralreisende(r)	jemand, der eine Astralreise macht
Ätherkörper	einer der feinstofflichen Körper des Menschen; Teil der Aura, aber grobstofflicher als der Astralkörper
Atlantis	mythologisches Land, das bereits versunken ist. Atlantis wird oft im Atlantik vermutet, es gibt auch einige Forscher, die es im Pazifik, im Mittelmeer (Santorin), in der Nordsee (Helgoland) oder sogar am Festland, in Andalusien, vermuten.
Atlanter	Einwohner von Atlantis

Atl	übersetzt aus der alten, aztekischen Sprachfamilie, dem Nahuatl. Bedeutung: „Wasser"
aufgestiegene(r)Meister(in)	diese Menschen haben zu ihren Lebzeiten Meisterschaft errungen und wurden erleuchtet. Dabei konnten sie sich von ihrem materiellen Körper befreien, ohne zu sterben (z.B.: Christus)
Aumakua	Bezeichnung der hawaiianischen Schamanen für das höhere Selbst
Aumama ua noa	hawaiianisch, sinngemäß übersetzt: Der Segen soll wie Regen herab fallen!"
Aura	meist unsichtbarer Strahlenkranz, der ein Wesen (Pflanze, Tier, Mensch) umgibt, aber durchaus fühlbar ist
ausnehmen	erkennen (Duden: Wie sagt man in Österreich, ISBN 978-3-411-04984-4)

Avalon	legendäres, sagenumwobenes Land, vielleicht eine Insel, die in der Nähe von Großbritannien lag. Sie ist bereits aus der Wahrnehmung der Menschen verschwunden und wird oft auch als Feenland bezeichnet.
Avatar	Reinkarnation einer Gottheit
Avebury	der älteste Steinkreis Englands
Avila, Teresa von	Karmeliternonne im 16. Jahrhundert; hat gewirkt als Kirchenlehrerin und Mystikerin (wurde heilig gesprochen)
Awen	altes Volk, das bereits ausgestorben ist.
Ayers Rock (einheimisch: Uluru)	dies ist der bekannteste Berg in Form eines einzigen Gebirgszugs in der Mitte Australiens.
Basilides	griech. Gelehrter; Wirkungsbereich in Alexandria als Alchemist und Magier (ca.100 – 200 n.Chr.); möglicherweise war er mit Hermes Trismegistos identisch
Beta-Wellen	die Wellen, die ein Gehirn im normalen Wachbewusstsein erzeugt

Bibel	Heilige Schriften (altes und neues Testament) der Christen verschiedener Glaubensrichtungen. Es gibt folglich verschiedene Übersetzungen, auch in allen Sprachen
Big Island	die größte der hawaiianischen Inselgruppe; schlechthin auch Hawaii genannt, obwohl die Hauptstadt Honolulu in Oahu, einer kleineren Insel, liegt.
Bingen, Hildegard von	deutsche Benediktinernonne (ab 1136 Äbtissin), Mystikerin und Prophetin; hat gewirkt im 11. und 12. Jahrhundert (heilig gesprochen)
Bohm, David	englischer Quantenphysiker, gestorben 1992 in London; leistete wichtige Beiträge zur Physik und begründete die bohmsche Mechanik (Bohm-Diffusion)
Buddha	spiritueller Lehrer und Meister in Asien, der eine Religion beziehungsweise eine Philosophie gründete.
Buddhaschaft	die Buddhaschaft erlangte jemand, der die Weisheit, die Buddha gelehrt hat, erreicht hat; Erleuchtung

Buddhist(in)	Angehörige(r) der buddhistischen Lehre
Camelot	„Die goldene Stadt", gegründet von König Artus, legendärer König von England (Mythologie)
Carrara	Stadt in Italien; bekannt durch den Marmorabbau
Cassiopeia	Sternbild, auch: Cassiopaia, Cassiopaea, Kassiopeia
Chakra	Pl.: Chakren; wirbelartige Energiezentren im Körper; den Körperorganen und Drüsen zugeordnet, zum Beispiel Wurzelchakra, Sakralchakra, Milzchakra, Herzchakra, Halschakra, Chakra, das der Hypophyse zugeordnet ist (drittes Auge), Scheitel- oder Kronenchakra
Channel, Verb: channeln	übersetzt: Kanal, in einem früherer Ausdruck (aus dem Esoterischen) bekannt als „Medium. Channeln bedeutet also empfangen und übermitteln von Botschaften aus übernatürlichen Bereichen
Charon, Jean E.	moderner Physiker, Philosoph und Autor
Compact Disk = CD	optischer Speicher zur digitalen Speicherung von Musik

Computertomografie, Adj.: computertomografisch	Röntgenschnittbilder; müsste eigentlich Röntgen-Computertomografie heißen.
Cro-Magnon-Mensch	prähistorischer Mensch, von dem unser heutige moderne Mensch, der Homo sapiens, abstammt
Cydonia	eine Gegend am Mars mit vielen Strukturen
Dalai Lama	spirituelles Oberhaupt der Tibeter: jetzt in Indien im Exil
Darwin, Charles	bedeutender Naturwissenschaftler im 19. Jahrhundert; leistete wesentliche Beiträge zur Evolutionstheorie
Déjà vu	französisch, bedeutet wörtlich: „schon gesehen"; in der Psychologie: ein Ereignis, das man glaubt, es schon gesehen zu haben.
Delta-Wellen	die Wellen, die das Gehirn beim Tiefschlaf aussendet
Demenz, Adj.: dement	Krankheit, die die Funktion des Gehirns beeinträchtigt; meist altersbedingt

Descartes, René	französischer Philosoph, Mathematiker und Naturwissenschaftler (16.-17. Jahrhundert); einer der wichtigsten Vertreter des Mechanismus; Mitbegründer des modernen, frühneuzeitlichen Rationalismus
Desoxyribonucleinsäure, Desoxyribonukleinsäure = DNS, DNA	ein in allen Lebewesen vorkommendes Biomolekül
Determinismus, Verb: determinisieren	die Annahme, dass das Ende voraus bestimmt ist
Dezibel	akustische Einheit
Deva	Pl.: Devas; Naturwesenheiten, Gottheiten. Auch das Wort „Diva" stammt davon ab
Devolution	Rückentwicklung der biologischen Geschichte
Digital Versatile Disc = DVD	digitales Speichermedium
Dissoziation (Verb: dissoziieren)	in der Psychologie: getrennte Wahrnehmung
D(h)aramsala(h)	eine Stadt in Nordindien, wo der Dalai Lama seine Residenz hat, seit er hier im Exil lebt

Dimension	jede physikalische Größe hat eine Dimension: Als Punkt ist es die 1. Dim., als Fläche die 2. Dim. und der Körper stellt die 3. Dim. dar. Wir kennen nur 3 Raumdimensionen, die 4. Dimension wird als Raum-Zeit-Dimension angesehen. Alle darüber hinausgehenden Dimensionen sind Metaebenen
Dinoid	Wesen, das dem urzeitlichen Dinosaurier ähnlich ist
dissoziieren	getrennt wahrnehmen
domestizieren	zu einem Haustier machen
Doppelhelix	ein doppelt gedrehter Strang (Doppelwendel) oder zwei Stränge, die umeinander spiralförmig gedreht sind
Dracoid	drachenähnliches Wesen
drittes Auge	so nennt man das 6. Chakra. Das ist ein Energiewirbel, der sich an der Stirn zwischen den Augenbrauen befindet und sowohl für die Hypophyse als auch für die Intuition und Hellsichtigkeit zuständig ist
effektiv	wirksam

Einstein, Albert	Physiker; geb. in Ulm, DE, verstorben in den USA in Princeton, voriges Jahrhundert; Nobelpreisträger; seine Beiträge zur theoretischen Physik (auch zur Quantenphysik) änderten maßgeblich das physikalische Weltbild
Einstein-Podolsky-Rosen-Effekt (EPR-Effekt)	ein nachgewiesenens Experiment in der Quantenmechanik, nach der zwei zusammengehörige Teilchen, auch wenn sie voneinander getrennt werden, für immer miteinander verschränkt (verbunden) sind.
Elementare	Naturgeister, die den Elementen zugeordnet sind (schon lt. Paracelsus gibt es vier: Feuer, Luft, Wasser, Erde)
Elfe	Elementar- und Naturwesen, Luftgeist (dem Element Luft zugeordnet); auch Sylphen gehören zum Element Luft
El Morya	einer der aufgestiegenen Meister

Elmsfeuer	Himmelserscheinung in der Nordpolgegend als grüne Strahlen; beruht auf magnetischer Ausstrahlung und kommt auch als Strahlenkranz um Flugzeugen vor, besonders bei schlechtem Wetter
Elohim	übersetzt aus dem Hebräischen: Götter
Emotional freedom techniques auch EFT oder E.F.T.	wörtlich: Emotionale Freiheitstechniken: alternative, psychologische Klopfakupressur oder Akupunktur
Empathie, Adj.: empathisch	Einfühlungsvermögen, Mitleid
Energethik	Energiearbeit (alternative Heilmethoden)
Energethiker	Energiearbeiter; Lichtarbeiter
Erosion	Aufwölbung, Erhebung
Entität	ein Sammelbegriff für alles Existierende
Es Arcanum abraxum	der göttliche Schlüssel des Abraxas
Evolution	Entwicklung der biologischen Geschichte
Facette	Pl.: Facetten; Teilansicht

Fadenkreuz	hier ist ein hölzerner Ring gemeint, in der Mitte ein Kreuz, das mit bunten Fäden umflochten ist, ähnlich wie bei einem Traumfänger, nur ein anderes Muster; indianische Tradition
Fakir	wörtl.: arm (aus dem Arabischen), ursprüngl. Anhänger des islamischen Sufismus, später wurden umherwandernde indische Asketen so bezeichnet
Fraktal, Adj.: fraktal	kleiner Teil eines selbstähnlichen Musters
Faschen	Verbandsstreifen, oft einige Meter und elastisch
Freimaurer	ein bekannter, aber geheimer Ordensbund; eine machtvolle Loge, die 5 ethische Ideale zum Vorbild hat: Toleranz, Freiheit, Gleichheit, Brüderlichkeit und Humanität. Ursprünglich waren die Freimaurer eine Steinmetzbruderschaft
Frequenz	Anzahl von Ereignissen innerhalb eines Zeitraums; Häufigkeit

Gamma-Wellen	Tiefschlaf in einem sehr hohen Frequenzbereich. Manchmal veranlassen diese erzeugten Gehirnwellen ein Gefühl von totaler Einheit mit allem was ist (kommt vor bei meditierenden Mönchen und Nonnen); sind also in einem anderen Frequenzbereich wie die Alpha-Wellen (über 30 Hertz)
Gebet	eine Bitte, um Hilfe von einer höheren Instanz (Gott, Engel) zu erhalten
gechannelt	durch ein Medium aufgefangene Botschaften von Energiewesen aus hoffentlich höheren Dimensionen.
Gehirnwäsche	altes Konzept einer psychologischen Manipulation
Geistführer	ein spiritueller Ratgeber, rein mental, nicht in der alltäglichen Wirklichkeit wahrnehmbar
Gerologie	Lehre über das Alter
Gestalttherapie	eine Therapieform aus der Psychotherapie, die aus der Psychoanalyse entwickelt wurde

Gibran, Khalil	(1883-1931) libanesisch-amerikanischer Maler, Philosoph und Dichter; er gehörte der christlichen Kirche der Maroniten an, ließ aber in seinen Werken mehrere philosophische Richtungen des Orients einfließen, zum Beispiel den Sufismus
Global Scaling	ein neuer Begriff aus der Physik, der auf der Erkenntnis beruht, dass der gesamte Kosmos aus Schwingungsmustern besteht
Gnom	Pl.: Gnome; das sind Naturwesen, die dem Element Erde zugeordnet sind (auch Trolle und Zwerge gehören dazu)
Gondwana	legendäres Land, das bereits versunken ist
Halluzination	eine Einbildung, die nicht stimmt
Halluzinogen	eine Droge, die Halluzinationen hervorruft
Heaven	englisch: Himmel (spirituell)
Heiau	ein heiliger Ort in Hawaii
Helios	griechischer antiker Sonnengott
Heparin	medizinisches Blutverdünnungsmittel (Blutegelsubstanz)

Hermes Trismegistos	griech. Gelehrter; Wirkungsbereich in Alexandia (ca. 100-200 n.Chr.); Magier und Alchemist
hermetisch	aus dem Griechischen: fest verschlossen, fest verankert
Himachal Pradesh	ein Gebiet in Indien (Norden)
Himalaya	hoher Gebirgszug in Asien (Indien, Pakistan, Nepal, Burma, China und Tibet)
Hinduist(in)	ein(e) Angehörige(r) der hinduistischen Lehre (in Indien beheimatet)
Hippy	eine Person der Freiheitsbewegung der 60er und 70er-Jahre (Blumenkinder)
Hofstadter, Douglas	amerikanischer Autor, Physiker und Kognitionswissenschaftler (geb. 1945 in New York City); erwarb den Pulitzer-Preis und den American Book Award
Holodeck	ein mit Hologrammen ausgestatteter Raum in einem bekannten Science Fiction-Film
Holofeld	ein Raum mit Hologrammen

Hologramm	ist ein durch gebündeltes Laserlicht dargestelltes fotografisches und ganzheitliches Bild (aus dem Griechischen übersetzt bedeutet Hologramm: vollständige Botschaft)
holonom	ganz(heits)gesetzlich
Holoversum	ein Universum, das aus Hologrammen besteht
Honolulu	Hauptstadt der hawaiianischen Inselgruppe
humanoid	menschlich
Huna	ein spirituelles Weltbild und Religion in Hawaii; der Ausdruck Huna besteht seit den Büchern von Max. F. Long; übersetzt aus dem Hawaiianischen bedeutet Huna „Geheimnis"
Hybrid	etwas Gekreuztes, Gemischtes
Hyperboräa	auch Hyperborea: ein bereits versunkenes Land oder eine Insel
Hyperboräer	Einwohner von Hyperboräa
Hypnose, Verb.: hypnotisieren	ein Hervorbringen geänderter Aufmerksamkeit in tiefer Entspannung
Hypnotisierte(r)	jemand, der hypnotisiert ist
Hypnosetherapie	Verfahren, wo man Hypnose zum Zweck einer Therapie anwendet

Ikosaeder	Zwanzigflächner, bestehend aus 20 gleichseitigen Dreiecken
Illuminat	Erleuchteter
Illusion	Täuschung, Sinnestäuschung
Imagination; Verb: imaginieren	bildliche Vorstellung
Initiation	übersetzt aus dem lateinischen: Einweihung
interstellar	wörtlich: zwischen den Sternen; bezeichnet ein sternfreies Weltraumgebiet zwischen den Galaxien
Intuition	aus einer Eingebung heraus, ohne Schulung, ohne Wissen, ohne Denken
Invokation	Anrufung
iPhone	ein von Apple entwickeltes Gerät, das aus einem Telefon, einem Breitbild iPod und einem Internetzugang besteht.
Jaspis	rötlicher Halbedelstein, undurchsichtig
Jung, Carl Gustav	bedeutender Schweizer Mediziner und Psychologie im vorigen Jahrhundert; Begründer der analytischen Psychologie
Jury	aus dem Englischen: Gericht

Kabbala(h), Qabbala)	jüdische und christliche Urschrift; Geheimlehre; eine separate heilige okkulte Schrift, die nicht zur T(h)ora gehört
Kahuna	Schamane in Hawaii (Hüter der Geheimnisse)
Kala	hawaiianische, spirituelle Reinigungszeremonie
Kane	hawaiianisch: höheres Selbst
Karma (Adj.: karmisch)	aus dem Indischen: Schicksal, das einst selbst verschuldet wurde
Karneol, Carneol	Quarzstein, Schmuckstein oder Halbedelstein mit bräunlich roter Farbe
Katharer	auch Albigenser genannt, waren eine christl. Glaubensbewegung; zuerst von den Katholiken in die Welt gesetzt, später aus ihrer Glaubensgemeinschaft verbannt
Kauwa	niederste Gesellschaftsklasse im alten Hawaii
Kekulé	August Friedrich Kekulé von Stradonitz, deutscher Chemiker, der die Grundlagen der organischen Chemie entdeckte

Kernspintomografie	auch MRT genannt (Magnet-Resonanz-Tomografie); ein technisches Verfahren zur bildlichen Darstellung der inneren Organe zur medizinischen Diagnostik
Ki'i	hawaiianisch: Götterstatue
Kilauea	Vulkan in Hawaii
Kinesiologie	alternative Lehre über Diagnostik und Therapie, die oft auf Muskeltests beruht.
Koan	Rätsel, das immer ein Paradoxon auslöst – aus der Zen-Praxis
Komplexität, Adj.: komplex	umfassende Eigenschaft eines Systems oder Modells
komplexifizierend	immer umfassender, immer komplizierter werdend
Kona	große Stadt in Big Island (größte Insel der hawaiianischen Inselgruppe)

Koran	der Koran ist die heilige Schrift im Islam und ist gemäß des Glaubens durch die Hand Mohammeds von Gott selbst diktiert worden. Muhamed (Mohammed) ist der Prophet Allahs, und Allah ist der alleinige Gott. Der Koran ist offiziell nur in arabischer Sprache anerkannt, obwohl man ihn überall auch in anderen Sprachen übersetzt lesen kann.
Kona	große Stadt in Big Island, der Hauptinsel von Hawaii; bekannt durch ihren berühmten Exportkaffee
Kontemplation	Meditation in tiefer Versenkung, während man sich dabei auf ein bestimmtes Bild oder Symbol oder Gebet (oder Mantra) konzentriert
Kortex, Cortex; Adj.: kortikal, cortical	Teil des Gehirns
Kraftort	Ort (meist in der Natur), an dem man eine besondere Energie spürt und an dem man sich wohl fühlt.

Krafttier	ein Geisttier oder Tiergeist, mit dem Schamanen (oder Schamaninnen) gerne Kontakt aufnehmen, um Hilfe und Rat zu erhalten
Ku	hawaiianisches Wort für höheres Selbst
Kundalini	das ist die Urkraft (Lebensenergie), auch „Schlangenkraft" genannt und liegt im Wurzelchakra (1. Chakra; das befindet sich ganz unten bei den Geschlechtsteilen). Bei ihrer Entfaltung erstreckt sie sich durch die Wirbelsäule bis ins Kronenchakra, das ist das 7. Chakra am Scheitel. Diese Aktivierung wird durch eine bestimmte Meditationspraxis gefördert und bewirkt außergewöhnliche und sogar übersinnliche Kräfte
Kybernetik, Cybernetik, Adj.: kybernetisch, cybernetisch	Wissenschaft der Kommunikation und Kontrolle von lebenden Organismen und Maschinen
Lahaina	große Stadt in Mau'i (hawaiianische Insel)
Laotse	chinesischer Philosoph
Lepton	spezielle Klasse der Elementarteilchen

Lei	(Pl.: Leis) traditioneller Blumenkranz in Hawaii. Leis sind zeremonielle Blumenkränze; diese Kränze können auch aus Muscheln oder Macademia-Nüssen oder anderen Materialien sein
Lemurien	mythologisches, bereits versunkenes Land (Insel)
levitieren	sich erheben, schweben
Lhasa	Hauptstadt von Tibet
Logarithmen, Adj.: logarithmisch	mathematischer Begriff aus der Informatik
Lono	hawaiianisches Wort für mittleres Selbst (Tagesbewusstsein)
Loro Ciuffena	Ort in Italien, Toscana
Lucca	Stadt in Italien, Toscana
lucid	licht, hell, klar (auch im Sinne von Wahrheit)
Macademia-Nüsse	bekannte Nussart in Hawaii, die auch zur Aromatisierung von Kaffee verwendet wird (Kona-Kaffee)
Magnetresonanz	Auswirkung, die ein Magnetfeld ausübt
Magnetresonanzfeld	das Gebiet, auf dem sich ein Magnetfeld auswirkt
Mahalo	hawaiianisch: Danke

Maharishi Maheshyogi	ein Hindu-Guru, der 1976 eine Gruppe seiner Anhänger veranlasste zu meditieren, um die Schwingungen einer Ortschaft zu erhöhen
Mainstream Physik	Hauptrichtlinie in der Physik
Maka'ainana	bürgerlicher Stand oder Mittelklasse im alten Hawaii
Maka'ara	magische Schwingungsenergie
Makrokosmos	die Welt im Großen
Makroskopie, Adj.: makroskopisch	Betrachtung im Großen
Mana	spirituelle Kraft in Hawaii
Mandala	ein Wort aus dem Sanskrit und bedeutet „Kreis" oder „kreisförmige Darstellung". Meist bunt und viel gegliedert als Zeichnung auf Papier, Seide oder sonstigem Material (es gibt auch Sand-Mandalas). Es repräsentiert eine Anrufung einer bestimmten kosmischen Energie.
Mantra	ein Wort, eine Wortfolge oder ein Satz. Flüsternd oder laut ausgesprochen (oder gesungen) wird es oft wiederholt und wirkt wie ein Gebet

Marquesa Antonia Contanta	italienische Adelige, Gelehrte des Schlangenordens (voriges Jahrhundert)
Marquesas	Inselgruppe in Polynesien
Matrix	der Begriff ist der Mathematik entlehnt und bezeichnet normalerweise ein Zahlenschema; es ist aber auch ein Grundschema, eine Blaupause (vom lateinischen Wort „mater" abgeleitet)
Matroschka-Gehirn	ursprüngliche Matrix eines Gehirns
Mau'i	gehört zur hawaiianischen Inselgruppe

maurischer Stil	westislamische Kunst- und Architekturform, hervorgegangen aus den spanischen Häusern der aus Mauretanien stammenden Herrscher, als sich das Zentrum der Macht von Spanien nach Marokko verlagerte. Zeichnet sich aus durch reich verzierte Bogenformen, Kuppeln und Wölbungen, kassettierte Holzdecken, Wände und Portale; reich an Stukkaturen (zum Beispiel Hallenmoschee in Cordoba, Löwenhof der Alhambra in Granada).
Maya (Volk)	ein altes indigenes Volk aus Mittelamerika
Maya	aus dem Indischen übersetzt bedeutet es „Illusion"
Mediation	Vermittlung; ein Verfahren zur konstruktiven Beilegung zwischen Parteien oder Vermeidung eines Streits zwischen Parteien
Mediator	ein Vermittler zwischen mehreren Parteien
Mediation	Vermittlung zwischen Parteien zur Vermeidung oder Beseitigung eines Konflikts

Meditation, Verb.: meditieren	tiefe Versenkung in den Alpha-Zustand (s. Alpha-Wellen)
Meditierer, Meditierender	Meditierender
Mentalebene	eine andere Ebene unserer Wahrnehmung (geistige Ebene)
Mentalist	jemand, der Gedanken lesen kann, indem er psychologische Kenntnisse anwendet; oft tritt ein Mentalist als „Zauberkünstler" auf, dann erscheint das Ergebnis tatsächlich wie Trickzauberei. Ein Mentalist arbeitet nicht mit hellseherischen oder telepathischen Fähigkeiten, sondern nur mit seinem Wissen über die Psychologie des Menschen
Mentalkörper	eine der feinstofflichen Körper eines Menschen, feinstofflicher als der Astralkörper
Mentor	ein geistiger Ratgeber
Merkaba(h)	Körper-Geist-Fahrzeug (aus dem Ägyptischen); es umgibt einen Menschen wie ein unsichtbares Kraftfeld
Meridiane	Energiebahnen im menschlichen Körper

Meridian-Klopf-Methode	das sind Techniken aus der TCM (traditionellen chinesischen Medizin), bei der entlang der Meridiane mit Fingern abgeklopft wird
Metaebene	eine übergeordnete Ebene aufgrund einer abstrakten Sichtweise
Metahologramm	übergeordnetes Hologramm; ein Hologramm (aus dem Griechischen: vollständige Botschaft) ist eine mittels Laserlicht aufgenommene fotografische Darstellung; ein Metahologramm ist ein grafisch dargestelltes Bild, bestehend aus geometrischen Formen, meist bunt, gechannelt durch Medien von höheren Energiewesen (oder Engeln), die das Wohlbefinden steigern
Metaphysik	eine Grunddisziplin der theoretischen Philosophie
Metat(h)ron	Erzengel
Mikroskopie; Adj.: mikroskopisch	Betrachtung im Kleinen
Mikrokosmos	die Welt im Kleinen
Monolith	ein Gestein aus einem Stück
morphogenetisch	formbildend
morphogenetisches Feld	formbildendes Kraftfeld
MP3	MPEG-1 Audio Layer 3: Dateiformat zur Audio-Datenkompression

Mu	mythologisches, bereits versunkenes Land (Insel)
Mudra	eine gewisse Hand- oder Fingerhaltung, die vornehmlich in der hinduistischen und buddhistischen Praxis religiöse Bedeutung hat, aber auch bestimmte Funktionen haben können, die sich heilsam auf den Körper auswirken.
Muskeltest, kinesiologisch	Kinesiologie ist ein alternatives Diagnose- und Therapieverfahren und beruht hauptsächlich auf bestimmte Muskeltests. Diese Muskeltests bezeichnet man als „kinesiologische Muskeltests", weil dabei die Muskelkraft auf eine ganz bestimmte Weise gemessen wird.
nativ	ursprünglich, eingeboren, natürlich angeboren
Neanderthaler	ein prähistorischer Mensch, der bereits ausgestorben ist, obwohl er parallel zu unseren heutigen Vorfahren lebte

Nefilim = Nephelium	aus dem Hebräischen: Mischwesen zwischen herabgestiegenen Engeln und Menschen (siehe auch altes Testament)
neural	nervlich
Neurobiologe	Wissenschaftler, der sich mit dem Aufbau des Nervensystems und Gehirns befasst
Neurobiologie, Adj.: neurobiologisch	Wissenschaft, die sich mit dem genauen Aufbau des Nervensystems und Gehirns befasst
Neurochirurgie, Adj.: neurochirurgisch	Gehirnchirurg
neurogenetischer Determinismus	das heißt die Nerven sind genetisch so angelegt, dass sie sich nicht regenerieren können
Neurolinguistisches Programmieren auch NLP oder N.L.P.	vereint verschiedene psychotherapeutische Ansätze; schulwissenschaftlich nicht anerkannt; konzentriert sich auf Ausbildung verbaler und nonverbaler Kommunikationsmethoden
Neurologe; Adj.: neurologisch	jemand, der sich mit den Erkrankungen des Nervensystems befasst
Neurologie	Lehre von den Erkrankungen des Nervensystems

neuronal	nervenartig
Neuronen	Nervenzellen
Neurophysiologie	Beschaffenheit des Nervensystems
Neuroplastizität	Verformbarkeit der Nerven
Neuropsychiater	vereint den Wissenschaftler über das Nervensystems und den Psychiater
Neurowissenschaft	Lehre über das Nervensystem
Neurowissenschaftler	jemand, der sich mit der Lehre über das Nervensystem wissenschaftlich befasst
New Age	wörtlich: neues Zeitalter; neue Welle, neue Zeit, auch als „Wassermann-Zeitalter" bekannt
Numerologie	Teil der Geheimlehre aus der Kabbalah
Oahu	Insel auf Hawaii mit der Hauptstadt Honolulu
Obelisk	ein freistehender, hoher Steinpfeiler
Oberwelt	eine nicht alltägliche Welt in einer jenseitigen oberen Ebene, die normalerweise für uns nicht wahrnehmbar ist
Odina	kleiner Ort in Italien, Toscana
Ohiaokelane	Ort in Hawaii; Vulkangebiet

Om, Aum	ein Mantra, ein heiliges Wort, das soviel wie „Leben" oder „Ich bin" bedeutet
Orion	Sternbild
Orioner	Bewohner des Planeten im Sternbild Orion
Pangea	das ist der gesamte Kontinent der Erde, bevor es zum Kontinentaldrift kam; das heißt, ursprünglich waren alle Erdteile miteinander verbunden
Paranoia	Ausdruck aus der Psychologie: eine Art der Schizophrenie (Verfolgungswahn)
paranormal	von der Normalität abweichend, meist übersinnlich
Parapsychologie = PSI	„Seelenkunde" psychologischer Fähigkeiten jenseits des Begreiflichen; befasst sich mit außergewöhnlichen Phänomenen und wird von den meisten Wissenschaftlern nicht anerkannt.
Parietal-Lappen	medizinisch: Schläfenlappen
Panpsychismus	Lehre, nach welcher der ganze Kosmos belebt ist
Pegasus	mythologisches Mischwesen (geflügeltes Pferd)

Pele	große Göttin in Hawaii (Göttin des Feuers)
Penrose, Roger	englischer Mathematiker, theoretischer Physiker und Autor (geb. 1931); er hat wichtige Beiträge zur Physik geleistet
Phantom	unwirkliche Erscheinung
Phantomfeld	ein angenommenes unwirkliches Feld
Philadelphia	Millionenstadt in Pennsylvania, USA
Piktogramm	ein Symbol, eine Information als grafische Darstellung ausgedrückt (Schriftform)
platonische Körper	die platonischen Körper sind die fünf besonders regelmäßigen Polyeder (Vielflächner), die nach dem griechischen Philosophen Platon benannt wurden. Das sind folgende: Tetraeder (Vierflächner) Hexaeder (Sechsflächner) Oktaeder (Achtflächner) Dodekaeder (Zwölfflächner) und der Isokaeder (Zwanzigflächner).

Pleroma	antikes Wort für "Urprinzip"[1]; in den Abraxas-Kulten wird das Pleroma als das allumfassende Sein angesehen; der Stoff, aus dem das Leben gemacht ist
Podolsky, Boris	russischer Physiker, erdachte gemeinsam mit Einstein und Rosen den EPR-Effekt
polar	den Polen zugeordnet (plus, minus)
Positron	Elementarteilchen aus der Gruppe der Leptonen; Kunstwort, aus „positiv" und „Elektron" zusammengesetzt, da das Positron positiv geladen ist
prähistorisch	vor unserer „Zeit", vorgeschichtlich
Prana	indisch: Lebenskraft, Lebensenergie
Prana Healing (Pranaheilen)	Pranaheilen: Heilen durch Arbeit mit der Prana-Energie, alternative Behandlungsmethode
Principium individuationis	Entstehungsgrund der Existenz
Psi-Feld	Informationsfeld, Kraftfeld, Bewusstsein

Psychiater	Facharzt, der sich mit der Diagnose, Behandlung und Erforschung von Krankheiten und Störungen der Seele und des Geistes beschäftigt
Psychologe	befasst sich wissenschaftlich über das Leben und Verhalten des Menschen
Psychotherapie	Formen psychologischer Verfahren, die ohne medikamentöse Einwirkung eine Besserung von psychischen oder psychosomatischen Krankheiten und Leiden und Verhaltensstörungen bewirken
Quantenphysik	Mengenlehre; Teil der Physik
Quarks	Elementarteilchen (wie Protonen und Neutronen)
Rauhnächte	Nächte, die zwischen der Adventszeit und dem 10. Jänner liegen, in der, laut altem keltischen Glauben, die Grenzen zwischen Diesseits und Jenseits leichter überschreitbar sind
reflektiv	rückstrahlend (hier: rückblickend)
Reflexion	Rückblick

Regressionstherapie	Rückführung des Bewusstseins in die tiefe Vergangenheit (bis hin in frühere Leben) zur seelischen Aufarbeitung; eine besondere Art der Psychotherapie
Reiki	alternative, nicht anerkannte Art des Heilens, hauptsächlich durch Handauflegen; Reiki bedeutet aus dem Japanischen übersetzt: Universale Kraft
Reinkarnation	wörtlich: Fleischwerdung; sinngemäß Wiedergeburt, indem sich eine Seele wieder verkörpert
Reptiloid	schlangenartiges Wesen
Rhodonit	Quarzstein, Schmuckstein oder Halbedelstein (rot meliert mit schwarz)
Röntgen	Wilhelm Röntgen fand heraus, dass man mit gewissen radioaktiven Strahlen Menschen und Dinge „durchleuchten" kann. Das darauf entwickelte medizinische Diagnoseverfahren wurde nach seinem Namen „Röntgen" genannt

Rosen, Nathan	amerikanisch-israelischer Physiker (1909-1995); hat zusammen mit Einstein und Podolsky ein Gedankenexperiment entwickelt, das als EPR-Effekt Geschichte gemacht hat;
Rosenkreuzer	eine geheime, mystische Bruderschaft: Dieses urchristliche Orden wurde von der Kirche ebenfalls streng verfolgt und blühte im späten Mittelalter ebenfalls nur im Geheimen weiter
Rosenquarz	Halbedelstein, rosa durchscheinend
Rinzai-Zen	bestimmte Richtung der Zen-Schule
Rucker, Rudy	eigentlich Rudolf von Bitter-Rucker, amerikanischer Mathematiker und Autor, geb. 1946 in Kentucky
Sai Baba	indischer Lehrer oder Guru
Salamander	einerseits ist der Salamander ein reptilartiges Tier, andererseits bezeichnet man die Naturgeister, die dem Element Feuer zugeordnet sind, ebenfalls als Salamander

Samadhi	tiefes Versenken in Meditation (aus dem Buddhismus)
Sanskrit	die Sprache der Veden in der klassischen indischen Kultur
Sarkasmus; Adj.: sarkastisch	bitterer Hohn, beißender Spott
Satori	Erleuchtung (aus dem Buddhismus)
Sazen	Sitzen in einer bestimmten aufrechten Haltung im Zendo beim Meditieren (Zen-Praxis)
Schamane (m.), Schamanin (f.)	ein Schamane ist ein weiser Angehöriger eines Naturvolkes, der über alte Traditionen Bescheid weiß und vereinigt in seinem Handeln das Amt als Zauberer, Heiler und Priester zugleich. Er kümmert sich um das gesundheitliche und seelische Wohl seines Stammes
Schamanismus	ist eine alte Methode spiritueller Praktiken
Schanigarten	wienerischer Ausdruck für einen kleinen Gastgarten

Schönbrunner Gelb	gelbe, erdige Farbe, die gerne zum Außenanstrich für Häuser verwendet wurde
Schrödinger, Erich	österreichischer Physiker im vorigen Jahrhundert; galt als einer der Väter der Quantenphysik; Nobelpreisträger
selbstreferenziell	auf sich selbst Bezug nehmend
sensitiv	empfindsam, einfühlsam, feinfühlig
Sensor	Messgrößenaufnehmer oder Messfühler, ein technisches Bauteil
Sephiroth, Sefiroth	hebräisch: Sephiroth sind die 10 göttlichen Daseinsformen
Sermo	Belehrung
Shambalah	Shambalah ist eine mystische sagenumwobene Stadt, oft auch Shangrilah genannt, und man vermutet, dass sie irgendwo im Himalaya unterirdisch verborgen ist.

Sheldrake, Rupert	britischer Autor, Biologe und Philosoph (geb. 1942 in Nottinghamshire); stellt eine Hypothese über morphogenetische Felder auf, die die Entwicklung von Strukturen beeinflussen sollen
Singularität	Einzigartigkeit, Einzähligkeit; in der Astrophysik versteht man darunter den Zustand in einem „Schwarzen Loch" und in der Kosmologie den Zustand vor dem Urknall
Sirius	bekannter Stern, auch „Hundsstern" genannt
Skala, Adj.: skalar	wörtlich: Leiter; Begriff aus der Informatik um ein einzelnes Element zwischenzuspeichern.
Skaleninvarianz	Begriff aus der Mathematik und der Physik: gleichmäßige Verteilung nach bestimmten Mustern
sky	englisch: Himmel
small talk	frei übersetzt aus dem Englischen: oberflächliches Gespräch
solitär	sinngemäß: herausragend

Soto	eine der größten Gemeinschaften des japanischen Zen-Buddhismus; eine der zwei Zen-Richtungen (es gibt Soto und Rinzai-Zen)
Sphynx	(Pl.: Sphingen) mythologisches Mischwesen aus Mensch, Löwe, Adler und Stier; entsprechend der vier fixen Sternzeichen des Zodiaks; bekannt auch als Statue in Ägypten
spirit	Pl.: spirits; aus dem Englischen übersetzt: Geist
Star Trek	Science Fiction-Serie aus den 60er-Jahren
Steiner, Rudolf	Esoteriker und Philosoph, Begründer der Anthroposophie, eine gnostische Weltanschauung und der Waldorfschule (geb. 1861 im Kaisertum Österreich, gestorben 1925 in Kroatien); hat zahlreiche Bücher geschrieben; die Waldorfpädagogik ist inzwischen international verbreitet
Stonehenge	sehr bekannter Steinkreis in England

Strings, Super-Strings	String ist ein hypothetisches, physikalisches Modell, ein schwingende Teilchen; die Super-String-Theorie ist ein Ansatz der Vereinheitlichung der Gravitationstheorie mit der Quantentheorie
St. Germain	einer der „aufgestiegenen Meister"
Sumer	ältestes Land bei Akkad in Mesopotamien (Zweistromland); wahrscheinlich die Wiege unserer westlichen Kultur
Supernova	ein schnelles und helles Aufleuchten eines sterbenden Sternes (Sonne)
Sufi	jemand, der den Sufismus praktiziert
Sufismus	der Sufismus ist als mystische Abzweigung des Islams zu sehen und von Weisheit und Toleranz geprägt.
Suizid, Suicid, Adj.: suizid, suicid	wörtlich übersetzt aus dem Latein: „das Leben willentlich beenden"; in der Wissenschaftssprache der moderne Ausdruck für Selbstmord

Swastika	Sonnenrad; ein spirituelles Zeichen, zuerst in Indien als Glückssymbol bekannt (als Zeichen der sich drehenden Sonne), später als „Hakenkreuz" im Nationalsozialismus verwendet
Sydney	Millionenstadt in North-South Wales, Australien
Sylphe	ein Naturwesen (Elementar); dem Element Luft zugeordnet
systemisches Familienstellen (systemische Aufstellungen)	kommt aus der systemischen Therapie von Virgina Satir, Psychotherapeutin, gestorben 1988 in Kalifornien, USA, und wurde von Bert Hellinger, Pädagoge, Theologe und Psychotherapeut aus Österreich, weiterentwickelt; dient zur Lösung von leidvollen Mustern und wird in Seminarform angeboten; es ist eine Gruppenarbeit, bei denen die Teilnehmer bestimmte Personen darstellen, von denen angenommen wird, dass sie die Auslöser dieses Musters gewesen sind

synchron	zeitlich übereinstimmend, wenn möglicherweise auch an verchiedenen Orten
Tarot	entstammt der Numerologie, die wiederum der Kabbalah entnommen wurde; Kartenlegesystem zur Zukunftsvorhersage
TCM	Traditionelle Chinesische Medizin
Therapeutic Touch	alternative, nicht anerkannte Art des Heilens durch Berührung
Telekinese	Bewegung eines Gegenstandes mittels Gedankenkraft
Telepathie	Kommunikation durch den Geist über die Ferne
Teleportation	Bewegung eines Gegenstandes über die Ferne
Templer, Tempelritter	der Orden hieß (heißt) offiziell „die arme Ritterschaft Christi" und war der erste geistliche Ritterorden, der von den Zisterziensern gegründet wurde, speziell für die Kreuzzüge der Kirche. Später wurden sie von ihr wieder aufgelöst und verfolgt. Im Verborgenen blühte die Gemeinschaft weiter.

Therapeutic Touch	alternative Heilmethode durch Berührung
Thermodiagnostik	Diagnoseverfahren durch körpereigene Wärmeausstrahlung
Thule	prähistorisches Land, angeblich im Norden der Erdkugel
Tiki	polynesisch: Götterstatue
Tiller, William	Professor an der Stanford Universität für Material- und Ingenieurswissenschaften; Gründer und Direktor der Akademie für Parapsychologie und Medizin und des Instituts der Geistigen Wissenschaften; auch Beiträge zur Anleitung für die Computersimulation
Tipler, Frank	Physiker, Astrophysiker und Mathematiker (geb. in Alabama, USA, 1947); studierte an der Oxford University, an der University of Texas, am Max-Planck-Institut für Physik und Astrophysik, München und an den Universitäten in Bern und Wien

T(h)ora	der erste wichtigste Hauptteil des Tanach, der hebräischen Bibel
Toscana, Toskana	Gebiet in Italien
Topologie, Adj.: topologisch	Teil der Mathematik; hier handelt es sich um den Aufbau von Verbindungen in einem Rechnernetz oder um Anordnung eines künstlichen neuronalen Netzes
Touch for Health	eine alternative Behandlungsmethode (mit Berührung)
Transformation	Veränderung einer Gestalt, Form, Struktur oder Musters
Transformationsprozess	Prozess, der eine Transformation auslöst
transpersonal	über eine Person hinausreichend
transzendental	sinngemäß: erkenntlich, offensichtlich, durchscheinend offensichtlich völlig verbunden
Transzyklus (Adj.: transzyklisch)	durchgehender Kreislauf
Traumfänger	indianische Tradition: ein hölzerner Ring, in dem spinnwebenartig eine Schnur geflochten ist. Meist ist er mit Federn und Perlen geschmückt. Er bewahrt den Träumer vor schlechten Träumen

Troll	ein Naturgeist; dem Element Erde zugehörig; meistens nicht gut gesonnen
Udine	Stadt in Italien
Uhane	hawaiianisches Wort für mittleres Selbst oder Tagesbewusstsein
Uluru	der Berg „Ayers Rock" in Australien in der Sprache der Einheimischen
Unihipili	hawaiianisches Wort für unteres Selbst
Unterwelt	eine nicht alltägliche Welt, die sich auf einer Ebene befindet, die jenseits unserer Wahrnehmung ist und in tieferen (unteren) Schichten zu finden ist
Upanishaden	ein Teil der indischen heiligen Schriften (Veden)
Vakuum	ein weitgehend luftleerer Raum
Vakuumresonanz	mathematischer und physikalischer Begriff (Global Scaling-Theorie von Hartmut Müller, Physiker); Eigenschwingung der Materie auf niedrigstem Energielevel im Vakuum

Veden	Sing.: Veda (wörtlich übersetzt aus dem Indischen: „Das gute Leben"; die Veden sind die heiligen Schriften aus Indien)
Vektor; Adj.: vektoriell	ungebundene ziehende Kraft, die in der Physik zusätzlich zur Größe auch die Richtung eines Körpers angibt; auch ein mathematischer Begriff
Verbündete(r)	ist ein Geistwesen, mit dem sich ein Schamane oder eine Schamanin „verbündet", um aus der jenseitigen Welt Informationen und Hilfe zu erhalten. Ein Verbündeter kann die Gestalt eines Tiers, eines Menschen, eines Mischwesens (Tier-Mensch-Pflanze) oder eines Engels haben
Vimana	Plural: Vimanas; Es sind Luftgefährte, die in den Veden erwähnt sind
virtuell	als wirklich angenommen
Vision Quest	frei übersetzt: Suche nach dem Lebensthema (indianische Tradition)
Visualisierung, Verb: visualisieren	sich etwas bildhaft vorstellen

Wassergeister	elementare Wesen, Naturgeister, die dem Element Wasser zugeordnet sind (Nereides, Nixen, Undinen)
Welleninterferenz	Überlagerung von Wellen
Welten-Ei, Weltenapfel	altes spirituelles Modell unserer Weltkugel (Könige hatten (haben?) als Symbol der Macht ein Abbild dieses Weltenapfels aus Gold)
Wheeler, John Archibald	theoretischer Physiker (USA, 1911-2008); Professor an der Princeton University
Wolf, Fred Alan	Physiker, Schriftsteller und Dozent; leistete wertvolle Beiträge zur Quantenphysik (geb. 1934)
Yantra	ein bildlich ausgedrücktes Mantra
Yoga	spirituelle Körperübungen (indische Herkunft)
Yulara	Ort in Australien (Northern Territory); beim Ayers Rock
Zen	spirituelles Weltbild, das sich aus dem Buddhismus entwickelt hat
Zendo, Zen-Do	der Ort, an dem man Zen praktiziert

| Zisterzienser | eine der größten, wenn nicht überhaupt der mächtigste Orden in der katholischen Glaubensgemeinschaft; aus der Tradition der Benediktinermönche entstanden |
| Zodiak | Tierkreis, bestehend aus den 12 Sternzeichen |

Über Redaktion und Lektorat

Der Buchautor und Herausgeber Stefan Wichmann leitet die Portale „Religion und Ethik" und „Informatik: Programmiersprachen" des Bildungsnetzwerks von schulklick.net. Er verfügt über dementsprechende fachliche Qualifikationen.

Sein Portal „Religion und Ethik" zeigt viele interessante Themen, sowohl über die Geschichte der Religion als auch über diverse Glaubenserfahrungen und über Grundsatzerforschung.

Er ist Autor des gut recherchierten, historischen Romans „Jerobeam", dass im Verlag tredition erschienen ist. Als Lektor des hier vorliegenden Buches hat er nicht nur korrigiert, sondern hinterfragt. Dadurch hat er mich auf vieles hingewiesen, dass ich nicht gesehen hätte, was aber für den Leser nicht verständlich gewesen wäre. Er hat mir daher sehr geholfen, auch hinsichtlich der Gestaltung des ganzen Buches.

Über schulklick.net

Schulklick ist ein umfangreiches Bildungsnetzwerk. Unter der Homepage www.schulklick.net kommt man in ein Wissensportal, das wiederum von A – Z in verschiedene Fachrichtungen aufgeteilt ist.

Dort kann man auch detaillierte Themen zur Schulbildung, Ausbildung und Weiterbildung finden. Dieses Bildungsnetzwerk verfügt überdies über eine Frage- und Antwortdatenbank, sodass man weitergehende Informationen zum Portal erhält.

www.tredition.de

Über tredition

Der tredition Verlag wurde 2007 in Hamburg gegründet und ermöglicht Autoren das Publizieren von e-Books, audio-Books und print-Books. Autoren veröffentlichen ihre Bücher selbständig oder auf Wunsch mit der Unterstützung von tredition. print-Books sind in allen Buchhandlungen sowie bei Online-Händlern gedruckter Bücher erhältlich. e-Books und audio-Books können auf Wunsch der Autoren neben dem tredition Web-Shop auch bei weiteren führenden Online-Portalen zum Verkauf angeboten werden.

Auf www.tredition.de veröffentlichen Autoren in wenigen leichten Schritten ihr Buch. Zusätzlich bieten zahlreiche Literatur-Partner (das sind Lektoren, Übersetzer, Hörbuchsprecher und Illustratoren) ihre Dienstleistung an, um Manuskripte zu verbessern oder die Vielfalt zu erhöhen. Autoren können dieses Angebot nutzen und vereinbaren unabhängig von tredition mit Literatur-Partnern ihre Zusammenarbeit und partizipieren gemeinsam am Erfolg des Buches.